全国高职高专机械设计制造类工学结合“十三五”规划系列教材

AutoCAD 2015 计算机绘图教程

主　编　胡志荣　王月雷　谢小江

副主编　张红利　栗永非　冯　琴

刘红芳　沈　丽　刘永东

张勇华　范瑜珍　温金龙

主　审　顾吉仁

华中科技大学出版社

中国·武汉

内 容 简 介

本书是根据高职教育的培养目标和教学特点，遵循“实用、够用”的原则，精选 Auto-CAD 的常用命令以及与机械制图密切相关的工程实例编写的。

本书可作为高职高专机械类及近机械类专业的基础课程教材，也可供独立院校、成人院校的学生及工程技术人员使用。

图书在版编目(CIP)数据

AutoCAD 2015 计算机绘图教程/胡志荣，王月雷，谢小江主编. —武汉：华中科技大学出版社，2018.2(2023.5重印)

全国高职高专机械设计制造类工学结合“十三五”规划教材

ISBN 978-7-5680-3652-8

Ⅰ.①A… Ⅱ.①胡… ②王… ③谢… Ⅲ.①AutoCAD 软件-高等职业教育-教材 Ⅳ.①TP391.72

中国版本图书馆 CIP 数据核字(2018)第 028427 号

AutoCAD 2015 计算机绘图教程

AutoCAD 2015 Jisuanji Huitu Jiaocheng

胡志荣　王月雷　谢小江　主编

策划编辑：汪　富

责任编辑：姚　幸

封面设计：原色设计

责任校对：马燕红

责任监印：朱　玢

出版发行：华中科技大学出版社(中国・武汉)　　电话：(027)81321913

武汉市东湖新技术开发区华工科技园　　邮编：430223

录　　排：武汉正风天下文化发展有限责任公司

印　　刷：广东虎彩云印刷有限公司

开　　本：787mm×1092mm　1/16

印　　张：14.25

字　　数：345 千字

版　　次：2023 年 5 月第 1 版第 7 次印刷

定　　价：39.80 元

前　言

本课程是一套面向高职院校理工类各专业的一门职业技能课，突出体现了新一代CAD技术以创新技术为发展方向的特点，着重介绍AutoCAD绘图软件的使用与开发，根据高职教育的培养目标和教学特点，遵循“实用、够用”的原则，精选AutoCAD的常用命令以及与机械制图密切相关的工程实例编写本书内容。

(1) 教材以项目为模块，全书共有9个项目，包括简单二维图形的绘制、复杂二维图形的绘制、三视图和剖视图的绘制、文字和尺寸的标注与编辑、零件图的绘制、装配图的绘制、三维实体造型、图形输出。

(2) 实行案例教学，用实例介绍各种命令的使用方法和操作技巧，使学生尽快掌握计算机绘图要领，提高其绘图技能，从而能够高效、规范地绘制工程图样。

(3) 每个教学项目的知识目标和能力目标可以使学生充分了解本项目的学习内容，项目总结则方便教师有针对性地讲授相应的内容。

(4) 本书附有一定数量的思考题与上机操作习题，针对性强，可帮助学生进一步巩固所学知识。

(5) 本书可作为高职高专、成人高校、各独立学院机械设计制造类专业(机械设计与制造 、机械制造与自动化、数控技术、模具设计与制造、材料成型与控制技术、焊接技术及自动化、计算机辅助设计与制造)用书。

本书共分9个项目，项目1由随州职业技术学院张红利编写；项目2由武昌职业学院范瑜珍编写；项目3由湖北职业技术学院冯琴编写；项目4由江西新能源科技职业学院胡志荣编写；项目5由湖北职业技术学院刘红芳编写；项目6由吉安职业技术学院谢小江编写；项目7由新乡职业技术学院栗永非编写；项目8由海南科技职业学院王月雷编写；项目9由新乡职业技术学院沈丽编写。参与本书编写的还有仙桃职业技术学院张勇华，江西新能源科技职业学院刘永东、温金龙。全书由江西新能源科技职业学院顾吉仁教授主审。在此，对他们的辛勤工作表示衷心的感谢！

由于编者水平有限，加之时间仓促，书中难免有错误之处，敬请读者批评指正。

编　者

2018年1月

目　　录

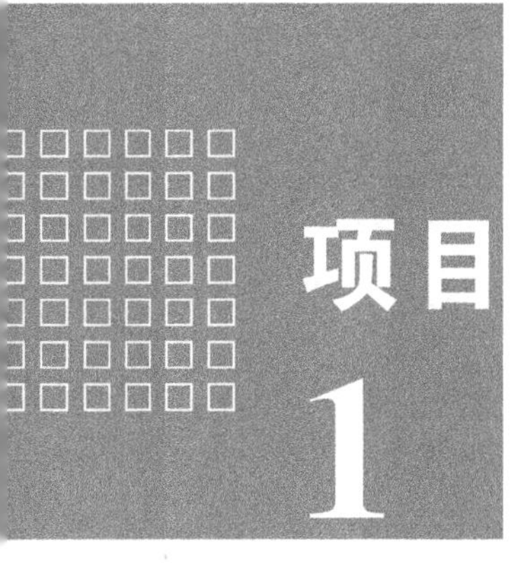

AutoCAD 的基本知识和操作

【知识目标】

- 了解 AutoCAD 的作用及使用范围。
- 掌握 AutoCAD 的启动及退出方法。
- 熟悉 AutoCAD 的界面。
- 掌握图形文件的管理。
- 掌握 AutoCAD 中的启动命令及各种执行命令。

【能力目标】

- 能正确启动和退出 AutoCAD。
- 能根据需要定制 AutoCAD 的界面。
- 能对图形文件进行有效的管理。
- 掌握图形文件的管理。
- 能使用 AutoCAD 中各种方式的启动命令及执行命令。

任务 1 AutoCAD 2015 的工作界面

本任务通过认识图 1-1 所示的界面，介绍“AutoCAD 2015 的启动”“AutoCAD 2015 的界面”“AutoCAD 2015 的退出”相关的知识点。

操作步骤如下。

步骤 1 启动 AutoCAD 2015。单击桌面 AutoCAD 2015 图标，打开 AutoCAD 2015 界面。

步骤 2 认识相关界面。

步骤 3 退出 AutoCAD 2015。

知识点 1 AutoCAD 2015 的启动

AutoCAD 2015 的启动非常简单，通常情况下直接在桌面找到 AutoCAD 2015 的图标，双击图标或单击右键，单击“打开”即可。

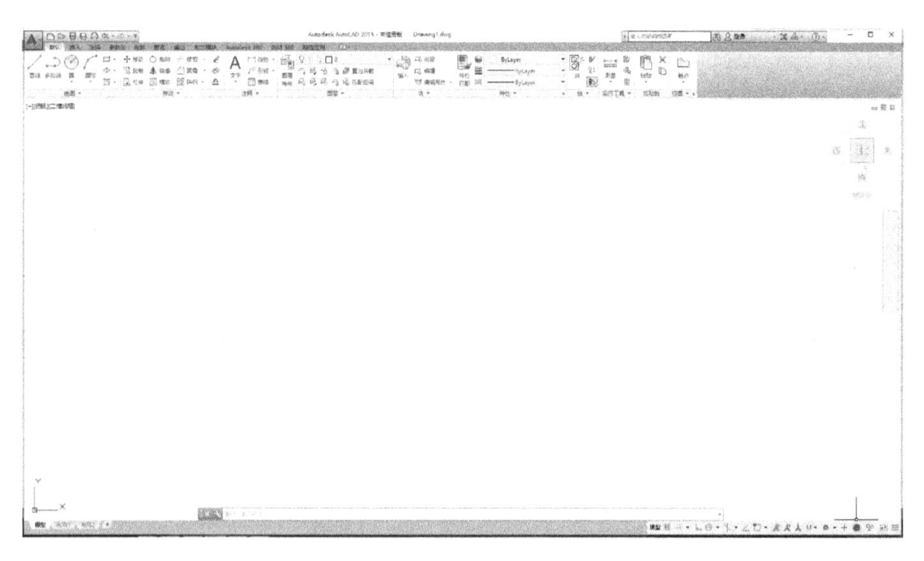

图 1-1　AutoCAD 2015 的界面

知识点 2　AutoCAD 2015 的界面

启动 AutoCAD 2015 后，进入其工作界面，AutoCAD 2015 中文版为用户提供了 3 种工作空间模式：分别是“草图与注释”“三维基础”“三维建模”。可根据需要初始化设置任何一个工作空间，如图 1-2 所示。每个工作空间都由标题栏、菜单栏、工具栏、绘图区、命令输入窗口、状态栏、文本窗口、工具选项板窗口等 8 个部分组成，如图 1-3 所示。

✓ 草图与注释
三维基础
三维建模
将当前工作空间另存为...
工作空间设置...
自定义...
显示工作空间标签

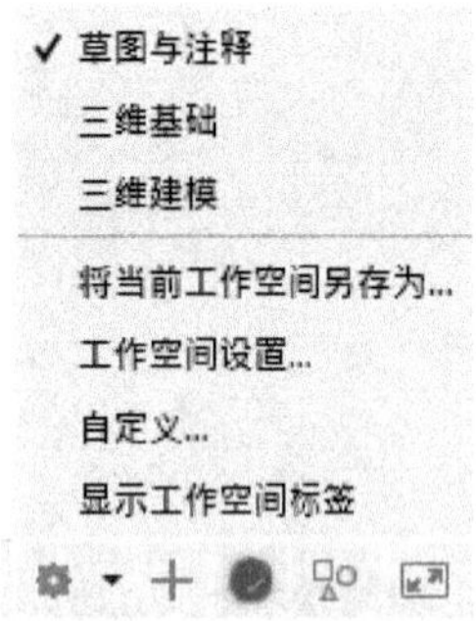

图 1-2　AutoCAD 2015 工作空间模式

1. 工作空间的切换

工作空间是由分组的菜单、工具栏、选项板和功能区控制面板组成的集合，它使设计人员可以在面向任务的绘图环境中进行设计工作。

用户可以根据设计情况选用所需要的工作空间，例如在创

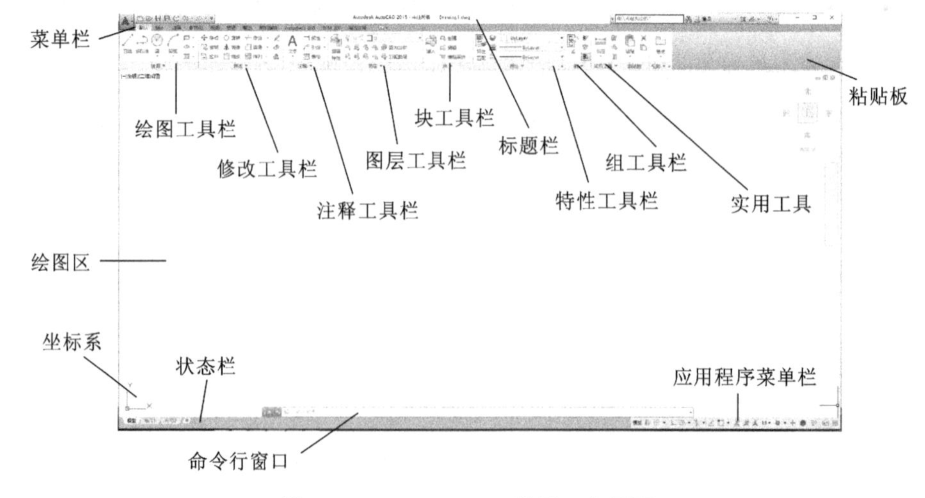

图 1-3　AutoCAD 2015 绘图工作界面

建三维模型时使用“三维基础”和“三维建模”工作空间，该工作空间仅包含与三维相关的工具栏、菜单和选项板，而三维建模不需要的界面选项会被隐藏起来，这样便使得用户的工作区域最大化，有利于进行三维设计工作。AutoCAD 还可在工作过程中根据需要切换工作空间。

在应用程序状态栏中单击⚙按钮，可切换工作空间，如图 1-4 所示。

图 1-4 应用程序状态栏中切换工作空间

2. 工作空间的内容

1）“草图与注释”空间界面

“草图与注释”空间界面如图 1-5 所示。

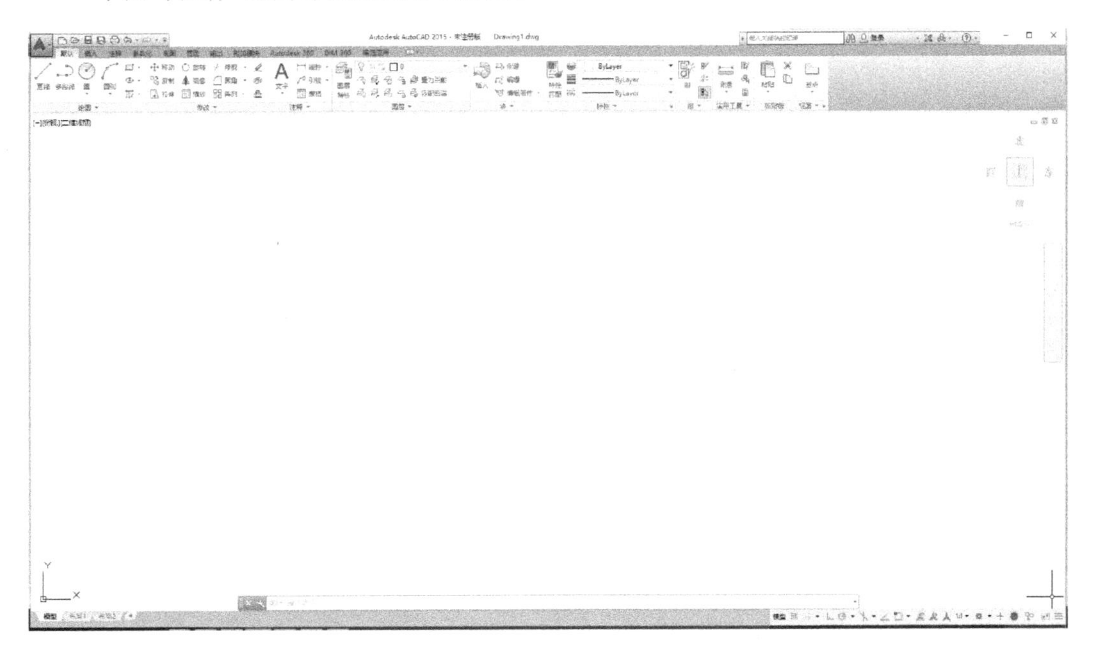

图 1-5 “草图与注释”空间界面

2）“三维建模”空间界面

使用“三维建模”空间可以更加方便地在三维空间中绘制图形。将各种三维操作工具分布在功能区各个选项卡中，例如在“常用”选项卡中集成了建模、网格和实体编辑等选项板，这样设置为操作提供了非常便利的环境，如图 1-6 所示。

3）“三维基础”空间界面

“三维基础”空间和“三维建模”空间相比，命令更加精简，如图 1-7 所示，只包括创建、编辑等常用的三维命令，更加有利于初学者或简单进行三维操作。

3. 工作空间组成

1）标题栏

标题栏出现在界面的顶部，用来显示当前正在运行的程序名及当前打开的图形文件名。如果启动 AutoCAD 或当前文件尚未保存，则显示“Drawing1”。标题栏的最左侧是应用程序控制按钮。右侧的三个按钮依次为：最小化按钮、还原窗口按钮、关闭应用程序按钮。

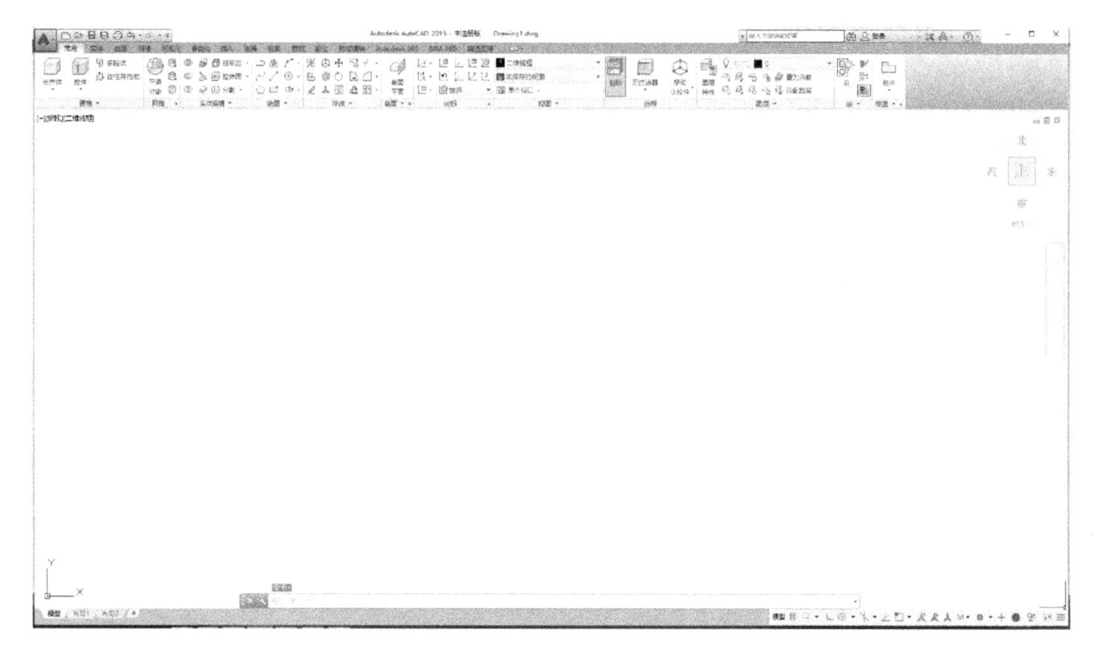

图 1-6 “三维建模”空间界面

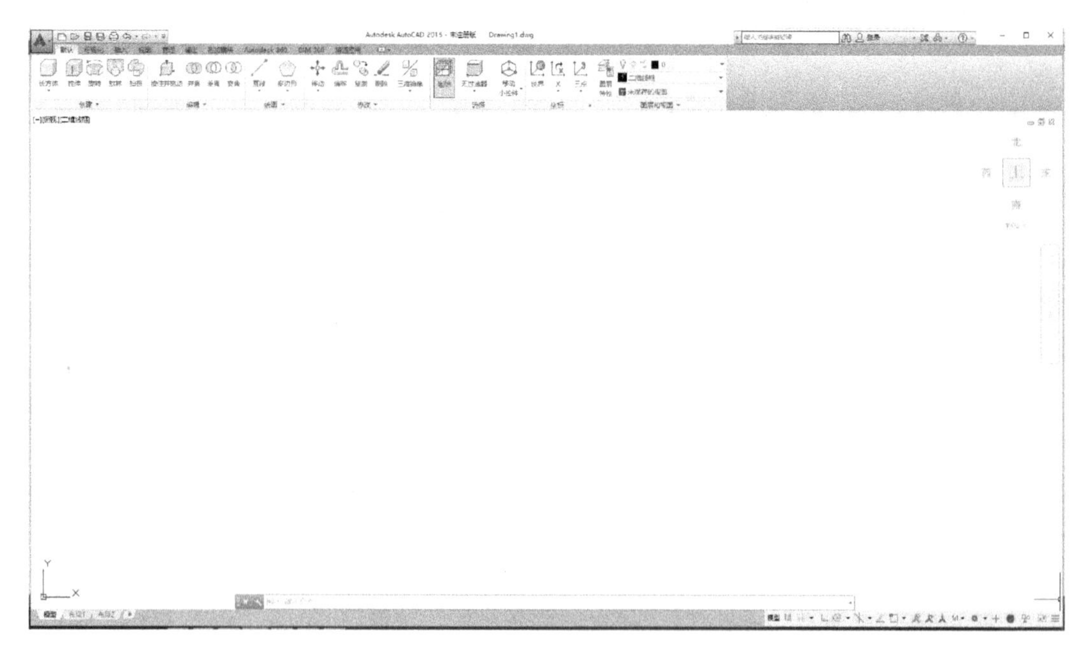

图 1-7 “三维基础”空间界面

2）菜单栏

标题栏的下面是菜单栏，包括 12 个菜单，在快速访问工具栏单击 ▼ 按钮选择“显示菜单栏”，如图 1-8 所示。则出现菜单栏完整工具，如图 1-9 所示。

这些菜单包含了通常情况控制 AutoCAD 运行的功能和命令。例如“文件”下拉菜单，主要用于文件管理。如图 1-10 所示。

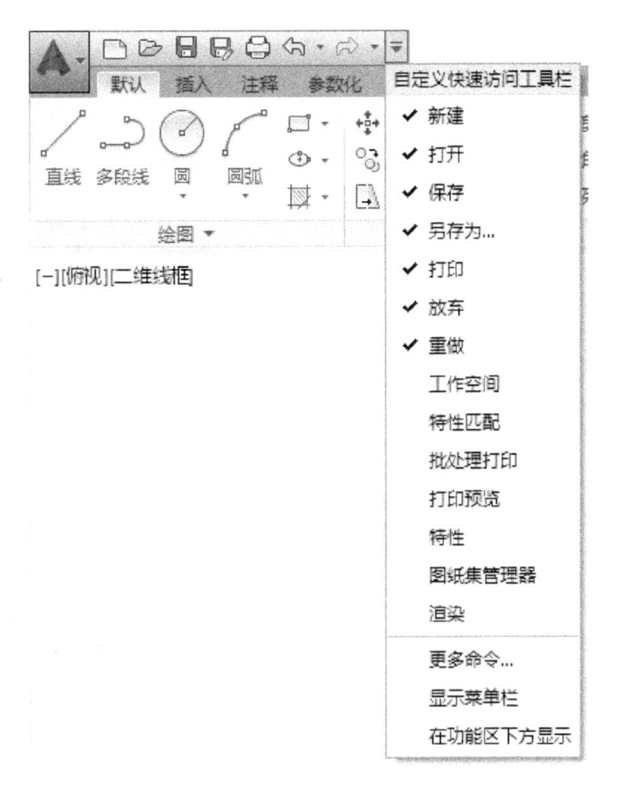

图 1-8 “自定义快速访问工具栏”

图 1-9 菜单栏完整工具

3）工具栏

（1）工具栏的使用 任一工具栏均包括若干个工具按钮。用户将光标移到工具栏的任一工具按钮上，单击鼠标左键即相当于输入该按钮对应的命令。

（2）工具栏的调整 将光标移到工具栏边界上，按鼠标左键不放，可将该工具栏拖放到界面上任意位置。当工具栏位于界面中间区域时称为浮动工具栏，此时将光标移到工具栏边界上，当光标变成一个双箭头时，拖动工具栏即可改变其形状。当工具栏位于界面边界时会自动调整其形状或初始大小，此时称为固定工具栏。

4）绘图区

绘图区没有边界，利用视窗缩放功能，可使绘图区无限减小或增大。因此，无论尺寸多大的图形都可放置其中。界面的右边和下边分别有两个滚动条，可使视窗上下或左右移动，便于观察。

绘图区的下部有 3 个标签：模型、布局 1、布局 2。它们用于“模型空间”和“图样空间”的切换。模型标签的左边有 4 个滚动箭头，用来滚动显示标签。

绘图区的左下角有两个互相垂直的箭头组成的图形，这是 AutoCAD 的坐标系（WCS）。

当光标移至绘图区内时，便出现“十”字光标，它是绘图的主要工具。

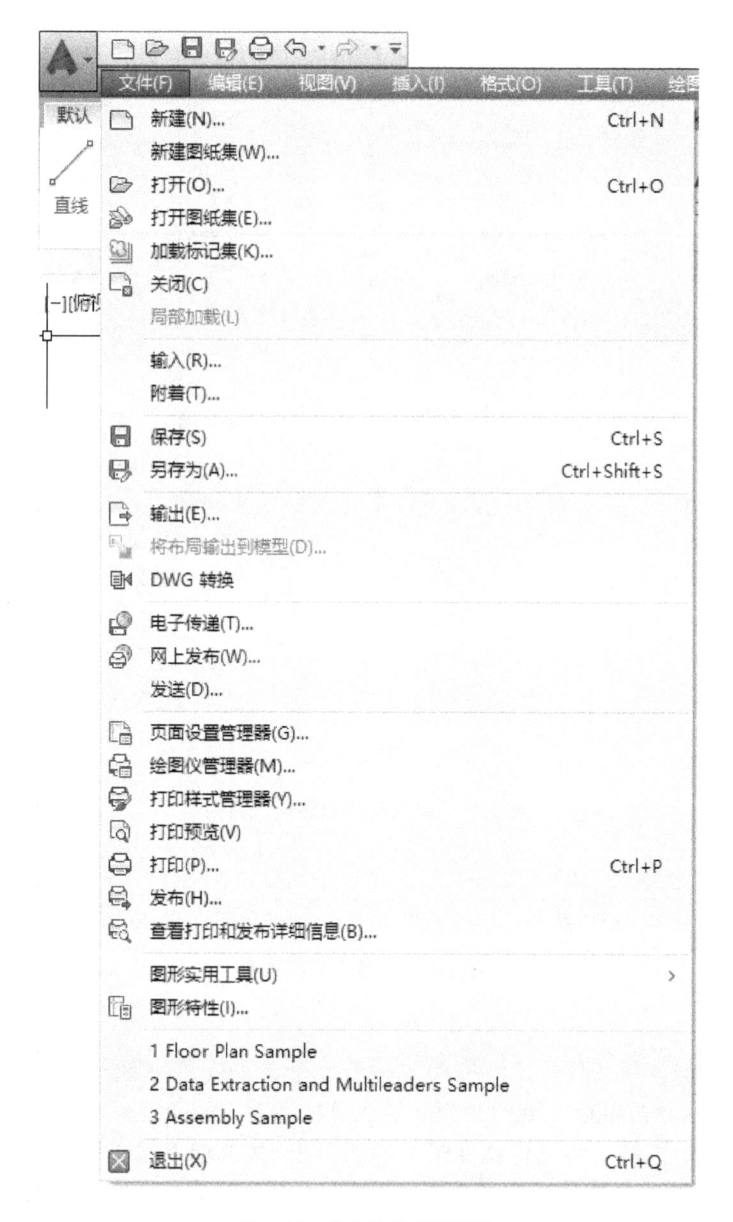

图 1-10 “文件”下拉菜单

5）命令输入窗口

在绘图区的下方是命令输入窗口。该窗口由两部分组成，即命令历史窗口和命令行，如图 1-11 所示。命令输入窗口可以拖放为浮动窗口。

图 1-11 命令输入窗口

6）状态栏

AutoCAD 2015 界面的最下方是状态栏，状态栏显示当前“十”字光标所处位置的三维

坐标、通信中心按钮和一些辅助绘图工具按钮的开关状态，如：捕捉、栅格、正交、极轴、对象捕捉、对象追踪、线宽和模型等。单击这些开关按钮，可以进行开关状态切换，如图 1-12 所示。单击状态栏最右侧 ≡ 图标可以对状态栏进行自定义。

图 1-12 状态栏快捷菜单

通过通信中心 登录 ，可以收到 Autodesk 公司的新闻和产品通知、直接向 Autodesk 发送反馈、从 Autodesk 产品支持团队获取最新新闻、获取通知 Subscription Program 新闻（如果是 Autodesk Subscription 用户），还能在Autodesk网站上有新的文章和使用技巧时收到通知。

7）文本窗口

由于文本窗口与命令窗口含有相同的信息，用户可以在文本窗口中键入命令。在缺省的状态下，文本窗口是不显示的，但可以按“F2”键显示文本窗口。作为相对独立的窗口，文本窗口有自己的滚动条、控制按钮等界面元素，也支持单击鼠标右键的快捷菜单操作。

8）工具选项板

在工具选项板窗口中包含几个选项卡，单击各标签即可切换至相应的选项卡对应的界面。工具选项板为组织、共享及放置块等对象提供了一种有效的方式，在其中也可以包括由第三方开发商提供的自定义工具。

打开工具选项板方法如下。

方法 1 菜单：工具→工具选项板窗口。

方法 2 工具栏：在空白区单击鼠标右键。

方法 3 快捷键：“Ctrl”+“3”。

以上任何一种操作都会打开工具选项板窗口，如图 1-13 所示。

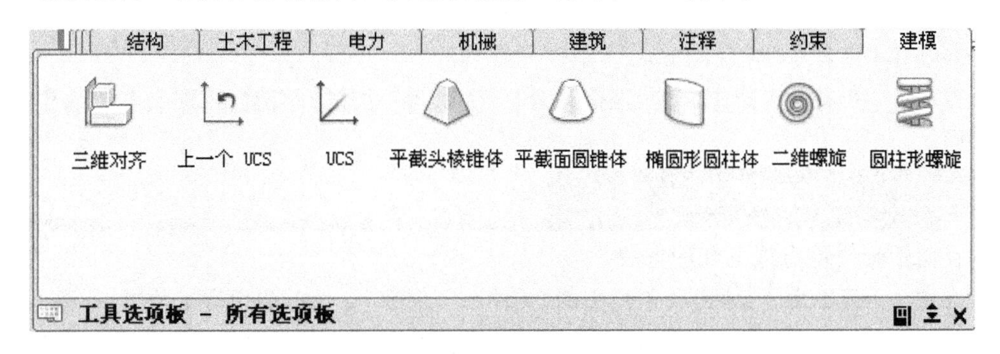

图 1-13 工具选项板窗口

知识点 3 AutoCAD 2015 的退出

AutoCAD 2015 的退出非常简单，如果不需要保存文件，直接单击右上角“退出”的图标即可，或者单击“菜单”→“文件”→“退出”。如果需要保存文件，先保存文件再退出。

任务2　AutoCAD 2015图形文件的管理

本任务通过认识新建名为“练习”的文件然后保存退出，再打开，介绍“图形文件的新建”“图形文件的打开”“图形文件的存储”相关的知识点。

操作步骤如下。

步骤1　打开AutoCAD 2015界面。

步骤2　新建文件。

单击菜单栏中的“文件”→“新建”→在文件名处输入文件名“练习”。

步骤3　保存文件。

单击菜单栏中的“文件”→“保存”，保存在AutoCAD默认文件夹；或者单击菜单栏中的“文件”→“另存为”，可以自己选择保存位置。

步骤4　打开文件。

单击菜单栏中的“文件”→“打开”，找到刚保存的文件“练习”，选择“打开”；或者在刚保存的文件夹内找到刚保存的文件，双击打开。

知识点1　新建图形文件

有以下几种方法新建文件。

方法1　菜单命令：单击菜单栏中的“文件”→“新建”→在文件名处输入文件名，打开。

方法2　工具栏：单击“标准”→ 按钮，输入文件名，打开。

方法3　键盘命令：输入“new”→按“回车”键。

知识点2　打开图形文件

打开图形文件有以下几种方法。

方法1　菜单命令：单击菜单栏中的“文件”→“打开”→找到要打开的文件，打开。

方法2　工具栏：单击“标准”→ 按钮，输入文件名，打开。

方法3　键盘命令：输入“open”→按“回车”键。

方法4　在文件夹找到文件，直接双击打开，或者单击鼠标右键，在弹出的选项中选择“打开”。

知识点3　存储图形文件

存储图形文件有以下几种方法。

方法1　菜单命令：单击菜单栏中的“文件”→“保存”→选择要保存的位置，保存。

方法2　如果需要更改文件名保存，单击菜单栏中的“文件”→“另存为”→选择要保存的位置，保存。

方法3　工具栏：单击“标准”→ 按钮，选择要保存的位置，保存。

方法4　键盘命令：输入“qsave”→按“回车”键。

任务 3　AutoCAD 有关命令的操作

知识点 1　输入命令的方法

命令的输入方法如下。

方法 1　单击工具栏中相对应的命令图标。如图 1-14 所示，单击需要输入命令相对应的图标即可。

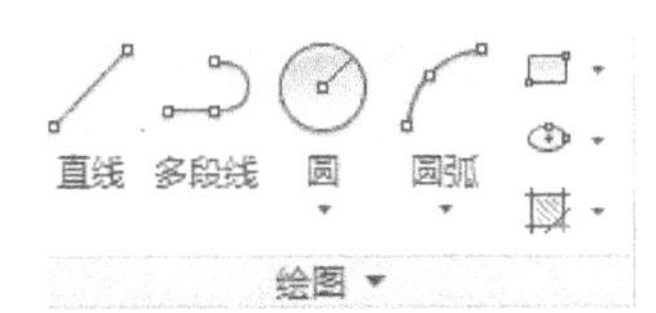

图 1-14　单击图标输入命令

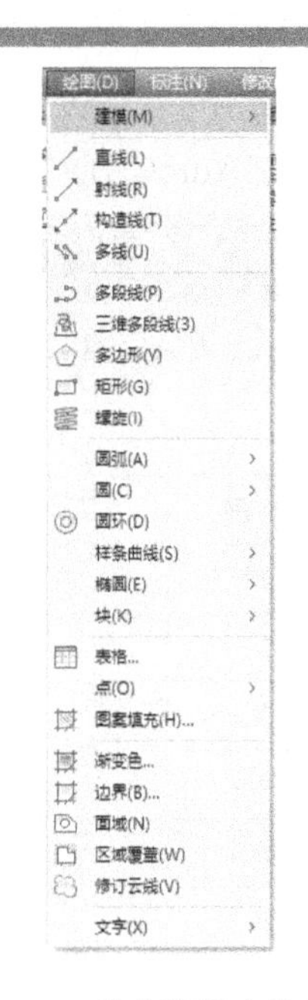

图 1-15　单击菜单中的命令

方法 2　单击菜单栏中的命令。如图 1-15 所示，在相应菜单中找到想要输入的命令，单击即可输入。

方法 3　从命令行中输入。在命令行中直接用键盘输入命令，如图 1-16 所示。

方法 4　按“回车”键或“空格”键重复进行上一步命令。例如上一步画了一条直线，接下来还要执行直线命令，可以直接按“回车”键或“空格”键即可重复直线命令。

图 1-16　从命令行输入命令

知识点 2　执行命令的方法

执行命令的方法如下。

方法 1　使用鼠标执行命令。在 AutoCAD 中，经常使用鼠标左键来执行命令，鼠标左键可以选择命令和执行命令。选择命令的操作方法为直接单击需要的命令，执行命令的操作方法为在执行命令的位置单击。

方法 2　使用键盘执行命令。使用键盘来执行命令的方法主要有按“回车”键完成命令，或者按“空格”键完成命令。

知识点 3　命令的撤销、终止与重做

1. 命令的撤销

如果需要撤销上一步绘图命令，可以单击菜单栏中的“编辑”→“放弃”，或者单击工具栏中的图标 ↶；也可以单击鼠标右键，从弹出的快捷菜单中选择“放弃”命令；从而撤销上一步命令。

2. 命令的终止

如果在完成命令的过程中需要终止命令，此时可以按“Esc”键终止命令的操作；或者

单击鼠标右键，从弹出的快捷菜单中选择“取消”命令；从而终止命令。

3. 命令的重做

如果需要重做，可以单击菜单栏中的“编辑”→“重做”。

任务4 功能键及快捷键

在AutoCAD中，合理的使用功能键和快捷键可以大幅提高绘图速度。

知识点1 AutoCAD常用功能键

AutoCAD常用功能键见表1-1。

表1-1 AutoCAD常用功能键

功能键	作用	功能键	作用
F1	显示帮助	F7	切换栅格显示
F2	打开/关闭文本窗口	F8	切换正交模式
F3	对象捕捉	F9	切换栅格捕捉模式
F4	切换数字化仪模式	F10	切换极轴追踪模式
F5	切换等轴测模式	F11	切换对象捕捉追踪
F6	切换坐标显示	F12	切换动态输入

知识点2 AutoCAD常用快捷键

AutoCAD常用快捷键见表1-2。

表1-2 AutoCAD常用快捷键

快捷键	全称	功能	快捷键	全称	功能
a	arc	圆弧	m	move	移动
ar	array	阵列	ma	matchprop	属性匹配
b	block	定义块	mi	mirror	镜像
bc	bclose	关闭块编辑	mld	mleader	引线标注
bh	hatch	图案填充	mo	properties	属性
br	break	打断	mt	mtext	多行文字
c	circle	圆	o	offset	偏移
col	color	选择绘图颜色	op	options	选项
co	copy	复制	pa	pastespec	选择性粘贴
di	dist	测量	pol	polygon	绘制多边形
dt	text	单行文字	pu	purge	清理对象
e	erase	删除	qp	quickproperties	快速查询
ed	ddedit	编辑标注文字	re	regen	刷新显示

续表

快捷键	全称	功能	快捷键	全称	功能
el	ellipse	绘制椭圆	ro	rotate	旋转
f	fillet	倒圆角	s	stretch	拉伸图形
fi	filter	对象选择过滤器	sc	scale	比例缩放
g	group	建立组	se	dsettings	草图设置
gd	gradient	渐变颜色填充	sn	snap	捕捉间距
gr	ddgrips	选项选择集	st	style	文字样式
h	hatch	填充图案	t	mtext	多行文字
j	join	合并线段	ta	tablet	文字对齐
l	line	绘制直线	tb	table	插入表格
len	lengthen	延伸	tr	trim	修剪
li	list	特性查询	ts	tablestyle	表格样式
z	zoom	缩放	uc	ucsman	UCS 坐标系

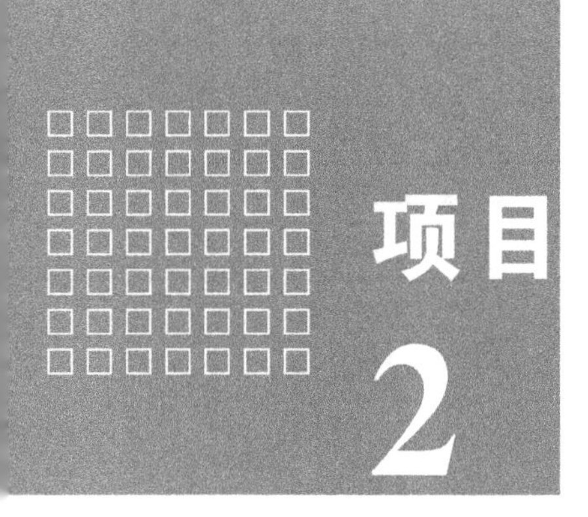

简单二维图形的绘制

【知识目标】

- 掌握绘图环境的设置。
- 掌握对象捕捉、对象追踪和极轴追踪的有关内容。
- 掌握直角坐标与极坐标、绝对坐标与相对坐标的概念及应用。
- 掌握二维图形的基本绘制和编辑方法。
- 掌握图层的使用。

【能力目标】

- 能根据图形尺寸正确设置图形界限。
- 能正确设置和使用对象捕捉、对象追踪、极轴追踪、栅格的方法来绘制图形。
- 能使用各种图形绘制和编辑方法绘制简单二维图形。
- 根据需要正确设置和使用图层。
- 能使用各种图形绘制和编辑方法绘制简单二维图形。
- 能对图形进行缩放和平移操作。

任务1　简单直线图形的绘制

本任务通过图 2-1 所示的直线图形为例，介绍“图形界限”“直线”“正交”“极轴追踪”“修剪”等命令，并引出相关的知识点。

操作步骤如下。

步骤1　设置图形界限。

① 单击菜单栏中的“格式”→“图形界限”→将左下角坐标设为(0,0)，右上角坐标设为(200,120)。

② 单击菜单栏中的“视图”→“缩放”→输入“A”，按“回车”键。显示图形界限。

步骤2　设置图层。单击菜单栏中的“格式”→“图层”→创建绘图常用的“粗实线”“细实线”“点画线”“虚线”等图层。

步骤3　分析图形，确定关键点和绘制方法。分析图2-1，可将左下角的 A 点定为起始点。逆时针方向绘制图形，使用“正交模式”“极轴追踪”“对象捕捉”来绘制图形中的各条

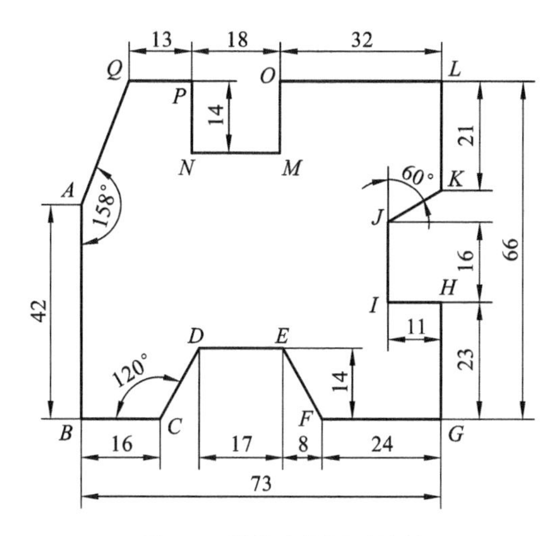

图 2-1 简单直线图形绘制

直线。

步骤 4 设置“粗实线”。单击菜单栏中的“格式”→“图层”,选择“粗实线”图层。

用“正交模式”“极轴追踪”和“对象捕捉”绘制 A 至 R 直线。

操作步骤如下。

步骤 1 选择“正交模式”:按“F8”键。

步骤 2 输入命令:“l”→“回车”或“空格”键。

步骤 3 指定第一点:在绘图区的适当位置单击鼠标左键(确定起始点 A)。

步骤 4 指定下一点或[放弃(U)]:42,按“回车”键(确定点 B)。

步骤 5 指定下一点或[放弃(U)]:16,按“回车”键(确定点 C)。A 至 C 直线见图 2-2(a)。

步骤 6 打开“极轴追踪”设置:“工具”→“绘图设置”→“极轴追踪”(将极轴追踪增量角设置成 30°)→按“F10”键进入“极轴模式 ”→单击“确定”。

步骤 7 指定下一点或[放弃(U)]:16,按“回车”键(确定 D 点)。

步骤 8 指定下一点或[放弃(U)]:17,按“回车”键(确定 E 点)。

步骤 9 指定下一点或[放弃(U)]:16,按“回车”键(确定 F 点)。A 至 F 直线见图 2-2(b)。

步骤 10 选择“正交模式”:按“F8”键。

步骤 11 指定下一点或[放弃(U)]:16,按“回车”键(确定 G 点)。

步骤 12 指定下一点或[放弃(U)]:24,按“回车”键(确定 H 点)。

步骤 13 指定下一点或[放弃(U)]:23,按“回车”键(确定 H 点)。

步骤 14 指定下一点或[放弃(U)]:11,按“回车”键(确定 I 点)。

步骤 15 指定下一点或[放弃(U)]:16,按“回车”键(确定 J 点)。

步骤 16 打开“极轴模式”设置:按“F10”键。

步骤 17 指定下一点或[放弃(U)]:12,按“回车”键(确定 K 点)。

步骤 18 选择“正交模式”:按“F8”键。

步骤 19 指定下一点或[放弃(U)]:21,按“回车”键(确定 L 点)。

步骤 20 指定下一点或[放弃(U)]:32,按“回车”键(确定 M 点)。

步骤 21 指定下一点或[放弃(U)]:14,按“回车”键(确定 N 点)。

步骤 22　指定下一点或[放弃(U)]:18,按“回车”键(确定 O 点)。

步骤 23　指定下一点或[放弃(U)]:14,按“回车”键(确定 P 点)。

步骤 24　指定下一点或[放弃(U)]:13,按“回车”键(确定 Q 点)。

步骤 25　打开“极轴模式”设置:按“F10”键。

步骤 26　指定下一点或[放弃(U)]:@20＜－158,回车。(确定 R 点)A 至 R 直线见图 2-2(c)。

步骤 27　命令:输入“tr”,按“空格”键两次。

步骤 28　修剪多余的直线

步骤 29　按“Esc”键结束命令,并保存图形文件。

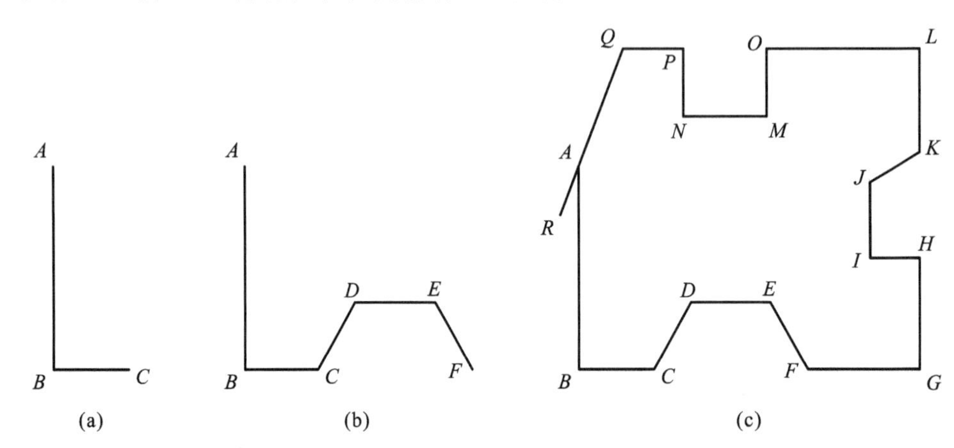

图 2-2

知识点 1　绘图环境设置

通常情况下,安装好 AutoCAD 2015 以后就可以在其默认设置下绘制图形,但为了提高绘图效率,需要对绘图环境及系统参数作必要的设置。

1. 系统环境设置

用户根据其工作方式对系统环境进行设置,调整应用程序界面和绘图区域。本任务所涉及的几个系统设置均可从快捷菜单和“选项”对话框中访问。图 2-3 所示为“选项”对话框,其中包含“文件”“显示”“打开和保存”“打印和发布”“系统”“绘图”“三维建模”“选择集”等 10 个选项卡。

1) 命令启用方法

方法 1　选择下拉菜单:“工具”→“选项”。

方法 2　键盘命令:输入“options”→按“回车”键。

2) 对话框中各选项的含义

(1) “文件”选项卡:用于配置搜索路径、指定文件名和位置。

(2) “显示”选项卡:包括“窗口元素”“布局元素”“显示精度”“十字光标大小“等选项区。

(3) “打开和保存“选项卡:用于控制打开和保存文件的相关选项,如图 2-4 所示。

(4) “绘图”选项卡:用于设置“自动捕捉标记大小”“靶框大小”等,如图 2-5 所示。

(5) “选择集”选项卡:用于控制拾取框的大小、夹点的大小及颜色、视觉效果等方面的

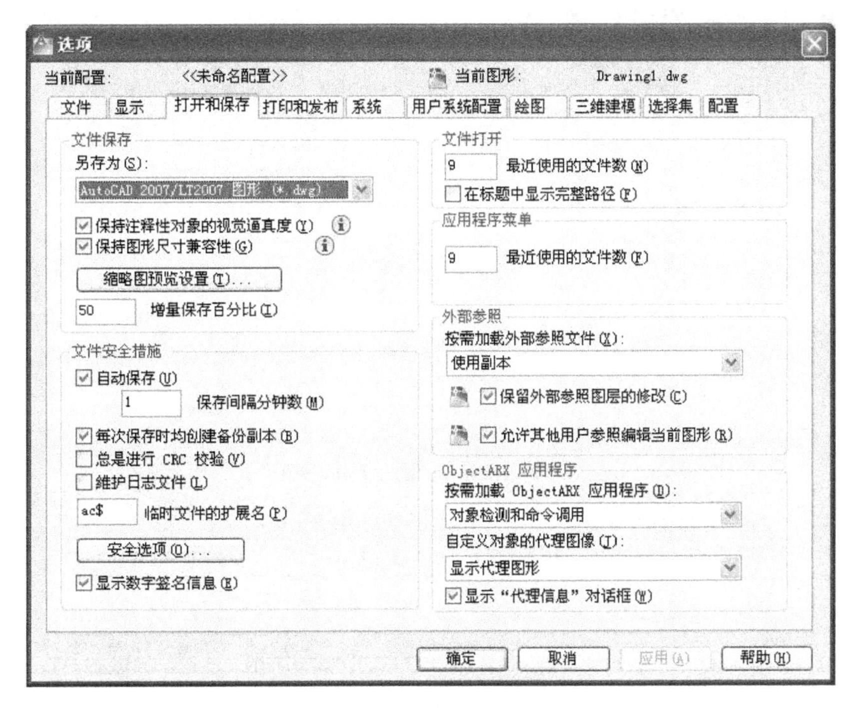

图 2-3　“选项”对话框

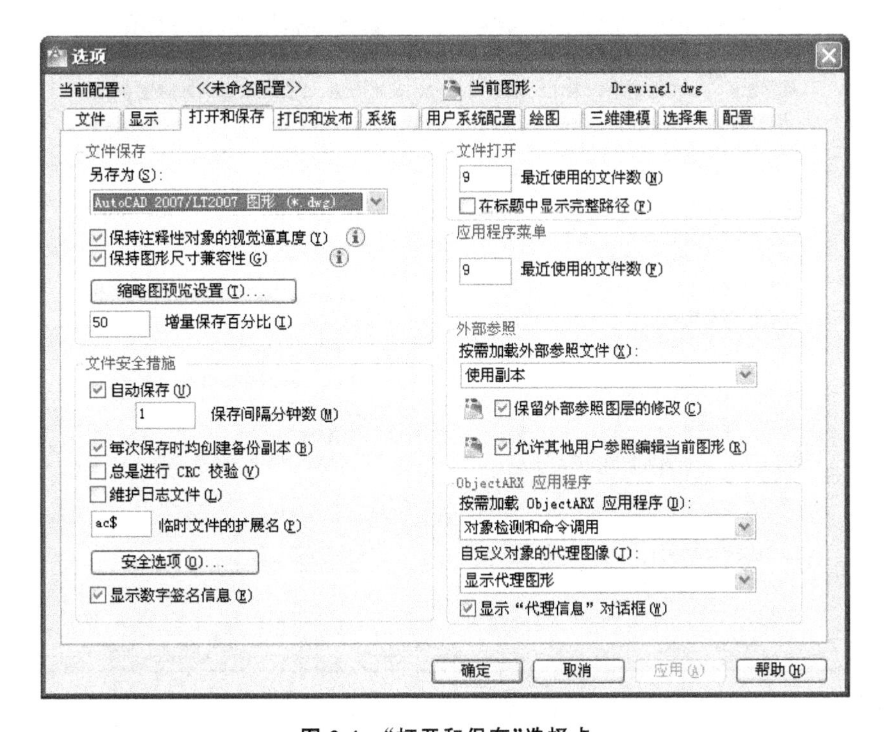

图 2-4　“打开和保存”选择卡

设置，如图 2-6 所示。

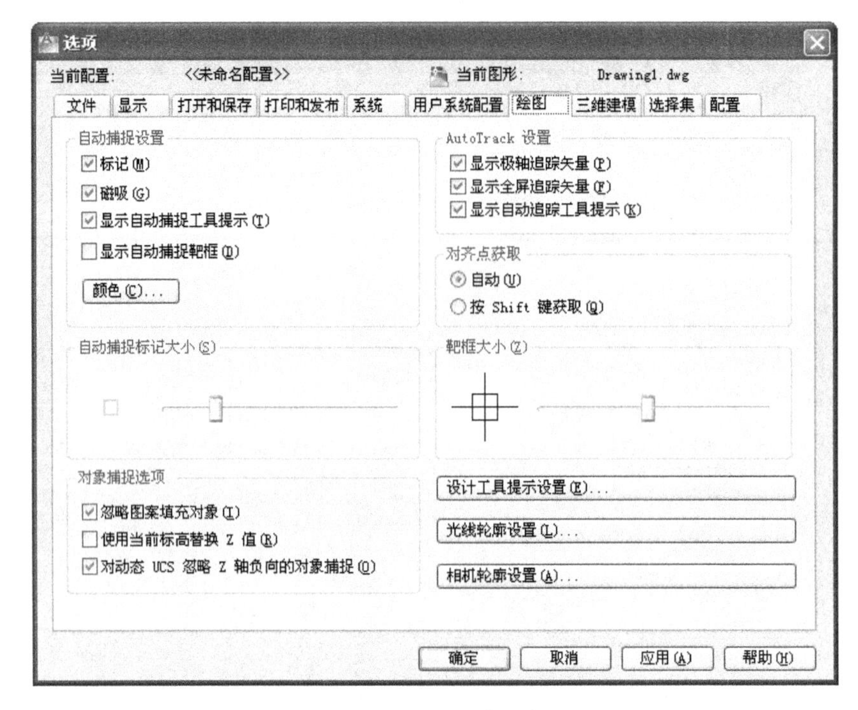

图 2-5 “绘图”选项卡

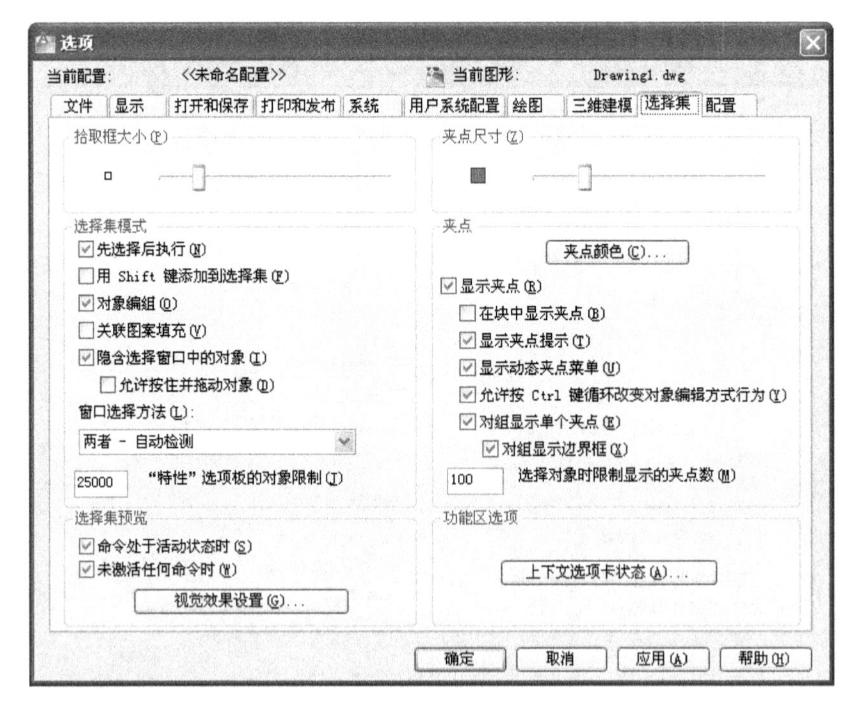

图 2-6 “选择集”选项卡

2. 设置绘图单位

设置或修改作图单位。

1）命令启用方法

方法 1 选择下拉菜单:“格式”→“单位”。

方法 2　键盘命令：输入“units”或“un”→按“回车”键。

2）系统提示及操作说明

启用命令后，系统显示“图形单位”对话框，如图 2-7(a)所示，一般选择默认选项，即“长度类型”为“小数”，“用于缩放插入内容的单位”为“毫米”，“角度类型”为“十进制度数”，“逆时针”方向为正。

单击“方向(D)...”按钮，可打开“方向控制”对话框，如图 2-7(b)所示。一般使用默认的方向，即“东(E)”为 0°，此选项可以在绘图的过程中进行修改。

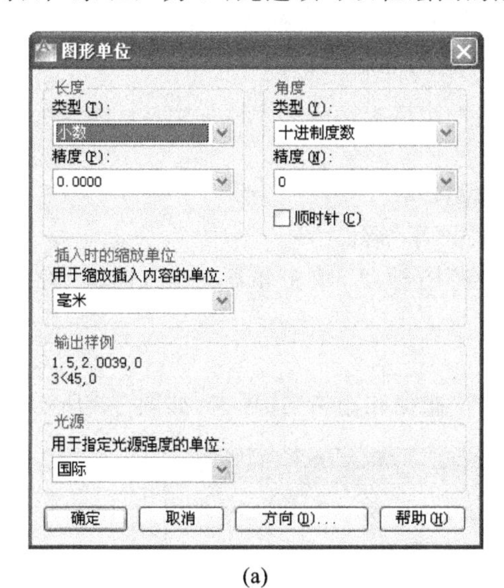

(a)

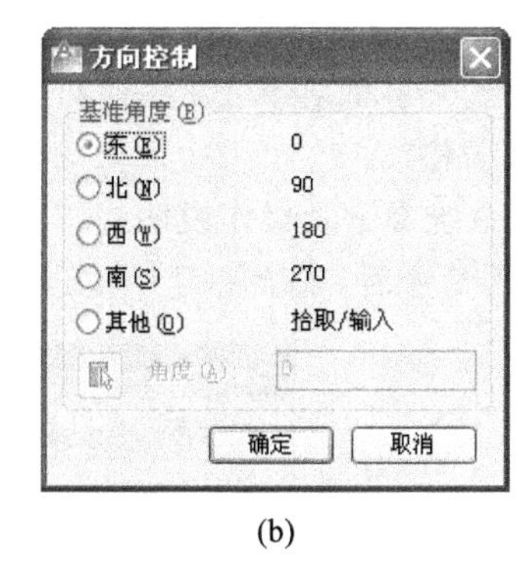

(b)

图 2-7

(a)“图形单位”对话框　(b)“方向控制”对话框

3. 设置绘图界限

设置作图区域。

1）命令启用方法

方法 1　选择下拉菜单：“格式”→“图形界限”。

方法 2　键盘命令：输入“limits”→按“回车”键。

2）系统提示及操作说明

命令启用后，系统提示如下。

指定左下角点或“开(ON)/关(OFF)”＜0.0000,0.0000＞：按“回车”键。

指定右上角点＜420.0000,297.0000＞：按“回车”键(默认按 A3 幅面确定绘图界限)。

操作说明如下。

(1) 输入“开(ON)”：将所设置的图形范围定为有效，当作图点超出这一范围时，界面将出现报警提示“* * 超出图形界限”，以确保图形绘制在绘图边界内。

(2) 输入“关(OFF)”：将所设置的图形范围定为无效，作图将不受范围的影响。

提示：默认状态下，绘图界限是“关”，绘图时，一般不需要设置绘图界限。

4. 样板文件

对经常使用的设置，可以将文件存储为“样板文件”格式，只需只另存时选择“文件类型”为“.dwt”，系统将自动把此文件存储在“template”文件夹中。

建立一个 A3 标准幅面的样板文件,操作步骤如下。

步骤 1 建立一个新文件。

步骤 2 绘制出标准的 A3 幅面。

步骤 3 将该文件以“A3”为文件名存储为样板文件“A3. dwt”。

步骤 4 打开新文件,找到“A3”文件名,打开文件,观察其内容为标准 A3 幅面。

知识点 2 准确绘图工具

介绍实现准确绘图的辅助工具,如“栅格”“正交”“对象捕捉”“对象追踪”等。熟练使用这些辅助绘图工具,可以提高作图效率及作图的准确性。

1. 栅格和捕捉

1) 命令启用方法

方法 1 选择下拉菜单:“工具”→“绘图设置…”。

方法 2 键盘命令:输入“dsettings”→按“回车”键。

提示:光标放在状态栏的“捕捉”或“栅格”图标上,单击鼠标右键,选择“设置…”→“捕捉和栅格”。

2) 系统提示及操作说明

启用命令后,系统将打开“绘图设置”中的“捕捉和栅格”选项卡,如图 2-8 所示。

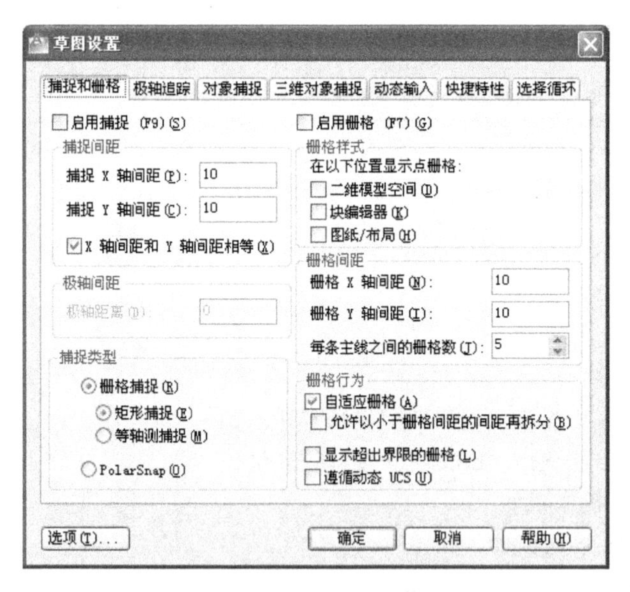

图 2-8 “捕捉和栅格”选项卡

各选项的含义如下。

(1)“捕捉间距”:设置捕捉 X 轴、Y 轴间距。

(2)“栅格间距”:设置栅格 X 轴、Y 轴间距。

(3)“捕捉类型”:绘制二维平面图形时,一般选择“栅格捕捉”→“矩形捕捉”;如果绘制等轴测图,选择“栅格捕捉”→“等轴测捕捉”。

3) 启用捕捉

在“草图设置”选项卡中选择“启用捕捉”选项或单击状态栏中的“捕捉”或按“F9”键,可打开光标捕捉功能,使光标按设置的间距移动。

2. 正交

正交状态是为了快速而准确地绘制平行于 X 轴或 Y 轴的线段而设置的一种特殊状态。

单击状态栏中的“正交”按钮或按“F8”键，即可在正交或非正交状态之间进行转换。

如用直线命令绘制图 2-9 所示的 40×30 矩形。其操作步骤如下。

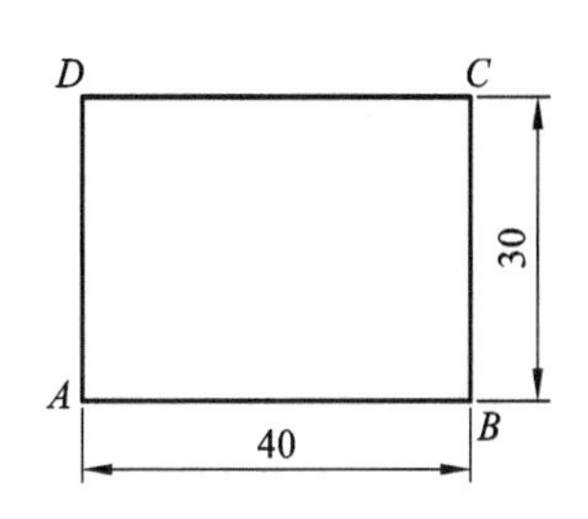

图 2-9　40×30 矩形

步骤 1　打开正交：按“F8”键。

步骤 2　启用直线命令：“L”→按“回车”键。

步骤 3　指定第一点：在界面上任选一点 A。

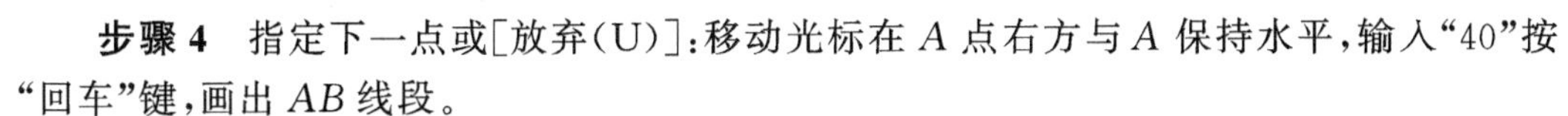

步骤 4　指定下一点或[放弃(U)]：移动光标在 A 点右方与 A 保持水平，输入“40”按“回车”键，画出 AB 线段。

步骤 5　指定下一点或[放弃(U)]：移动光标在 B 点上方与 B 保持竖直，输入“30”按“回车”键，画出 BC 线段。

步骤 6　指定下一点或[放弃(U)]：移动光标在 C 点左方与 C 保持水平，输入“40”按“回车”键。画出 CD 线段。

步骤 7　指定下一点或[闭合(C)/放弃(U)]：输入“C”按“回车”键，画出 DA 线段。

提示：对正交功能的合理使用是提高作图速度与作图质量的有效方法之一。

3. 自动对象捕捉

使用对象捕捉可以快捷地捕捉一些设定的特殊点。

1）自动对象捕捉方式的设置

对于一些经常需要使用的捕捉方式，建议将其设置为默认方式。这样在作图过程中，系统会自动地按这些方式进行捕捉，并可以反复使用，以减少捕捉过程所花费的时间。

自动对象捕捉方式的设置十分简单，单击“工具”下拉菜单→“草图设置”→“对象捕捉”，系统将显示“对象捕捉”选项卡，如图 2-10 所示，只要在这里勾选需要的默认捕捉方式即可。

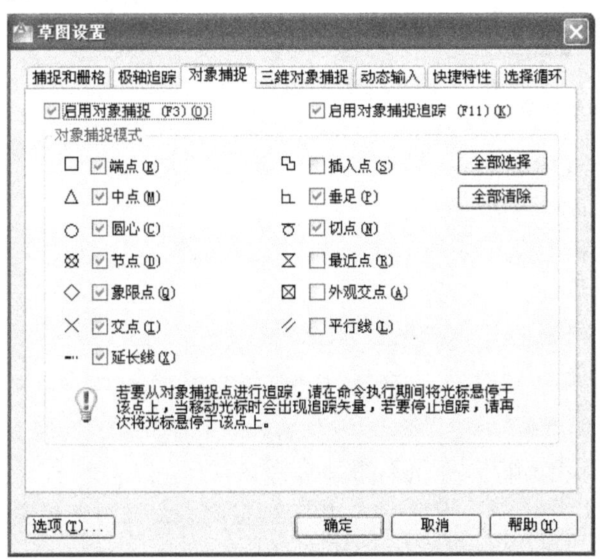

图 2-10　“对象捕捉”选项卡

2）自动对象捕捉的启用

（1）在“草图设置”对话框中选择“对象捕捉”。

（2）单击状态栏中“对象捕捉”按钮，表面为下凹状态时表明自动捕捉被启用。

（3）按“F3”键

启用自动对象捕捉后，在画图时，可以利用对象捕捉方法实时捕捉一些特殊点，如端点、中点、圆心、交点等，可以取代“对象捕捉”工具栏中单个去捕捉的方法。自动对象捕捉在操作上更为快捷。

4. 工具栏对象捕捉

“对象捕捉”工具栏如图2-11所示，是快速、准确地绘制或编辑图形的又一种行之有效的方法。它通过寻找图形对象上不同的特殊点，能够快速、准确地定位，从而使作图速度得到极大提高。

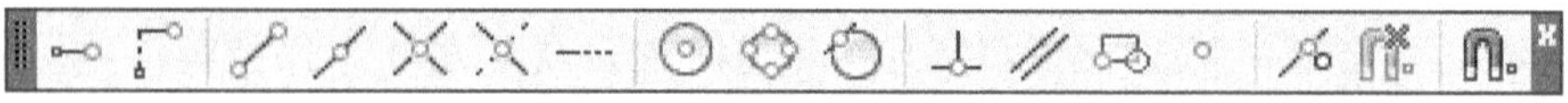

图2-11 “对象捕捉”工具栏

提示：工具栏对象捕捉优先于自动对象捕捉，工具栏对象捕捉每次操作只一次有效。

下面介绍常用“对象捕捉”工具栏的使用方法。

提示：为方便练习各项对象捕捉命令，应先关闭状态栏中的“对象捕捉”。

（1）捕捉到临时追踪点。命令为“tt”。用于临时使用对象捕捉跟踪功能，即先用鼠标单击一基准位置作为参照，再移动光标去寻找真正的位置点。

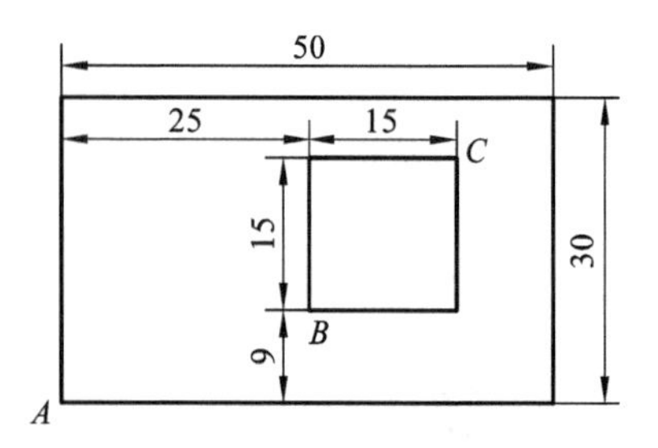

图2-12 偏移捕捉应用举例

（2）捕捉到偏移点。命令为“from”。用于设置一个参照点以便于定位。即先确定一个偏移基点作为参照，再通过键盘输入偏移值（相对坐标）来确定真正的位置。

如图2-12所示，在距离*A*点横向距离25、纵向距离9的位置，绘制15×15的矩形。

操作步骤如下。

步骤1 绘制50×30的矩形。

- 输入“矩形”绘制命令：“rec”→按“回车”键。
- 指定第1个角点：任选一点*A*。
- 指定第2个角点：输入“@50,30”。

步骤2 绘制15×15的矩形。

- 输入“矩形”绘制命令：“rec”→按“回车”键。
- 系统提示指定第1点时，先选择“偏移捕捉”再选择*A*点。
- 输入：“@25,9”→按“回车”键，得到*B*点。
- 输入：“@15,15”→按“回车”键，得到*C*点。

（3）捕捉到端点。命令为“end”。用于捕捉到直线或圆弧等实体的端点。

（4）捕捉到中点。命令为“mid”。用于捕捉到直线或圆弧等实体的中间点。

（5）捕捉到交点。命令为“int”。用于捕捉到不同图形对象的交点。

(6) 捕捉到外观交点，命令为“appint”。用于捕捉到在三维空间并没有相交，但是由于投影关系在二维视图中相交的对象的交点。如果在同一面上的两个对象具有相交趋势，也可分别选取对象后找到其外观交点。

(7) 捕捉到延长线。命令为“ext”。用于捕捉图形对象端点延长线上的一点，执行命令后，将光标放在延长线端点上，待出现“X”后，顺延长线方向移动光标，到达位置单击鼠标左键即可。

(8) 捕捉到圆心。捕捉圆弧、圆、椭圆的中心点。

(9) 捕捉到象限点。捕捉圆弧、椭圆弧、圆、椭圆的0°、90°、180°、270°象限点。

(10) 捕捉到垂点。捕捉由任意点向一图形所作的垂直点。先单击垂线的起点，选择垂点捕捉后再单击另一图形，则系统将会自动在该图形上搜寻另一点，使两点连线与图形在该点的切线方向保存垂直。

(11) 捕捉到切点。捕捉由任意点向圆弧、圆、椭圆等所作的切点。

(12) 捕捉到平行线。可用于绘制已有直线的平行线。选取直线起点后，选择平行线捕捉，然后将光标放置在需要与其平行的直线上，当光标移动到与平行线同方位时，将出现虚线进行提示。

已知任意直线 *L*1，如图 2-13(a)所示，作直线 *L*2 与 *L*1 平行，水平距离为 20，长度为 20，如图 2-13(b)所示。

操作过程如下。

- 画出任意直线 *L*1。
- 画出直线 *L*2。

输入直线命令:“L”→按“回车”键。

指定第 1 点:单击“捕捉到临时追踪点”按钮，再单击 *L*1 下端点，慢慢向右移动光标出现虚线点时，输入“20”，按“回车”键。

指定下一点:单击“捕捉到平行线”按钮，再将光标放在 *L*1 上稍停；出现平行符号后，再将光标向右移动；出现虚线点时，如图 2-13(b)所示，输入“20”，按“回车”键；标注尺寸后如图 2-13(c)所示。

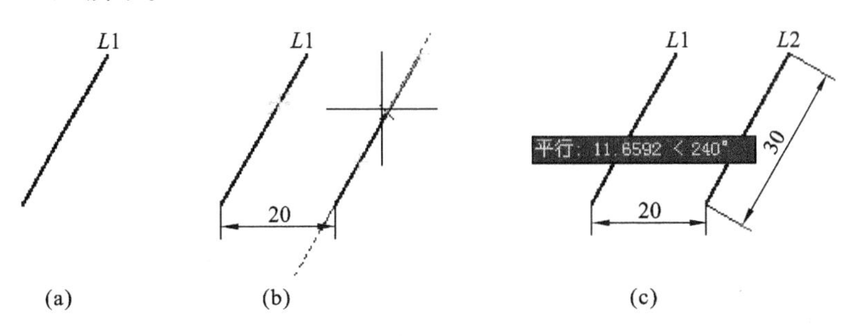

图 2-13

(13) 捕捉到插入点。捕捉块、文本等插入点，

(14) 捕捉到节点。捕捉由点命令所绘制的节点。

(15) 捕捉到最近点。捕捉图形上最接近光标的点。

(16) 无捕捉。取消任何形式的对象捕捉。

(17) 设置自动对象捕捉。对常用捕捉方式进行默认设置,详见图 2-10 所示"对象捕捉"设置对话框。

提示:"对象捕捉"与"捕捉"不同,"捕捉"是将光标定位在确定的点上,是可以单独执行的命令;"对象捕捉"把光标定位在已画好图形的特殊点上,不能单独使用,是命令执行中被使用的模式。

5. 对象追踪

"对象追踪"是通过图形中的其他点来精确定位点的方法。对象追踪设置可以增强各种对象的捕捉方式。该设置包括自动对象追踪和极轴对象追踪。

自动对象追踪捕捉是利用已有图形对象上的捕捉点,然后显示一些临时的对齐路径,来获取另一些特殊点的又一种快速作图方法。

如使用自动对象追踪捕捉方式,在图 2-14(a)所示的图形上添置一圆,如图 2-14(c)所示,要求:圆的圆心位于矩形的中心点。

操作步骤如下。

步骤 1 用矩形命令绘制 50×30 的矩形,如图 2-14(a)所示。

步骤 2 在"对象捕捉"对话框中设置"中点"为默认捕捉方式。

步骤 3 开启"对象捕捉"功能。

步骤 4 输入"c"→按"回车"键。

步骤 5 系统提示指定圆心时,捕捉中点 A(移动光标后,该点将出现一黄色小标记),然后捕捉中点 B(移开光标后,该点将同样出现一个黄色小标记),沿通过 B 点的竖直极轴向上移动,当通过 A 点的水平极轴时,将同时出现极轴,并在交汇处显示黑色小"X",如图 2-14(b)所示,单击鼠标左键确定圆心。当系统提示指定圆的半径时,输入"10",按"回车"键,如图 2-14(c)所示。

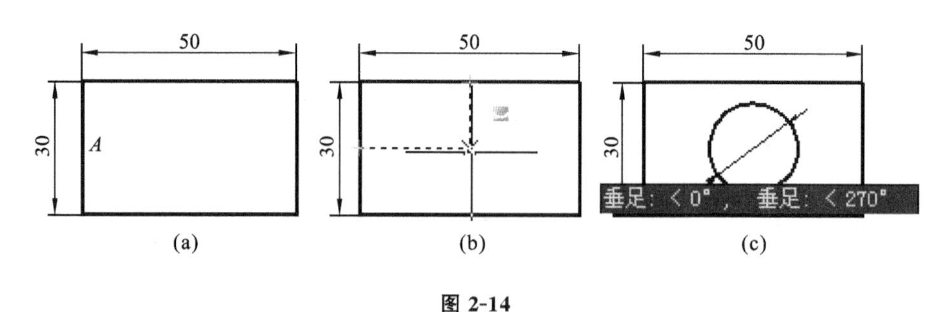

(a) (b) (c)

图 2-14

知识点 3 数据的输入方法

在调用 AutoCAD 的命令进行绘图时,系统要求用户提供相关的信息和数据参数,这时有两种方式可以使用:一是鼠标输入法;二是键盘输入法。

1. 鼠标输入法

鼠标输入法是指移动光标,直接在绘图区单击鼠标左键来拾取点的坐标的一种方法。在 AutoCAD 中,坐标的显示是动态直角坐标,它是光标的绝对坐标值,随着光标的移动,坐标显示连续更新,随时显示当前光标位置的坐标值。

2. 键盘输入法

用光标可以直接定位坐标点，但不是很精确：采用键盘输入坐标值的方式可以更精确地定位坐标点。

在 AutoCAD 绘图中经常使用平面直角坐标系的绝对坐标、相对坐标，平面极坐标系的绝对极坐标和相对极坐标等方法来确定点的位置。

1）绝对直角坐标

绝对坐标是以原点为基点定位所有的点。输入点的(x,y,z)坐标，在二维图形中，$z=0$ 可省略。如用户可以在命令行中输入“10,20”（中间用英文逗号隔开）来定义点在 XY 平面上的位置。

如作点坐标(15,20)，如图 2-15(a)所示。

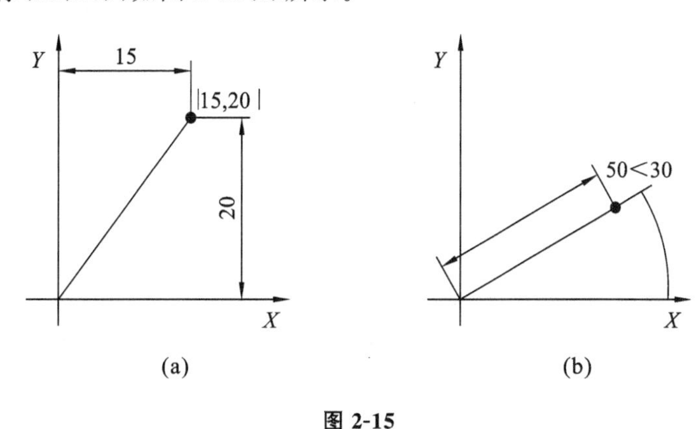

图 2-15

(a)绝对直角坐标系　(b)绝对极坐标系

2）绝对极坐标

如图 2-15(b)所示，极坐标是通过相对于极点的距离和角度来定义的，其格式为“距离<角度”。角度以 X 轴正向为度量基准，逆时针方向为正，顺时针方向为负。绝对极坐标以原点为极点。如输入“50<30”，表示距原点 50，与 X 轴正方向夹角为 30°的点。

提示：

(1) 输入坐标值后，要按“回车”键确认输入的坐标值；

(2) 带角度的坐标输入的角度如果为正值，则相对 X 轴正方向为逆时针方向；如果角度为负值，则为顺时针方向；

(3) 极坐标输入的距离与角度之间用“<”符号隔开。

3）相对直角坐标

相对坐标是某点(A)相对于另一特定点(B)的位置，相对坐标是把以前一个输入点作为输入坐标值的参考点，输入点的坐标值是以前一点为基准而确定的，它们的位移增量为 ΔX、ΔY、ΔZ。其格式为：@ΔX、ΔY、ΔZ。“@”字符表示输入一个相对坐标值。如“@10,20”是指该点相对于当前点沿 X 方向移动 10，沿 Y 方向移动 20。

4）相对极坐标

相对极坐标是以上一个操作点为极点，其格式为：@距离<角度。如输入“@10<20”，表示该点距上一点的距离为 10，和上一点的连线与 X 轴成 20°。

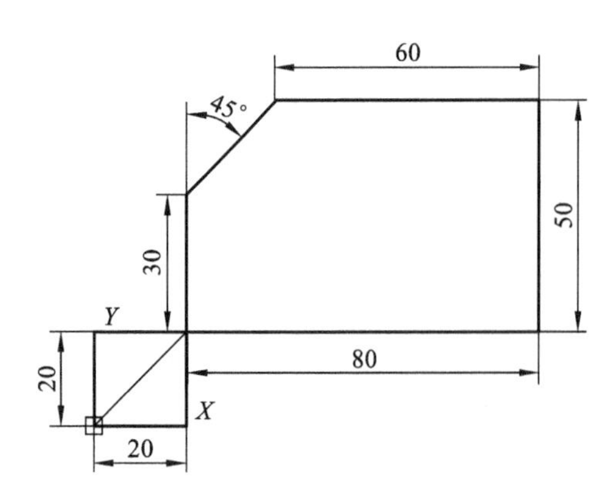

图 2-16　相对坐标输入的综合训练

在绘图过程中不是自始至终只使用一种坐标模式，而是可以将一种、两种或三种坐标模式混合在一起使用。如图 2-16 所示，先以绝对坐标开始，然后改为极坐标，又改为相对坐标。作为一个 AutoCAD 操作者应该选择最有效的坐标方式来绘图。

操作过程如下。

- 命令：line。
- 线的起始点：20,20。
- 指定下一点：@30<90。
- 指定下一点：@20,20。
- 指定下一点：@60<0。
- 指定下一点：@50<270。
- 指定下一点：@－80,0。
- 指定下一点：按“回车”键退出命令。

知识点 4　对象的删除

绘制精确图形经常要绘制一些辅助线来帮助绘图，而这些辅助线在最终的效果图中是不需要的，AutoCAD 中提供栏删除这些图形（辅助线）的命令。但在删除不需要的图形时，有时由于操作失误，删除了一些有用的图形，AutoCAD 同样提供恢复这些图形的命令。

1. 命令启用的方法

方法 1　单击按钮：“修改”工具栏→“删除”按钮。

方法 2　选择下拉菜单：“修改”→“删除”。

方法 3　键盘命令：输入“erase”或“e”→按“回车”键。

2. 操作说明

输入命令后，操作步骤如下。

步骤 1　命令：输入“e”→按“回车”键。

步骤 2　选择对象：选择需要删除的对象，被选中的对象显示为虚线。

步骤 3　选择对象：按“回车”键，结束命令。

提示：

（1）选择对象时，可以使用前面介绍的任意一种选择对象的方法；

（2）系统会继续提示“选择对象：”，用户可以变换选择对象的方式继续选择对象；选择完成后，应按“回车”键或“空格”键结束选择对象的操作。

知识点 5　修剪对象

修剪是指精确的剪去图形对象中指定边界外的部分。在绘图中，可以修剪的对象包括直线、多段线、矩形、圆、圆弧、椭圆、椭圆弧、构造线、样条曲线等。

1. 启用命令方法

方法 1　单击按钮：“修改”工具栏→“修剪”。

方法 2　选择下拉菜单："修改"→"修剪"。

方法 3　键盘命令：输入"trim"(tr)→按"回车"键。

方法 4　快捷方法：输入"tr"→按"空格"键两下。

2. 系统提示及操作说明

启用【修剪】命令，系统提示如下。

命令："tr"或"trim"(调用"修剪"命令)。

当前设置：投影 UCS，边＝无

选择剪切边…：　　　　选择修剪边界

选择对象或＜全部选择＞：　按回车键结束边界选择

选择要修剪的对象，或按住"Shift"键选择要延伸的对象，或[栏选(F)/窗交(C)/投影(P)/边(E)/删除(R)/放弃(U))：　选择需要修剪对象

命令行主要选项含义如下。

"栏选"：选择与选择栏相交的所有对象。选择栏是一系列临时线段，它们是用两个或多个栏选点指定的。选择栏不构成闭合环。

"窗交"：选择矩形区域(由两点确定)内部或与之相交的对象。

"投影"：指定修剪对象时使用的投影方式。

"边"：确定对象是在另一对象的延长边处进行修剪，还是仅在三维空间中与该对象相交的对象 处进行修剪。

"删除"：删除选定的对象。此选项提供了一种用来删除不需要的对象的简便方式，而无需退出"TRIM"命令。

在修剪图形时，可以一次选择多个边界或修剪对象，从而实现快速修剪，例如"窗交"选择对象和"栏选"选择对象。

3. 实例操作

用修剪命令对图 2-17(a)所示图形进行修剪，剪切后的效果如图 2-17(b)所示。

操作过程如下。

- 命令："trim"。
- 当前设置：投影 UCS，边＝无

选择剪切边… ：

- 选择对象或＜全部选择＞：用矩形框选择剪切边界线。按"回车"键，可全部选择，如图 2-17(a))所示，可将三个圆作为修剪的边界。
- 选择对象：按"回车"键，确认选择的边界。
- 选择要修剪的对象，或按住"Shift"键选择要延伸的对象，或[栏选(F)/窗交(C)/投影(P)/边(E)/删除(R)/放弃(U))：选择如图 2-17(a)所示图形中 *AC* 圆弧。
- 选择要修剪的对象，或按住"Shift"键选择要延伸的对象，或[栏选(F)/窗交(C)/投影(P)/边(E)/删除(R)/放弃(U))：选择如图 2-17(a)所示图形中 *AB* 圆弧。
- 选择要修剪的对象，或按住"Shift"键选择要延伸的对象，或[栏选(F)/窗交(C)/投影(P)/边(E)/删除(R)/放弃(U))：选择如图 2-17(a)所示图形中 *BC* 圆弧。
- 选择要修剪的对象，或按住"Shift"键选择要延伸的对象，或[栏选(F)/窗交(C)/投

影(P)/边(E)/删除(R)/放弃(U)):按“回车”键,结束命令。

剪切后的效果如图 2-17(b)所示。

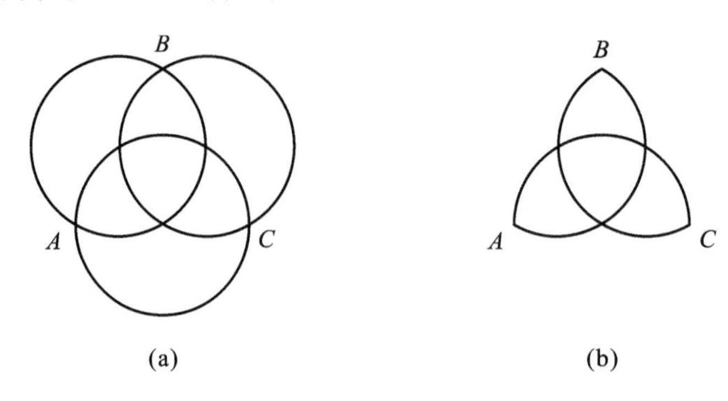

图 2-17

(a)原始图形 (b)修剪后效果

知识点 6 直线的绘制

直线在图形的绘制中是最常见的基本二维图形对象之一,常用于表示一些简单的图形对象及图形对象的轮廓线等。

1. 命令启用方法

方法 1 单击按钮:“绘图”工具栏→“直线”。

方法 2 选择下拉菜单:“绘图”→“直线”。

方法 3 键盘命令:输入“line”或“l”→按“回车”键。

2. 系统提示及操作说明

启用命令后,系统提示如下。

● 指定第一点:输入第一点坐标后按“回车”键结束,或在窗口拾取一点。

● 指定下一点[或放弃(U)]:输入第二点坐标后按“回车”键结束,或拾取一点。

● 指定下一点[或放弃(U)]:如果只想绘制一条直线,就直接按“回车”键结束操作。如果想绘制多条直线,可在该提示符下继续输入第三点的坐标值。如果想撤销前一步操作,输入“U”,按“空格”键则取消上一步操作。

● 指定下一点[或闭合(C)/放弃(U)]:如果要绘制一个闭合的图形,就需要在该提示符下直接输入“C”,将最后确定的一点与最初的起点连成一条闭合的图形。如果想撤销前一步操作,输入“U”取消上一步操作。

● 中括号表示可选项,小括号里是命令,“/”表示“或”。如要结束画线命令,按“空格”键或按“Enter”键,或者单击鼠标右键确认。

提示:当选用闭合选项时,只有在绘制两条以上线段时,才会显示此命令选项,而且只限当次直线命令连续操作。

3. 操作实例

绘制图 2-18 所示的平面图形,操作步骤如下。

步骤 1 启用直线命令:输入“l”→按“回车”键。

步骤 2 指定起点:在绘图窗口单击确定 A 点。

步骤 3　指定下一点[或放弃(U)]:移动光标在 *A* 点右方,输入"80",按"回车"键确定 *B* 点(正交模式)。

步骤 4　指定下一点[或放弃(U)]:输入"@-40,30",按"回车"键确定 *D* 点。

步骤 5　指定下一点[闭合(C)或放弃(U)]:输入"C",按"回车"键完成图形绘制。

步骤 6　按"Esc"键结束命令。

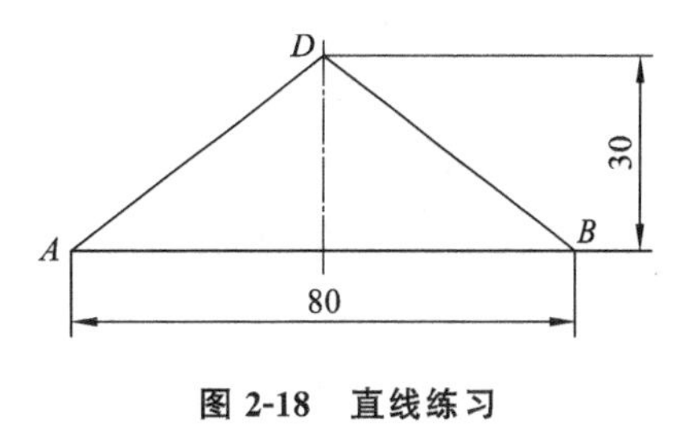

图 2-18　直线练习

任务 2　复杂直线、圆形的绘制

本任务以绘制图 2-19 所示的图形为例,介绍矩形、圆、复制、图层等命令。

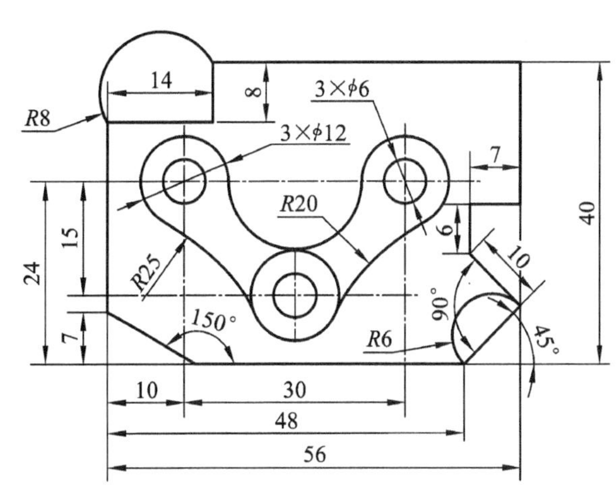

图 2-19　复杂直线、圆形练习

先设置"图层",创建"粗实线""细实线""点画线""虚线"等图层。单击"图层"工具栏中"图层"下拉箭头,选择"粗实线"图层;依次选择其他图层。

步骤 1　绘制 56×40 矩形:如图 2-20 所示。

操作过程如下。

- 命令:"rec"→按"回车"键。
- 指定第一个角点或[倒角(C)/标高(E)/圆角(F)/厚度(T)/宽度(W)]:在绘图窗口左下角任意取一点。
- 指定第一个角点或[倒角(C)/标高(E)/圆角(F)/厚度(T)/宽度(W)]:"@56,40"。

步骤 2　打开"极轴追踪"模式:绘制 60°和 45°两条斜线及其他线,并修剪成图 2-18(b)所示形状。

操作过程如下。

- 打开"极轴追踪"模式:按"F10"键。
- 启用直线命令:输入"l"→按"回车"键。
- 指定起点:用光标捕捉矩形左下角对角点(操作要点是:把光标放到对角点上,不要按"空格"键或"回车"键),向上移动,输入"7",按"回车"键。
- 指定下一点[或放弃(U)]:"@20<-30",按"回车"键。

● 启用直线命令:输入“l”→按“回车”键。

● 指定起点:用光标捕捉矩形右下角对角点(操作要点是:把光标放到对角点上,不要按“空格”键或“回车”键),向左移动,输入“8”,按“回车”键。

● 指定下一点[或放弃(U)]:“@12<45”,按“回车”键。

● 按“回车”键。

● 指定起点:选择与前一步45°直线的交点。

● 指定下一点[或放弃(U)]:“@10<135”,按“回车”键。

● 指定下一点[或放弃(U)]:“@6<90”,按“回车”键。

● 指定下一点[或放弃(U)]:“@7<0”,按“回车”键。

● 按“回车”键。

● 指定起点:用光标捕捉矩形左上角对角点(操作要点是:把光标放到对角点上,不要按“空格”键或“回车”键),向下移动,输入“8”,按“回车”键。

● 指定下一点[或放弃(U)]:“@14<0”, 按“回车”键。

● 指定下一点[或放弃(U)]:“@8<90”,按“回车”键。

● 按“Esc”键,结束命令。

● 启用修剪命令:输入“tr”,按“空格”键两次。然后修剪多余的线段,如图2-21所示。

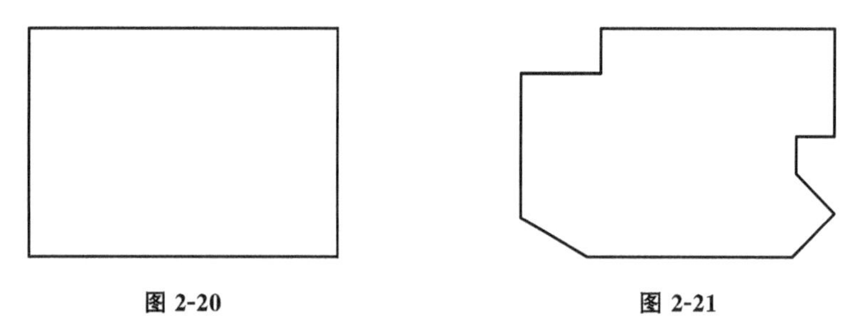

图 2-20　　图 2-21

步骤3　绘制中心线,如图2-22所示。

操作过程如下。

● 单击“图层”工具栏中“图层”下拉箭头,选择“点画线”图层。

● 启用直线命令:输入“l”→按“回车”键。

● 指定起点:用光标捕捉矩形左下角对角点(操作要点是:把光标放到对角点上,不要按“空格”键或“回车”键),向上移动,输入“24”,按“回车”键。

● 指定下一点[或放弃(U)]:“@50<0”,按“回车”键。

● 按“回车”键。

● 指定起点:用光标捕捉矩形左下角对角点(操作要点是:把光标放到对角点上,不要按“空格”键或“回车”键),向右移动,输入“10”,按“回车”键。

● 指定下一点[或放弃(U)]:“@0,32”,按“回车”键。

● 按“Esc”键结束命令。

● 命令:“o”→按“回车”键。

● 指定偏移距离或[通过(T)] <10.0000>:“15”。

● 选择要偏移的对象或<退出>:选择前面所画“50”水平点画线。

● 指定点以确定偏移所在一侧:选择下方,按“回车”键。

● 指定偏移距离或[通过(T)]<10.0000>:“15”。

● 选择要偏移的对象或<退出>:选择前面所画“32”垂直点画线。

● 指定点以确定偏移所在一侧:选择右侧,画出中间垂直点画线。

● 指定点以确定偏移所在一侧:再选择右侧,画出最右边垂直点画线。

● 按“Esc”键结束命令。

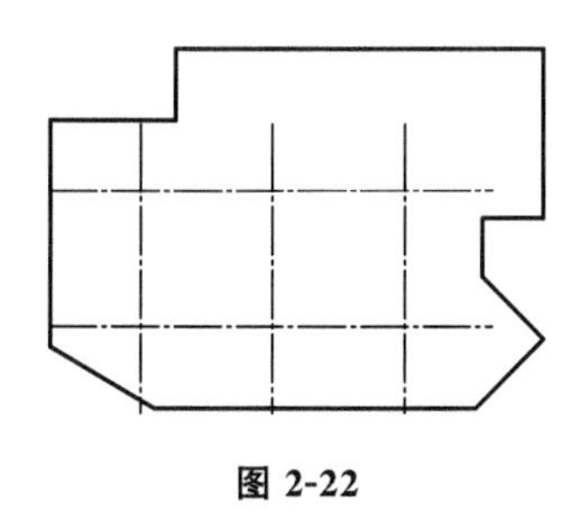

图 2-22

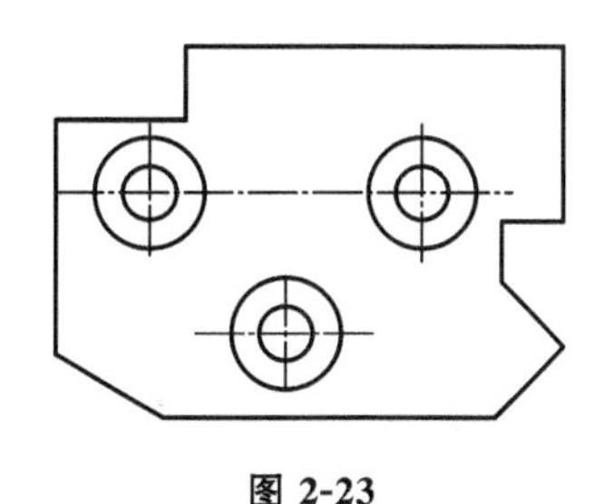

图 2-23

步骤 4　画 ϕ12 和 ϕ6 各三个圆。如图 2-23 所示。

操作过程如下。

● 命令:输入“c”→按“回车”键。

● 指定圆的圆心或[三点(3P)/两点(2P)相切、相切、半径(T)]:选择左边两条点画线的交点为圆心。

● 指定圆的半径或[直径(D)]<默认值>:输入“6”→按“回车”键,完成 ϕ12 圆。

● 按“回车”键。

● 指定圆的圆心或[三点(3P)/两点(2P)相切、相切、半径(T)]:选择 ϕ12 圆心。

● 指定圆的半径或[直径(D)]<默认值>:输入“3”→按“回车”键,完成 ϕ6 圆。

● 按“Esc”键结束命令。

步骤 5　复制 ϕ12 和 ϕ6 圆到另外两个点画线交点上。

操作过程如下。

● 命令:输入“cp”→按“回车”键。

● 选择对象:选择 ϕ12 和 ϕ6 圆→按“回车”键。

● 指定基点[或位移,或者[重复(M)]:“M”,按“回车”键。

● 指定基点[或位移,或者[重复(M)]:选择 ϕ12 和 ϕ6 的圆心→按“回车”键。

● 指定第二点或<使用第一点作为位移>:选择其他两个点画线的交点为圆心,完成复制圆。

● 按“Esc”键结束命令。

步骤 6　绘制 R25 和 R20 等圆弧。如图 2-24 所示。

操作过程如下。

● 命令:输入“c”→按“回车”键。

● 指定圆的圆心或 [三点(3P)/两点(2P)/相切、相切、半径(T)]:输入“T”,按“回车”键。

● 指定对象与圆的第一个切点:选择左边 ϕ12 圆上切点。

● 指定对象与圆的第二个切点:选择下方 ϕ12 圆上切点。

● 指定圆的半径<0.000>:“25”,按“回车”键,完成 R25 圆的绘制。

● 按"回车"键。

● 指定圆的圆心或［三点(3P)/两点(2P)/相切、相切、半径(T)］：输入"T"，按"回车"键。

● 指定对象与圆的第一个切点：选择右边 ϕ12 圆上切点。

● 指定对象与圆的第二个切点：选择下方 ϕ12 圆上切点。

● 指定圆的半径<0.000>："20"，按"回车"键，完成 R20 圆的绘制。

● 按"回车"键。

● 指定圆的圆心或［三点(3P)/两点(2P)/相切、相切、半径(T)］：输入"3P"，按"回车"键。

● 指定对象与圆的第一个切点：选择左上 ϕ12 圆上切点。

● 指定对象与圆的第二个切点：选择下方 ϕ12 圆上切点。

● 指定圆的半径<0.000>："25"，按"回车"键，完成 R25 圆的绘制。

● 按"回车"键。

● 指定圆的圆心或［三点(3P)/两点(2P)/相切、相切、半径(T)］：输入"3P"，按"回车"键。

● 指定圆上的第一个点：选择对象捕捉"相切"，选择第一个 ϕ12 圆上切点。

● 指定圆上的第二个点：选择对象捕捉"相切"，选选择第二个 ϕ12 圆上切点。

● 指定圆上的第三个点：选择对象捕捉"相切"，选择第三个 ϕ12 圆上切点。

● 按"Esc"键结束命令。

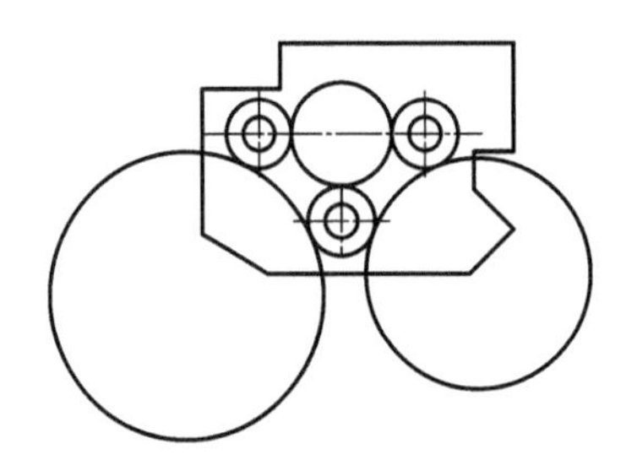

图 2-24

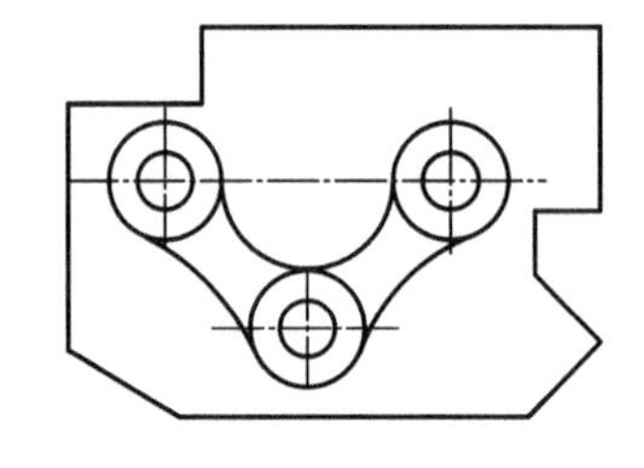

图 2-25

步骤 7　修剪多余圆弧，如图 2-25 所示。

操作过程如下。

● 命令："tr"→按"空格"键两次。

● 选择对象或<全部选择>：选择要修剪的圆弧。

● 按"Esc"键结束命令。

步骤 8　绘制 R8 和 R6 两个圆，如图 2-26 所示。

操作过程如下。

● 命令：输入"c"→按"回车"键。

● 指定圆的圆心或［三点(3P)/两点(2P)/相切、相切、半径(T)］：输入"2P"，按"回车"键。

● 指定圆直径的第一个端点：选择右下角第一个角点。

● 指定圆直径的第二个端点：选择右下角第二个角点，完成 R6 圆的绘制 。

● 按"回车"键。

● 指定圆的圆心或［三点(3P)/两点(2P)/相切、相切、半径(T)］:输入"3P",按"回车"键。

● 指定圆上的第一个点:选择左上角第一个角点。

● 指定圆上的第二个点:选择左上角第二个角点。

● 指定圆上的第三个点:选择左上角第三个角点,完成 $R8$ 圆的绘制。

● 按"Esc"键结束命令。

步骤 9　修剪圆,完成效果图的绘制如图 2-27 所示。

操作过程如下。

● 命令:"tr"→按"空格"键两次。

● 选择对象或<全部选择>:选择要修剪的圆弧。

● 按"Esc"键结束命令。

● 保存图形文件。

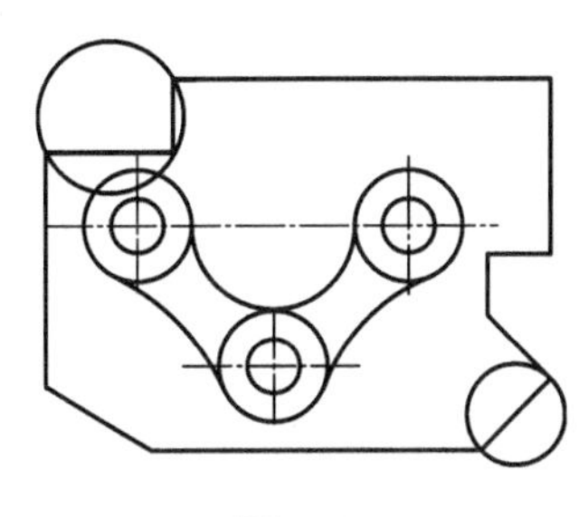

图 2-26

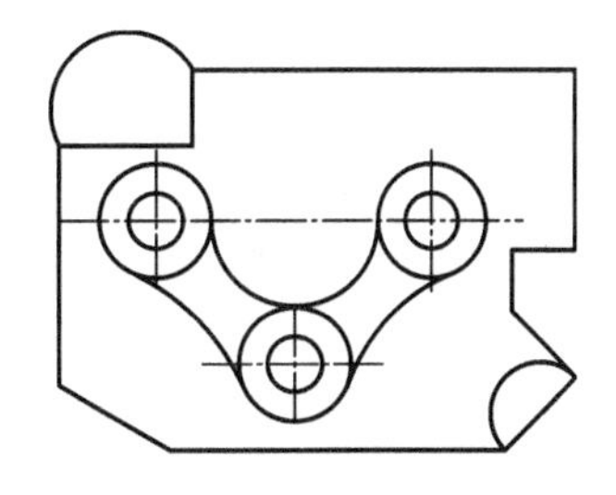

图 2-27

知识点 1　矩形的绘制

矩形由封闭的 4 条边组成,如果 4 条边的长度相同,则称为正方形。使用矩形命令还可以绘制倒角或倒圆角的矩形,并且可以改变矩形的线宽。

1. 命令的启用方法

方法 1　单击按钮:"绘制"工具栏→"矩形"。

方法 2　选择下拉菜单:"绘制"→"矩形"菜单。

方法 3　键盘命令:输入"rectang"或"rec"→按"回车"键。

2. 系统提示及操作方法

启用命令后,系统提示如下。

命令:输入"rec"→按"回车"键。

指定第一个角点或[倒角(C)/标高(E)/圆角(F)/厚度(T)/宽度(W)]:确定矩形第一个角的坐标,或者选择一个选项。

指定另一个角点或［尺寸(D)］:确定第矩形第一个角点对角点的坐标或输入矩形的尺寸。

各选项操作说明如下。

1) 倒角

指定矩形的第一个倒角距离<100.00>:指定第一个倒角距离或按回车键接受默认值。

指定矩形的第二个倒角距离<100.00>：指定第二个倒角距离或按回车键接受默认值。

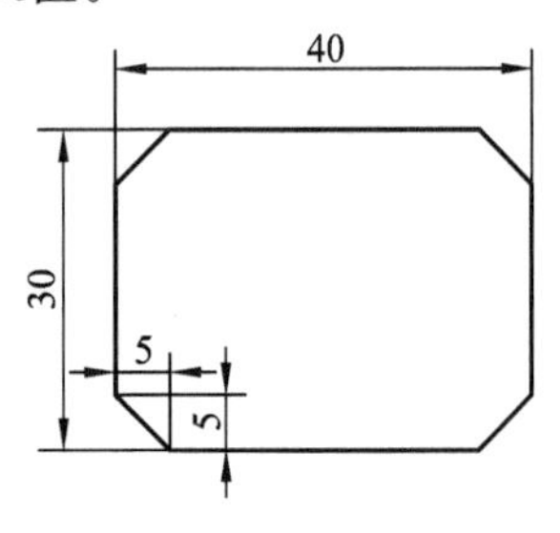

图 2-28 绘制倒角矩形

提示：设置矩形的倒角距离后，系统将保留当前设置的倒角距离，直到用户再次改变此值为止。当倒角距离大于矩形的边长时，绘制的矩形将不进行倒角。

绘制倒角矩形 如图 2-28 所示。

操作步骤如下。

步骤 1 命令："rec"→按"回车"键。

步骤 2 指定第一个角点或[倒角(C)/标高(E)/圆角(F)/厚度(T)/宽度(W)]："C"→按"回车"键。

步骤 3 指定矩形的第一个倒角距离<100.00>："10"→按"回车"键。

步骤 4 指定矩形的第一个倒角距离<100.00>："10"→按"回车"键。

步骤 5 指定第一个角点或[倒角(C)/标高(E)/圆角(F)/厚度(T)/宽度(W)]："@40,30"→按"回车"键。

步骤 6 按"Esc"键结束命令。

2）圆角

圆角是指矩形的四个角呈圆形。在发出绘制矩形命令后，输入"F"选择该项，命令行提示

指定矩形的圆角半径<100.00>：输入一个值或按"回车"键接受默认值。

若倒圆角半径是"7"，矩形的短边要大于"7"才有圆角出现。设置后再画的圆会有半径是"7"的圆角，因为有一个"当前矩形模式"，要输入"F"把半径设为"0"才能去掉这个圆角的设置。

提示：设置矩形的圆角距离后，系统将保留当前设置的圆角半径，直到用户再次改变此值为止。当倒角距离大于矩形的边长时，绘制的矩形将不进行倒角。

3）宽度

用于控制矩形边框的宽度。发出绘制矩形命令后，输入"W"选择该项，此时命令行提示

指定矩形的线宽<0.00>：输入一个数值，确定矩形的线宽。

提示：设置矩形的线宽后，系统将保留当前设置的倒角距离，直到用户再次改变此值为止。

4）标高

标高是指当前图形相对于另一个平面的高度。发出绘制矩形命令后，输入"E"选择该项，命令行提示

指定矩形的标高"<100.00>：输入一个数值，确定矩形的标高。

提示：由于标高表现方式的特殊性，所以，只有在三维空间中才能观察到标高。

5）厚度

绘制带厚度的矩形。发出绘制矩形命令后，输入"T"选择该项，命令行提示

指定矩形的厚度"<100.00>：输入一个数值，确定矩形的厚度。

提示：矩形的厚度只有在三维空间才能显示。如果输入的厚度数为正值，则矩形将沿着 Z 轴正方向增长；反之，则沿着 Z 轴负方向增长。

6）面积

使用面积与长度或宽度创建矩形。发出绘制矩形命令后，命令行提示“确定矩形第一个角点位置”→命令行提示“指定另一个角点或[面积(A))/尺寸(D)/旋转(R)]”：输入“A”选择该项→按“回车”键→命令行提示“输入以当前单位计算的矩形面积＜100.00＞：”输入一个数值→命令行提示“计算矩形标注时的依据[长度(L)/宽度(W)]＜长度＞”：输入长度数值，依据长度绘制矩形。

提示：如果“倒角”或“圆角”选项被激活，则区域将包括倒角或圆角在矩形角点上产生的效果。

7）尺寸

使用长和宽创建矩形。发出绘制矩形命令后，命令行提示“确定矩形第一个角点位置”→输入“D”选择该项→按“回车”键→命令行提示“指定矩形的长度＜100.00＞：”输入矩形的长度→按“回车”键→命令行提示“指定矩形的宽度＜100.00＞”：输入矩形的宽度→按“回车”键→命令行提示“指定另一个角点或[面积(A))/尺寸(D)/旋转(R)]”：确定矩形的另一个角点相对于第一个角点的定位。

8）旋转

按指定的旋转角度创建矩形。发出绘制矩形命令后，命令行提示“确定矩形第一个角点位置”→命令行提示“指定另一个角点或[面积(A))/尺寸(D)/旋转(R)]”：输入“R”选择该项→按“回车”键→命令行提示“指定旋转角度或[拾取点＜P＞：”输入旋转角度→按“回车”键→命令行提示“指定另一个角点或[面积(A))/尺寸(D)/旋转(R)]”：确定矩形的另一个角点。

知识点2　圆的绘制

圆在绘制中的应用非常普遍，如平面图中各种圆柱体的底面、圆形机件的剖面、孔等都是圆。圆是工程绘图中一种常用的基本实体。

绘制圆的方法有6种，不同的情况可以选择不同的命令启用方法。

方法1　单击按钮：“绘图”工具栏→“圆”。

方法2　选择下拉菜单：“绘图”→“圆”。“圆”命令的子命令如图2-29所示。

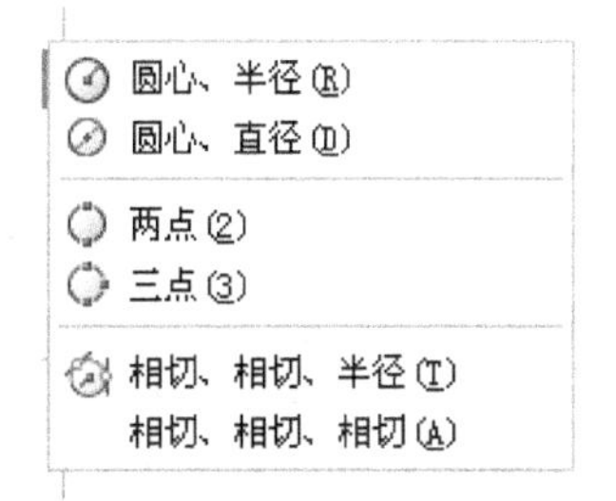

图2-29　“圆”命令的子命令

方法3　键盘命令：输入“circle”或“c”→按“回车”键。

AutoCAD 2015默认绘制圆的方法为“圆心、半径”法。下面分别介绍6种绘制圆的方法。

1. 指定圆心和半径

“圆心、半径”法绘制圆需要具备两个条件：圆心和半径，如图2-30所示。

系统提示及操作说明如下。

命令：输入“c”→按“回车”键。

指定圆的圆心或[三点(3P)/两点(2P)/相切、相切、半径(T)]：指定圆的圆心。

指定圆的半径或[直径(D)]　＜0.000＞：输入半径值，指定圆的半径，按“回车”键。

2. 指定圆心和直径

“圆心、直径”法绘制圆需要具备两个条件：圆心和直径。如图2-31所示。

系统提示及操作说明如下。

命令：输入“c”→按“回车”键。

指定圆的圆心或［三点(3P)/两点(2P)/相切、相切、半径(T)］：指定圆的圆心。

指定圆的半径或［直径(D)］ <0.000>：输入“D”，按“回车”键，进行直径设置。

指定圆的直径<0.000>：输入直径，按“回车”键。

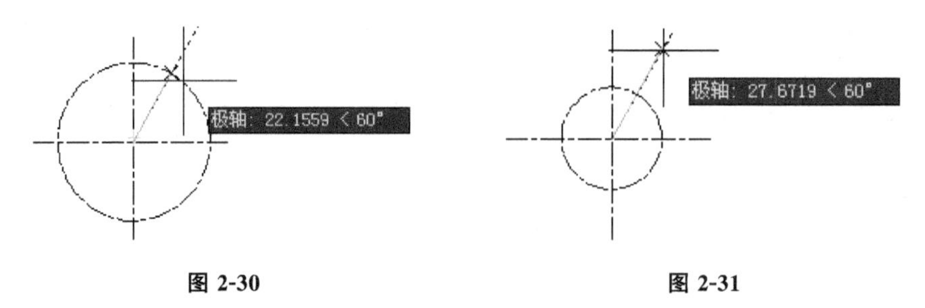

图 2-30　　　　图 2-31

3. 指定两点

“两点”法绘制圆是指通过指定圆直径的两个端点来确定圆的位置和大小。如图 2-32 所示。

系统提示及操作说明如下。

命令：输入“c”→按“回车”键。

指定圆的圆心或［三点(3P)/两点(2P)/相切、相切、半径(T)］：输入“2P”，按“回车”键设置为两点画圆。

指定圆直径的第一个端点：确定圆直径的第一个端点。

指定圆直径的第二个端点：确定圆直径的第二个端点，完成圆的绘制。

4. 指定三点

“三点”法绘制圆是通过指定圆周上的三点来确定圆的位置和大小。如图 2-33 所示。

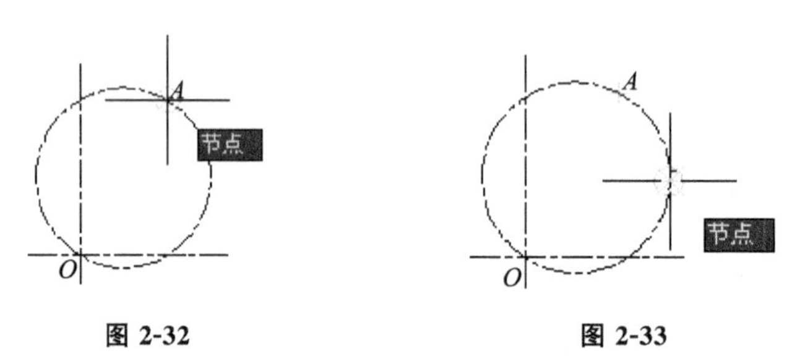

图 2-32　　　　图 2-33

系统提示及操作说明如下。

命令：输入“c”→按“回车”键。

指定圆的圆心或［三点(3P)/两点(2P)/相切、相切、半径(T)］：输入“3P”，按“回车”键设置为三点画圆。

指定圆上的第一个点：确定圆周上第一个点。

指定圆上的第二个点：确定圆周上第二个点。

指定圆上的第三个点：确定圆周上第三个点，结束命令，完成圆的绘制。

5. 指定两个相切对象和半径

“相切、相切、半径”法绘制圆是指通过指定圆的两个切点和圆的半径来确定圆的位置和大小，如图 2-34 所示。

系统提示及操作说明如下。

命令：输入“c”→按“回车”键。

指定圆的圆心或［三点(3P)/两点(2P)/相切、相切、半径(T)］：输入“T”，按“回车”键设置为“相切、相切、半径”方式画圆。

指定对象与圆的第一个切点：确定第一个切点。

指定对象与圆的第二个切点：确定第二个切点。

指定圆的半径<0.000>：输入半径(适当值，否则无解)，按“回车”键结束命令，完成圆的绘制。

6. 指定三个相切对象

“相切、相切、相切”法绘制圆是指通过指定圆的三个切点来确定圆的位置和大小，如图 2-35 所示。

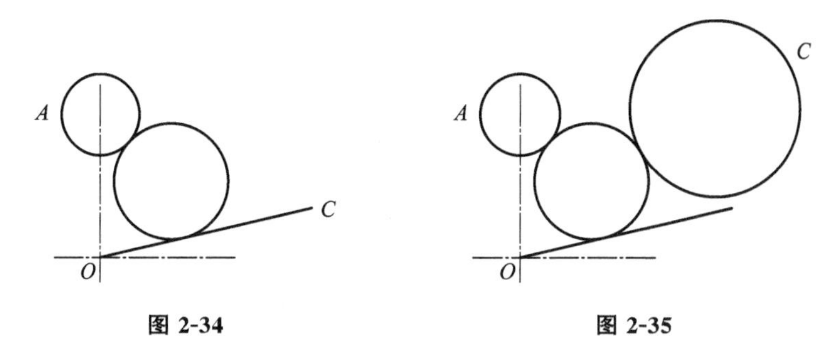

图 2-34　　图 2-35

系统提示及操作说明如下。

命令：输入“c”→按“回车”键。

指定圆的圆心或［三点(3P)/两点(2P)/相切、相切、半径(T)］：输入“3P”，按“回车”键设置为“相切、相切、半径”方式画圆。

指定圆上的第一个点：选择对象捕捉“相切”，选择第一条线，确定第一个切点。

指定圆上的第二个点：选择对象捕捉“相切”，选择第二条线，确定第二个切点。

指定圆上的第三个点：选择对象捕捉“相切”，选择第三条线，确定第三个切点。

提示：若使用下拉菜单“绘图”→“圆”→“相切、相切、相切”启动绘图命令，确定三个切点时，只需单击三条边线就可以完成圆的绘制，无须选择对象捕捉“相切”。

知识点 3　复制对象

使用“修改”菜单中的“复制”命令可以在当前图形内复制单个或多个对象。推荐使用“修改”菜单中的“复制”命令，而不使用剪贴板操作。

1. 命令启用方法

方法 1　单击按钮：“修改”工具栏→“复制”。

方法 2　选择下拉菜单：“修改”→“复制”。

方法 3　键盘命令：输入“copy”或“co”→按“回车”键。

2. 系统提示及操作说明

操作过程如下。

命令：输入“copy”→按“回车”键。

选择对象：指定对角点，找到四个(选择要复制的对象)→按“回车”键。

指定基点或位移，或者[重复(M)]：(指定基点)指定位移的第二点或<用第一点作位移>：指定目标点。

上述过程结果如图 2-36 所示。

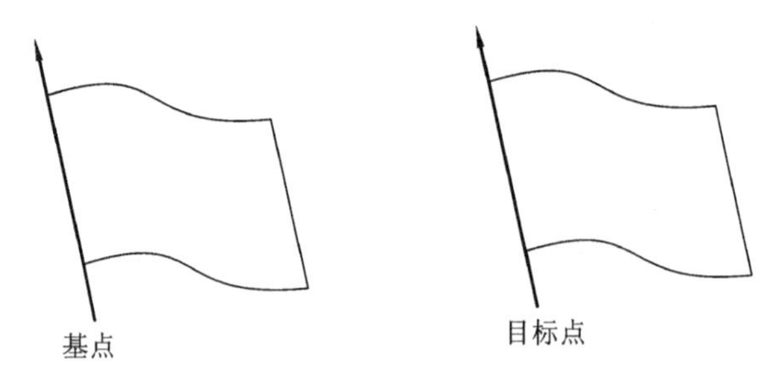

图 2-36 复制对象

把当前图形复制多次的步骤如下。

步骤 1 单击"修改"工具栏中的"复制"按钮。

步骤 2 选择要复制的对象，按"回车"键。

步骤 3 命令行提示输入复制方式，输入"M"，采用多重复制方式。

步骤 4 指定基点及位移点。

步骤 5 指定下一个位移点，继续复制对象。如果要结束复制，按"回车"键退出。

整个复制过程如下。

命令："copy"→按"回车"键。

选择对象：指定对角点：找到 4 个，按"回车"键。

指定基点或位移，或者[重复(M)]："M"→按"回车"键。

指定基点：指定位移的第二点或<用第一点作位移>：指定位移的第二点或<用第一点作位移>：移到指定位移的第二点或<用第一点作位移>：移到指定位移的第二点或<用第一点作位移>：指定位移的第二点或<用第一点作位移>。

上述过程结果如图 2-37 所示。

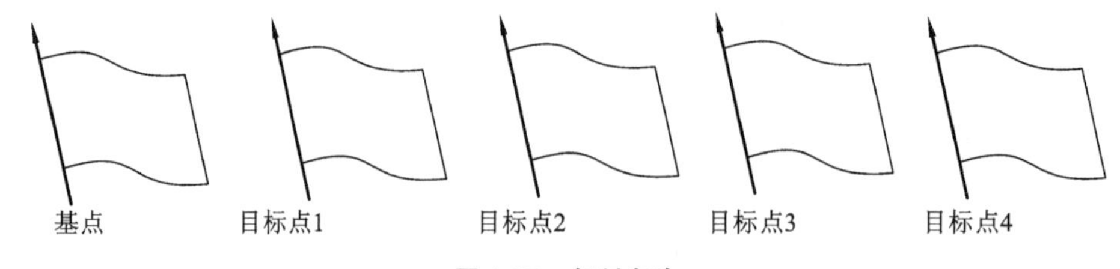

图 2-37 复制多次

知识点 4 图层的使用

每个图层都有其名称、颜色、线型等特性。有关图层的这些信息都显示在"图层"工具栏上。创建和命名图层、指定当前图层，以及修改图层特性等设置都可在 AutoCAD 提供的"图层特性管理器"中完成。

1. 图层的创建和控制

调用"图层"命令的方法如下。

方法1　工具栏:"图层"。

方法2　菜单命令:"格式"→"图层"。

方法3　键盘命令:输入"layer"或"la"。

"图层特性管理器"对话框如图 2-38 所示。

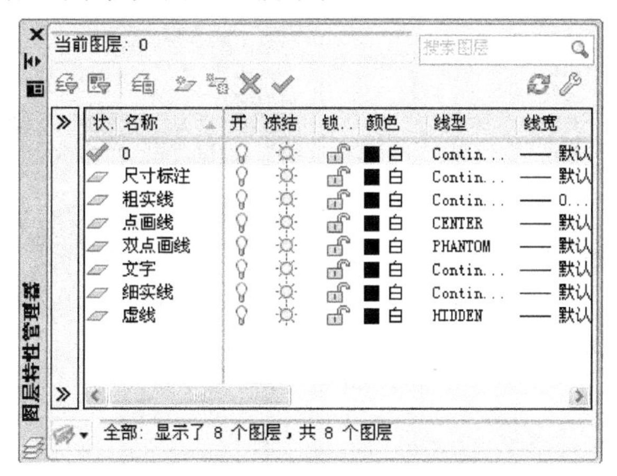

图 2-38　"图层特性管理器"对话框

2. 新建图层

(1) 在"图层特性管理器"中单击"新建"按钮,图层列表中将自动添加名为"图层 n"(n 为自然数)的图层,所添加图层被选中,即高亮显示状态。

(2) 在"名称"列为新建的图层命名。值得注意的是,图层名中不可包含空格。

(3) 如果要创建多个图层,可通过多次单击"新建"按钮,并以同样的方法为每个新建图层命名。"图层特性管理器"按名称的字母顺序来排列图层。如果用户正在组织绘图中的图层方案,可仔细为图层命名。

(4) 设置完成后,单击"确定"按钮即可。

每个新图层的特性都被指定为默认设置:颜色为编号 7 的颜色(白色或黑色,由背景色决定);线型为 Continuous 线型;线宽为默认值;打印样式为"普通"打印样式。用户可以使用默认设置,也可以给每个图层指定新的颜色、线型、线宽和打印样式。

提示:如果在创建新图层之前选中了一个现有的图层,新建的图层将继承选定图层的特性。

3. 设置图层特性

在 AutoCAD 中,由于绘制的所有图形都与图层相关联。因此,通过更改图层设置和图层特性,就可以修改图层上的内容或查看组合图层的方式。

1) 重命令图层

用鼠标在选择的图层名称上单击,当该图层名称呈现为可输入状态时,键入图层的新名称。

2) 重新给图层指定对象

如果要改变图层组织,或将对象绘制在了错误的图层上时,可通过重新给图层指定对象来改变对象和图层之间的关系。

先选择要更改图层的对象,然后在"图层"工具栏中的图层控件下拉列表中选择要指

定给对象的图层，所选对象就被置于指定的图层中，如图 2-39 所示。

3）指定图层颜色

如果要为某个图层更改颜色，在“图层特性管理器”中选择一个图层，单击其颜色图标，即可弹出“选择颜色”对话框，如图 2-40 所示。

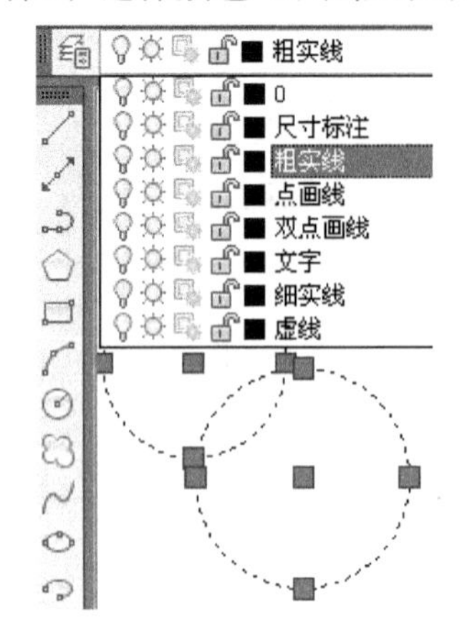

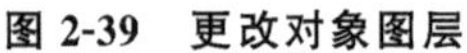

图 2-39　更改对象图层

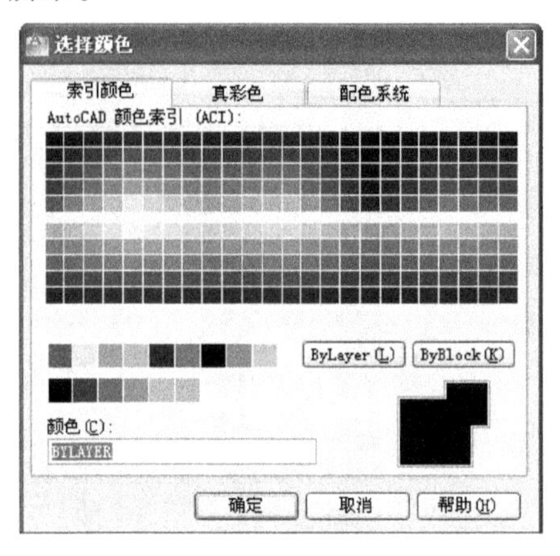

图 2-40　“选择颜色”对话框

在该对话框中，用户可在不同的选项卡中选择自己需要的颜色，最后单击“确定”按钮以确认所选颜色。

图层特性（如线型和线宽）可通过“图层特性管理器”对话框和“对象特性”工具栏来设置。但重命名图层和更改图层颜色，只能在“图层特性管理器”对话框中修改，而不能在“对象特性”工具栏中修改。

4）设置线型

在图层中绘图时，使用线型可以有效地传达视觉信息。线型是由直线、横线、点或空格等组合的不同图案，给不同图层指定为不同线型，可达到区分线型的目的。以下是给图层指定线型的简要介绍。

在“图层特性管理器”中先选择一个图层，然后在“线型”列单击与该图层相关联的线型，即可弹出“线型管理器”对话框。如图 2-41 所示。

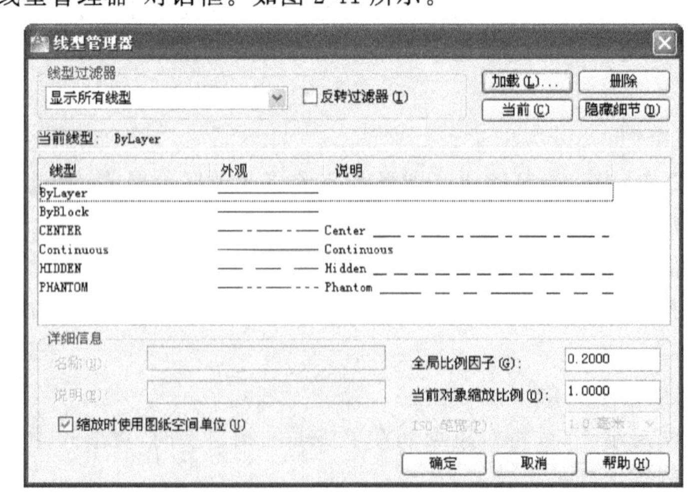

图 2-41　“线型管理器”对话框

从该对话框的列表中选择一种线型，或单击“加载”按钮，弹出“加载或重载线型”对话框，如图 2-42 所示。

在该对话框中选择要加载的线型，单击“确定”按钮，所加载的线型即可显示。用户可从中选择需要的线型，最后单击“确定”按钮退出对话框。

5）设置线宽

绘图时，可以通过更改图层和对象的线宽设置来更改对象显示于界面和纸面上的宽度特性。

在“图层特性管理器”中先选择一个图层，然后在“线宽”列单击与该图层相关联的线宽，即可弹出“线宽设置”对话框，如图 2-43 所示。

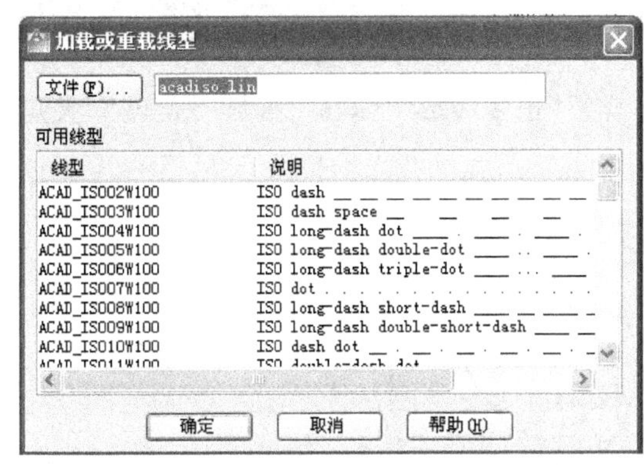

图 2-42　“加载或重载线型”对话框

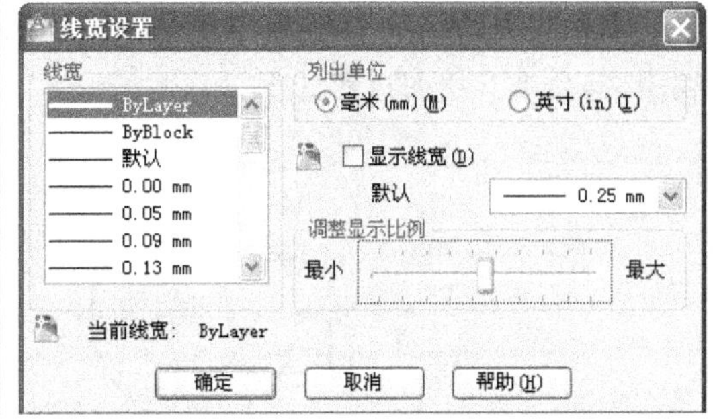

图 2-43　“线宽设置”对话框

在该对话框的“线宽”列表中选择一种合适的线宽。最后通过单击“确定”按钮退出。

6）控制图层状态

在绘图过程中，当需要在一个无遮挡的视图中处理一些特定图层或图层组的细节时，关闭或冻结图层就显得很有用。对图层进行关闭或冻结，可以隐藏该图层上的对象。关闭图层后，该图层上的图形将不能显示或打印。冻结图层后，AutoCAD 将重画该图层上的对象。解冻已冻结的图层时，AutoCAD 将重生成图形并显示该图层上的对象。关闭而不冻结图层，可以避免每次解冻图层时重新生成图形。

（1）打开或关闭图层。当某些图层需要频繁切换它的可视性时，选择关闭该图层而不冻结。当再次打开已关闭的图层时，图层上的对象会重新显示。关闭图层可以使图层上的对象不可见，但在使用“hide”命令时，这些对象仍会遮挡其他对象。

当要打开或关闭图层时，在“图层”工具栏或“图层特性管理器”的图层控件中，单击要操作图层的“开/关图层”灯泡图标。当图标显示为黄色时，图层处于打开状态；否则图层处于关闭状态。

（2）冻结和解冻图层。在绘图中，对于一些长时间不必显示的图层，可将其冻结而非关闭。冻结和解冻图层比打开和关闭图层需要更多的时间。冻结图层可以加快缩放视图、平移视图和其他操作命令的运行速度，增强图形对象的选择性能，并减少复杂图形的重新生成时间。

当要冻结或解冻图层时，在“图层”工具栏或“图层特性管理器”的图层控件中，单击要操作图层的“在所有视口中冻结/解冻”图标。如果该图标显示为黄色的太阳状时，则所选图层处于解冻状态；否则所选图层处于冻结状态。

(3) 锁定图层。在编辑对象的过程中，当要编辑与特殊图层相关联的对象，同时对其他图层上的对象只想查看但不编辑时，就可以将不编辑的图层锁定。锁定图层时，它上面的对象均不可修改，直到为该图层解锁。锁定图层可以降低意外修改该图层对象的可能性。对于锁定图层上的对象仍然可以使用捕捉功能，而且还可以执行不修改对象的其他操作。

在“图层”工具栏或“图层特性管理器”中，单击“锁定”按钮，当按钮显示为打开状态时，表示该图层处于未锁定状态；当按钮显示为锁定状态时，表示该图层处于锁定状态。

任务3 组合图形的绘制

本任务以绘制图2-44所示组合图形为例，介绍“正多边形”“偏移”“椭圆”“旋转”“夹点编辑”等命令。绘图过程如下。

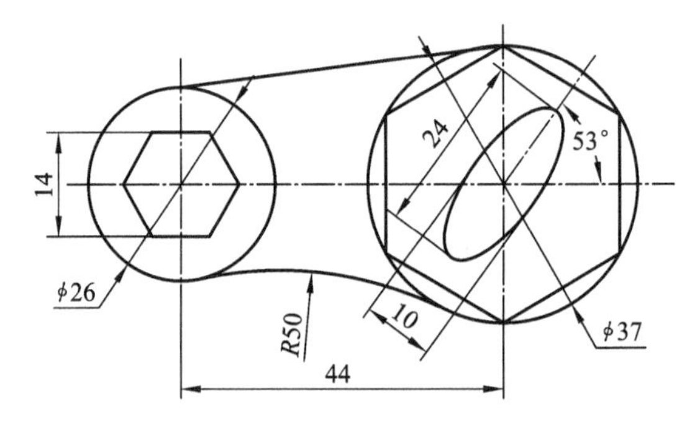

图2-44 组合图形绘制

步骤1 设置“图层”，创建“粗实线”“细实线”“点画线”“虚线“等图层。

步骤2 绘制中心线 如图2-45所示。

操作过程如下。

- 单击“图层”工具栏中“图层”下拉箭头，选择“点画线”图层。
- 打开“正交模式”：按“F8”键。
- 启用直线命令：输入“l”→按“回车”键。
- 指定起点：在绘图区域左侧任意确定一点，按“回车”键。
- 指定下一点[或放弃(U)]：光标向右，输入“80”，按“回车”键。
- 按“回车”键。
- 指定起点：在前面所画点画线上方任意确定一点，按“回车”键。
- 指定下一点[或放弃(U)]：光标向下，穿过点画线后任意点确定，按“回车”键。
- 命令：输入“cp”→按“回车”键。
- 选择对象：选择两条相交的点画线，按“回车”键。
- 指定基点[或位移，或者[重复(M)]：选择交点，按“回车”键。
- 指定基点[或位移，或者 [重复(M)]：光标向右输入“44”，按“回车”键。
- 按“Esc”键结束命令。
- 启用直线命令：输入“l”→按“回车”键。

● 指定起点：选择右边点画线交点。

● 指定下一点[或放弃(U)]："@20<53"，按"回车"键。

● 按"Esc"键结束命令。

步骤3 绘制 ϕ26 和 ϕ37 两个圆，如图 2-46 所示。

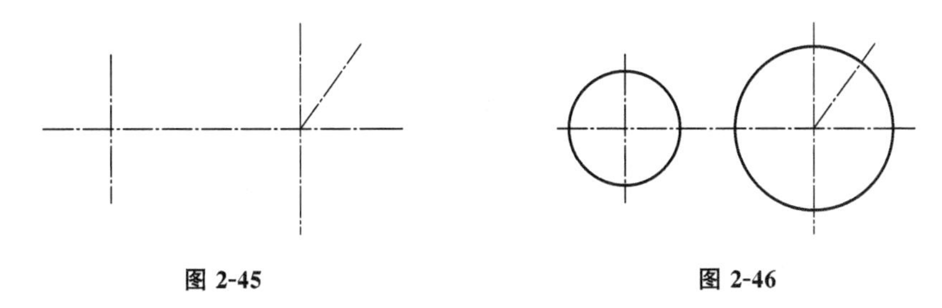

图 2-45　　　　图 2-46

操作过程如下。

● 命令：输入"c"→按"回车"键。

● 指定圆的圆心或[三点(3P)/两点(2P)相切、相切、半径(T)]：选择左边两条点画线的交点为圆心。

● 指定圆的半径或[直径(D)]<默认值>：输入"13"，按"回车"键，完成 ϕ26 圆。

● 按"回车"键。

● 指定圆的圆心或[三点(3P)/两点(2P)相切、相切、半径(T)]：选择右边边两条点画线的交点为圆心。

● 指定圆的半径或[直径(D)]<默认值>：输入"18.5"，按"回车"键，完成 ϕ37 圆。

● 按"Esc"键结束命令。

步骤4 绘制相切直线和 R50 圆弧，如图 2-47 所示。

操作过程如下。

● 启用直线命令：输入"l"，按"回车"键。

● 指定起点：选择"对象捕捉"工具栏里的"切点"，然后捕捉 ϕ26 圆的切点。

● 指定下一点[或放弃(U)]：选择"对象捕捉"工具栏里的"切点"，然后捕捉 ϕ37 圆的切点，完成相切直线。

● 按"Esc"键结束命令。

● 启用圆命令：输入"c"，按"回车"键。

● 指定圆的圆心或[三点(3P)/两点(2P)相切、相切、半径(T)]：输入"T"，按"回车"键。

● 指定对象与圆的第一个切点：选择 ϕ26 圆上切点。

● 指定对象与圆的第二个切点：选择 ϕ37 圆上切点。

● 指定圆的半径<0.000>：输入"20"，按"回车"键，完成 R50 圆的绘制。

● 按"Esc"键结束命令。

步骤5 修剪圆，绘制多边形，如图 2-48 所示。

操作过程如下。

● 启用多边形命令：输入"pol"，按"回车"键。

● 输入边的数目<4>：输入"6"，按"回车"键。

● 指定正多边形的中心点或[边(E)]：选择 ϕ26 圆的圆心。

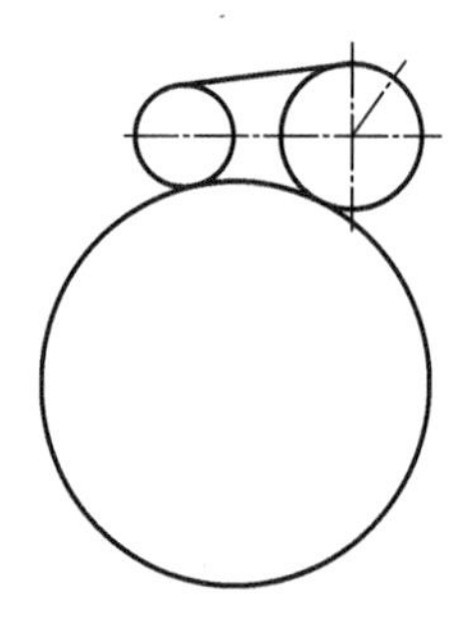

图 2-47

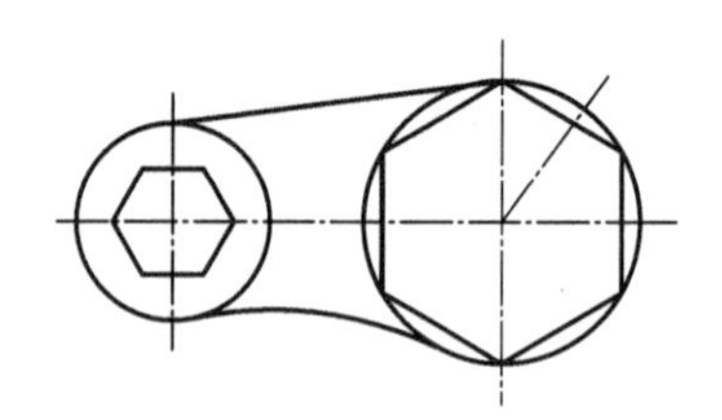

图 2-48

- 输入选项[内接于圆(I)/外切于圆(C)]<I>:输入“C”,按“回车”键。
- 指定圆的半径:输入“13”,按“回车”键。
- 按“回车”键。
- 输入边的数目<4>:输入“6”,按“回车”键。
- 指定正多边形的中心点或[边(E)]:选择 ϕ37 圆的圆心。
- 输入选项[内接于圆(I)/外切于圆(C)]<I>:输入“I”,按“回车”键。
- 指定圆的半径:用光标捕捉 ϕ37 圆最上方的“象限点”,单击左键确定。
- 按“Esc”键结束命令。

步骤 6 绘制椭圆,如图 2-49 所示。

操作过程如下。

- 启用椭圆命令:输入“el”,按“回车”键。
- 指定椭圆的轴端点或[圆弧(A)/中心点(C)]:输入“C”,按“回车”键。
- 指定椭圆的中心点:选择 ϕ37 圆的圆心。
- 指定轴的端点:输入“@12,0”,按“回车”键。
- 指定另一条半轴长度或[旋转(R)]:输入“@0,5”,按“回车”键,完成椭圆的绘制。

步骤 7 旋转椭圆,如图 2-50 所示。

操作过程如下。

- 启用旋转命令:输入“ro”,按“回车”键。
- 选择对象:选择“椭圆”,按“回车”键。
- 指定旋转角度或[参照(R)]:输入“53”,按“回车”键。
- 按“Esc”键结束命令。
- 保存图形文件。

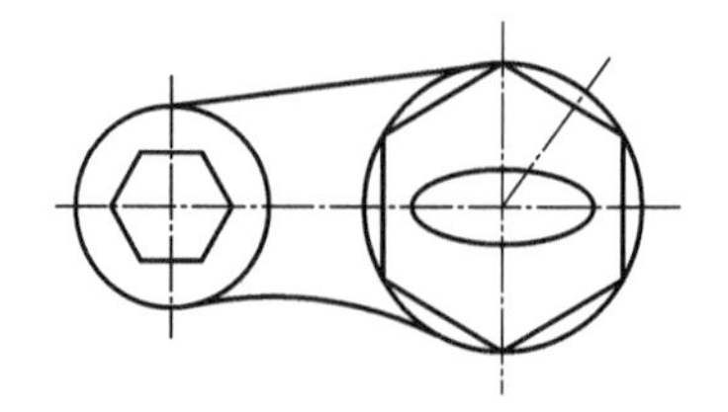

图 2-49

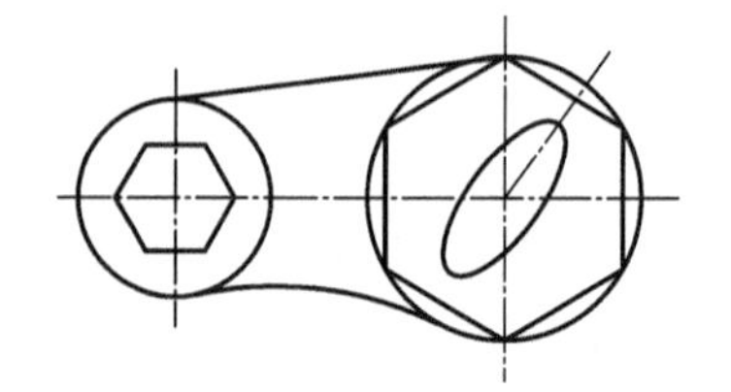

图 2-50

知识点1 正多边形的绘制

AotuCAD 2015 可以绘制边数为 3～1024 的正多边形。

1. 命令启用方法

方法1 单击按钮："绘图"工具栏→"正多边形"。

方法2 选择下拉菜单："绘图"→"正多边形"。

方法3 键盘命令：输入"polygon"或"pol"→按"回车"键。

2. 系统提示及操作说明

启用命令后，系统提示如下。

(1) 命令：输入"pol"→按"回车"键。

(2) 输入边的数目<4>：键入边的数目后，按"空格"键或"回车"键。

(3) 指定正多边形的中心点或[边(E)]：用光标在绘图区点选正多边形的中心点。

(4) 输入选项[内接于圆(I)/外切于圆(C)]<I>：默认"I"或键入"C"后，按"空格"键或"回车"键。

(5) 系统提示如下。

指定圆的半径：输入半径值后，按"空格"键或"回车"键操作结束。

知识点2 偏移图形

偏移图形功能可将现有对象平移指定的距离，创建一个与原对象类似的实体，用来绘制同心圆、平行线和平行曲线等。

1. 命令启用方法

方法1 单击按钮："修改"工具栏→"偏移"。

方法2 选择下拉菜单："修改"→"偏移"。

方法3 键盘命令：输入"offset"或"o"→按"回车"键。

2. 系统提示及操作说明

启用"offset"命令后，系统提示如下。

(1) 命令：输入"o"→按"回车"键。

(2) 指定偏移距离或[通过(T)/删除(E)/图层(L)]<通过>：键入偏移距离，按"空格"键或"回车"键。

(3) 选择要偏移的对象或[退出(E)/放弃(U)]<退出>：用光标点选对象。

(4) 指定点以确定偏移所在一侧，或[退出(E)/多个(M)/放弃(U)]<退出>：将光标移到要放置对象所在的一侧。

说明：若在第(2)项系统提示，此时键入"T"，按"回车"键，表示要过已知点做偏移。

选择要偏移的对象或<退出>，用光标点选图中对象。

如图 2-51 所示，将图 2-51(a)偏移成图 2-51(b)所示效果。

操作步骤如下。

步骤1 启用偏移命令：输入"o"，按"回车"键。

步骤2 指定偏移距离或[通过(T)/删除(E)/图层(L)]<通过>：输入"5"，按"回车"键。

步骤3 选择要偏移的对象或[退出(E)/放弃(U)]<退出>：用光标点选对象。

步骤 4 指定点以确定偏移所在一侧,或[退出(E)/多个(M)/放弃(U)]<退出>:将光标移到要矩形内部任意一点,单击鼠标左键确定。

步骤 5 按“Esc”键结束命令。

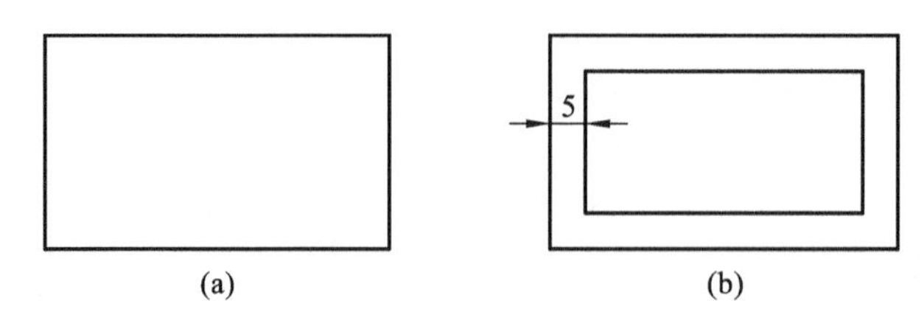

图 2-51 偏移实例

(a)原图 (b)偏移后图形

知识点 3 椭圆的绘制

椭圆是常见的图形元素,决定椭圆形状的因素与三个,分别是:中心点、长轴、短轴。部分椭圆就是椭圆弧。在 AutoCAD 中,绘制椭圆与椭圆弧的命令均为 ellipse(el),只是选项不同。

1. 命令启用方法

方法 1 单击按钮:“绘图”工具栏→“椭圆”或“椭圆弧”。

方法 2 选择下拉菜单:“绘图”→“椭圆”,再选择“椭圆”命令中的子命令。

方法 3 键盘命令:输入“ellipse”或“el”→按“回车”键。

2. 系统提示及操作说明

在 AutoCAD 2015 中,椭圆的绘制方法有两种,分别为“中心点”法和“轴、端点”法,分别介绍如下。

1) “中心点”法绘制椭圆

“中心点”法绘制椭圆是指利用椭圆的中心坐标,某一轴上的一个端点位置以及另一轴的半轴长度绘制椭圆。

系统提示及操作说明如下。

启用命令:下拉菜单“绘图”→“椭圆”→“中心点”。

(1) 圆的轴端点或[圆弧 A)/中心点(C)]:输入“C”指定椭圆的中心点,确定中心点的位置。如图 2-52 所示的点 O。

(2) 指定椭圆的轴端点或〔圆弧(A)/中心点(C)〕:用光标在绘图区点选椭圆的轴端点,如图 2-52 所示的点 A。

(3) 指定另一条半轴长度或[旋转(R)]:输入另一半轴长度为“13”,按“空格”键或“回车”键结束操作。

2) “轴、端点”法绘制椭圆

“轴、端点“法绘制椭圆时指利用椭圆某轴两个端点的位置,以及另一轴的半轴长度绘制椭圆。

系统提示及操作说明如下。

启用命令:下拉菜单“绘图”→“椭圆”→“轴、端点”。

(1) 指定椭圆的轴端点或[圆弧(A)/中心点(C)]:用光标在绘图区点选椭圆的轴端

点，如图 2-53 所示的点 A。

(2) 指定轴的另一个端点：确定该轴的另一个端点，如图 2-53 所示的点 B。

(3) 指定另一条半轴长度或[旋转(R)]：输入另一半轴长度为“13”，按“空格”键或“回车”键结束操作。

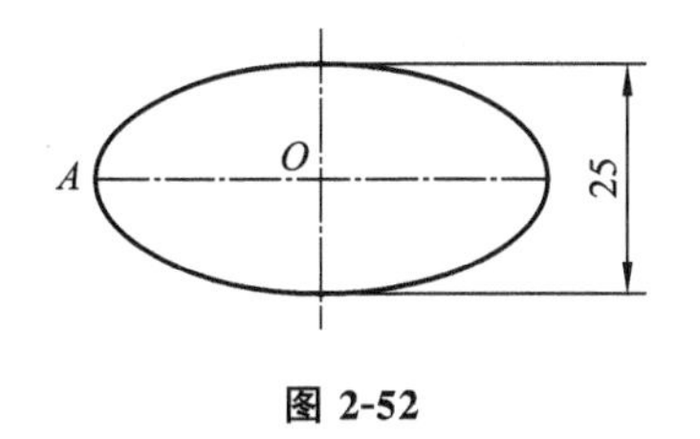

图 2-52

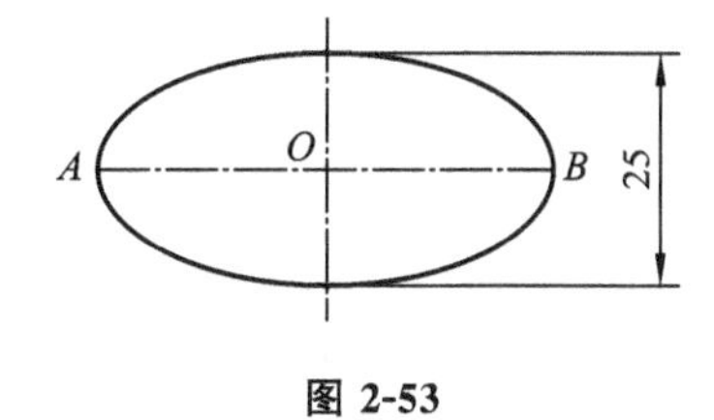

图 2-53

知识点 4　旋转命令

使用旋转命令可以使图形绕某一基准点旋转指定的角度，可以旋转移动成旋转复制。

1. 命令启用方法

方法 1　单击“修改”工具栏→“旋转”按钮。

方法 2　选择下拉菜单：“修改”→“旋转”。

方法 3　键盘命令：输入“rotate”→按“回车”键。

2. 系统提示及操作说明

启用命令后，系统提示如下。

(1) 选择对象：选择需要旋转的图形元素。

(2) 选择对象：按“回车”键，结束对象选择。

(3) 指定基点：指定旋转的基准点。

(4) 指定旋转角度或[复制(C)/参照(R)]<0>：输入角度，按“回车”键。

各选项的含义如下。

“指定旋转角角度”：默认选项，直接输入一个角度值，此值为正，则逆时针方向旋转；此值为负，则顺时针方向旋转。

“参照(R)”：该选项表示将所选对象以参考的方式旋转。执行该项，系统提示如下：

指定参考角<0>：输入参考角度，一般用光标在界面上单击参考线即可。

指定新角度：输入新的角度。

这时，图形对象绕指定基点的实际旋转角度为：实际旋转角度=新角度−参考角。

“复制(C)”：在旋转的同时以源对象为样本进行复制。

3. 操作实例

将图 2-54 所示的矩形旋转 90°。

操作步骤如下。

步骤 1　单击“修改”工具栏→“旋转”按钮。

步骤 2　选择对象：选择图 2-54 所示的矩形。

步骤 3　选择对象：按“回车”键，结束对象选择。

步骤 4　指定基点：利用捕捉功能，选择矩形的左下角为旋转的基准点。

指定旋转角度或[复制(C)/参照(R)]<0>：输入角度“90”，按“回车”键，完成图形的旋转，如图 2-55 所示。

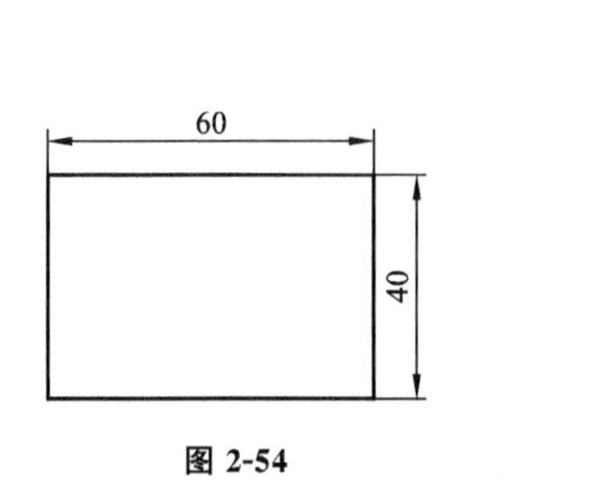

图 2-54

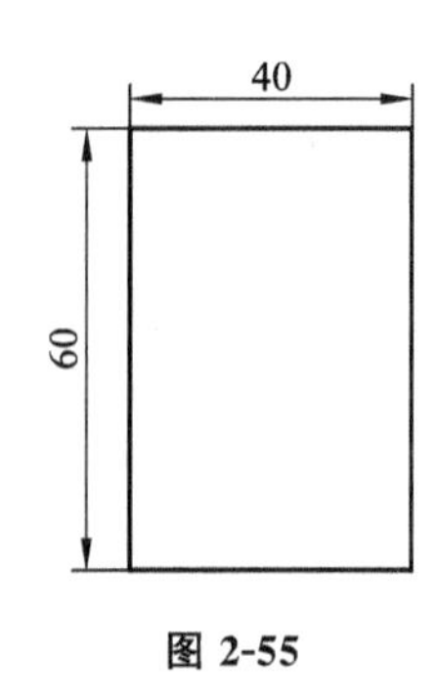

图 2-55

知识点 5　夹点编辑

对象的夹点是指图形对象上可以控制对象位置、大小的一些特殊点。利用夹点编辑功能可以快速地进行移动、镜像、旋转、比例缩放、拉伸、复制等操作。

1. 夹点的设置

对夹点进行编辑时，首先用光标拾取编辑对象，被选中对象的特征点上就会显示出夹点，夹点默认显示为蓝色小方框或三角形；再次单击其中一个夹点。则这个夹点成为"选中"状态，默认显示为红色。

1）启动"选项"对话框设置夹点的方法

方法 1　菜单命令："工具"→"选项"。

方法 2　键盘命令：输入"options"或"op"。

启动后，在弹出的"选项"对话框中选择"选择集"选项卡。

2）选项卡中各选项的含义

(1) "夹点大小(Z)"；用于控制 AutoCAD 夹点框的显示尺寸。

(2) "夹点"：包含有三个选项组，均可在下拉列表框中进行选择。

① "未选中夹点颜色(U)"：用于改变冷夹点颜色。

② "选中夹点颜色(C)"；用于改变热夹点颜色。

③ "悬停夹点颜色(R)"：用干改变悬夹点颜色。

(3) "启用夹点(E)"：用于启用、关闭夹点功能。

(4) "在块中启用夹点(B)"：用于启用、关闭块的各组成对象的夹点功能，选中该选项，显示块中各对象的全部夹点和块中的插入点；关闭该选项，只显示块的插入点。

(5) "启用夹点提示(T)"；当光标悬停在支持夹点提示的自定义对象的夹点上时，显示夹点的特性提示。该选项在标准 AutoCAD 对象上无效。

(6) "选择对象时限制显示的夹点数(M)"；用于限制显示夹点的数目，当初始选择集包括多于指定数目的对象时，将不显示夹点。有效值的范围为 1～32167. 默认设置为 100。

2. 夹点的编辑

利用"回车"键或"空格"键，可对被选中的夹点进行拉伸、移动、旋转、比例缩放、镜像五种编辑模式的操作。

(1) 五种编辑模式的功能及操作步骤如下。

① "拉伸"：通过选中的夹点来拉伸对象。命令行提示

* * 拉伸 * *

指定拉伸点或[基点(B)/复制(C)/放弃(U)/退出(X)]:

② “移动”,将处于选中夹点状态的对象进行移动。命令行提示

* * 移动 * *

指定移动点或[基点(B)/复制(C)/放弃(U)/退出(X)]:

③ “旋转”:将处于选中夹点状态的对象绕基点进行旋转。命令行提示

* * 旋转 * *

指定旋转角度或[基点(B)/复制(C)/放弃(U)/参照(R)/退出(X)]:

④ “比例缩故”:将处于选中夹点状态的对象进行放大或输小。命令行提示

* * 比例缩放 * *

指定比例因子点[基点(B)/复制(C)/放弃(U)/参照(R)/退出(X)]:

⑤ “镜像”:将处于选中夹点状态的对象进行镜像。命令行提示

* * 镜像 * *

指定第二点或[基点(B)/复制(C)/放弃(U)/退出(X)]:

(2) 各选项的含义如下。

① “基点(B)”;系统默认的拉伸基点为光标拾取的夹点。如果需要改变默认基点为另外一点,则在提示下键入“B”,其后的命令行提示

指定基点:键入点的坐标或用光标在绘图区指定一点作为新基点。

② “复制(C)”:原对象保持不变。在拉伸或移动、旋转、缩放、镜像操作的同时进行多重复制。

③ “放弃(U)”,撤销最近一次复制。

④ “参照(R)”;指定参照转角和所需新转角。

⑤ “退出(X)”,退出夹点编辑模式。

知识点 6 图形显示控制

在使用 AutoCAD 绘制图形的过程中,经常要对当前图形进行缩故、移动、刷新和重生成,有时还可能需要打开多个窗口,然后通过各个窗口观察图形的不同部分。使用图形显示控制工具,可以方便地在图形的整体和局部细节及不同图形之间切换,从而准确、高效地完成绘图。

1. 缩放命令(zoom)

绘图时,有时需要放大图形,以便于进行局部细节的观察;有时又需要缩小图形,以观察图形的整体效果。使用缩放命令可实现对图形的放大和缩小,缩放时图形的实际尺寸并没有改变,只是在界面上的视觉尺寸发生了变化。

1) 调用命令的方法

方法 1 工具栏:“标准”→“缩放”或缩放工具栏。

方法 2 菜单命令:“视图”→“缩放”。

方法 3 键盘命令:输入“zoom”或“z”。

2) 操作步骤

命令:输入“zoom”。

指定窗口的角点,输入比例因子(nX 或 mXP),或者[全部(A)/中心(C)/动态(D)/范

围(E)/上一个(P)/比例(S)/窗口(W)/对象(O)]＜实时＞：按“Esc”键或“Enter”键退出，或单击鼠标右键显示快捷菜单。

3）命令行中各选项的含义

(1)“全部(A)”：在绘图区域显示全部图形，图形显示的尺寸由图形边界或图形范围中尺寸较大者决定。

(2)“中心(C)”：该选项将以指定的点为中心，在绘图窗口中显示图形，可对图形进行缩放。命令行提示

[全部(A)/中心(C)/动态(D)/范围(E)/上一个(P)/比例(S)/窗口(W)/对象(O)]＜实时＞：C(选择“中心(C)”方式)。

指定中心点：指定一点或按“回车”键保持当前的中心点不变。

输入比例或高度＜　＞：输入一个值或直接按“回车”键。

如果在“输入比例或高度”提示后输入的数值后跟“X”，表示输入的数值为放大率；如提示后只输入数值，表示输入的数值为高度值。

(3)“动态(D)”：缩放显示在用户设定的视图框中的图形，可以改变其大小，或在视图框中移动。可通过移动视图框或调整其大小，将其中的图像平移或缩放，以充满整个绘图窗口。运行动态命令后，在绘图窗口中出现一个中心有“×”记号的矩形框，为平移视图框，将其拖动到所需位置并单击，继而显示缩放视图框，位于矩形框中心的“×”记号将消失，而显示一个位于矩形框右边界的箭头标记“→”，此时拖动光标调整缩放视图框的大小，然后按“回车”键进行缩放。

(4)“范围(E)”：将所有图形最大限度地显示在绘图区域。

(5)“上一个(P)”：是指上一个视图。可连续使用该命令，最多可恢复到此前的第十个视图。

(6)“比例(S)”：以指定的比例因子缩放显示图形。

(7)“窗口(W)”，通过指定绘图区域的两个对角点，可以快速缩数图形中的某个矩形区域。

(8)“对象(O)”：在缩放时尽可能大地显示一个或多个选定的对象并使其位于绘图区域的中心。

(9)“实时”：通过向上或向下移动鼠标进行动态缩放。按住鼠标左键向上拖动，可以放大图形；向下拖动，则可缩小图形。此时，绘图窗口中的光标变成一个带“+“和“-”的放大镜形状。

2. 平移命令(pan)

平移命令用于在绘图区域中平移图形，以查看图形的各个部分。平移命令不改变当前视图的大小。

1）调用命令的方法

方法1　菜单命令：“视图”→“平移”。

方法2　键盘命令；输入“pan”或“p”。

2）操作步骤

命令：输入“pan”。

按“Esc”键或“回车”键退出，或单击鼠标右键显示快捷菜单。

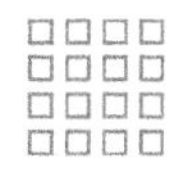

此时光标变为手形，按住鼠标左键可以拖动视图随光标向同一方向移动。

提示：按住鼠标滚轮并移动也可实时平移视图。

3. 鸟瞰视图(dsviewer)

在绘制大型图形的过程中，常常要求在显示全部图形的窗口中快速平移和缩放图形，这时可以使用"鸟瞰视图"窗口快速修改当前视窗中的视图。

1）调用命令的方法

方法 1　菜单命令："视图"→"鸟瞰视图"。

方法 2　键盘命令：输入"dsviewer"。

2）各菜单选项的含义

(1)"视图"菜单：通过放大、缩小图形或在"鸟瞰视图"窗口显示整个图形来改变"鸟瞰视圈"的缩放比例。

①"放大"：以当前视图框为中心，放大两倍"鸟瞰视图"窗口中的图形显示比例。

②"缩小"：以当前视图框为中心，缩小一半"鸟瞰视图"窗口中的图形显示比例。

③"全局"：在"鸟瞰视图"窗口显示整幅图形和当前视图。

在"鸟瞰视图"窗口中显示整幅图形时，"缩小"菜单选项和按钮不可用。当视图几乎充满"鸟瞰视图"窗口时，"放大"菜单选项和按钮不可用。如果两种情况同时发生，例如使用"zoom"命令的"范围"选项后，这两个选项将都不可用。所有菜单选项也可通过在"鸟瞰视图"窗口中单击鼠标右键弹出的快捷菜单中访问。

(2)"选项"菜单：切换图形的自动视口显示和动态更新，所有菜单选项也可通过在"鸟瞰视图"窗口中单击鼠标右键弹出的快捷菜单中访问。

①"自动视口"：当显示多重视口时，自动显示当前视口的模型空间视图。关闭"自动视口"时，将不更新"鸟瞰视图"窗口，以匹配当前窗口。

②"动态更新"：编辑图形时更新"鸟瞰视图"窗口。关闭"动态更新"时，将不更新"鸟瞰视图"窗口，直到在"鸟瞰视图"窗口中单击后为止。

③"实时缩放"：使用"鸟瞰视图"窗口进行缩放时，实时更新绘图区域。

项目总结

掌握命令的键盘输入方法，熟记常用命令的缩写(如直线命令"line"的缩写为"l"，圆命令"circle"的缩写为"c"，圆弧命令"arc"的缩写为"a"等)和功能键，尽量少用鼠标单击功能面板、工具条、下拉菜单等方法启动命令。

掌握基本的绘图和修改命令，能绘制简单的平面图形。绘制平面图形时，操作方法因人而异，但绘图时不要重复画线，否则会给编辑、打印图形带来麻烦，熟练使用对象捕捉等辅助工具，精确绘制图形。学会利用夹点编辑功能快速地进行移动、镜像、旋转、比例缩放、拉伸、复制等操作。

注意图层的灵活使用，能对所有图层上的实体的可见性、颜色和线型进行全面控制，以提高绘图速度。

思考与上机操作

绘制图 2-56 至图 2-71 所示的平面图。

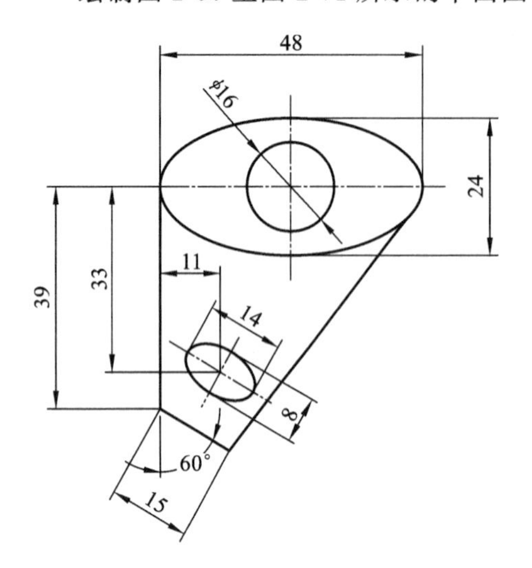

图 2-56

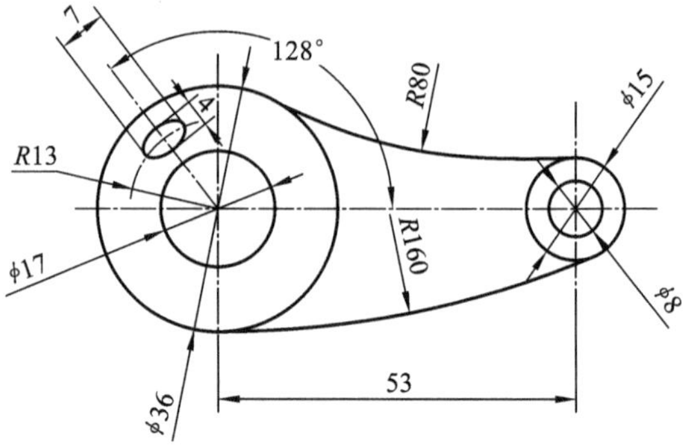

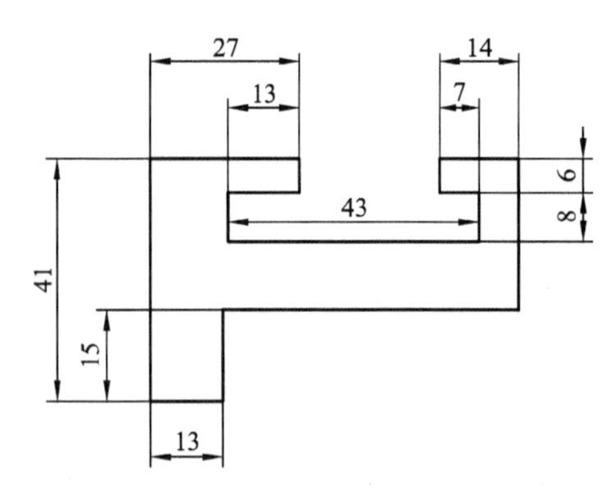

图 2-58

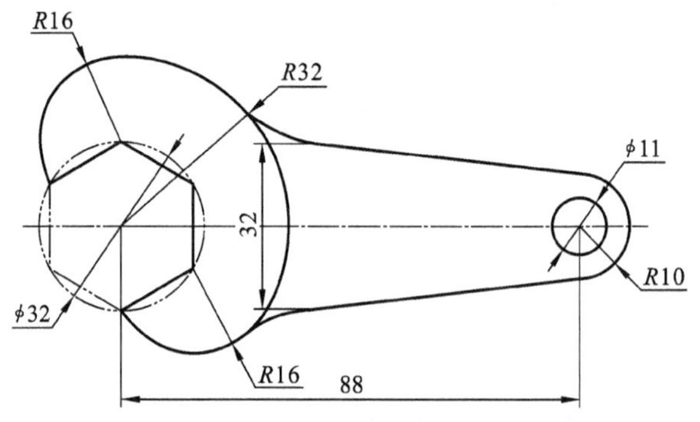

图 2-59

图 2-57

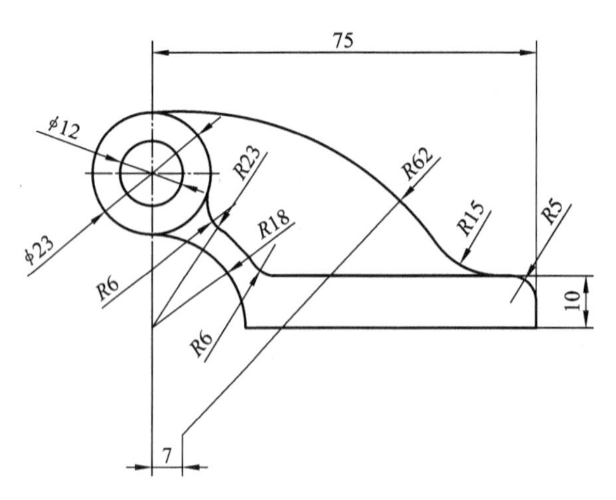

图 2-60

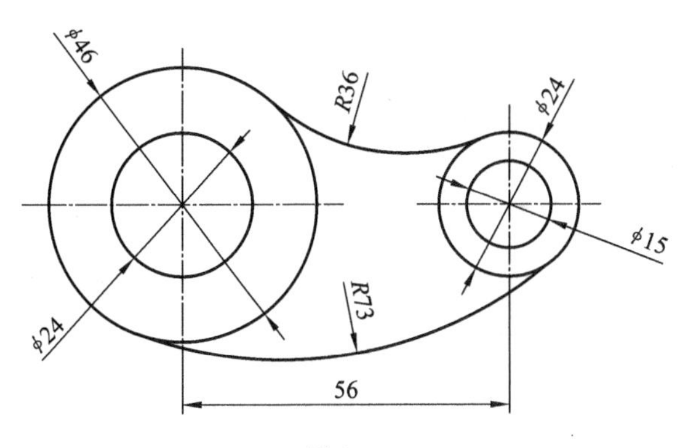

图 2-61

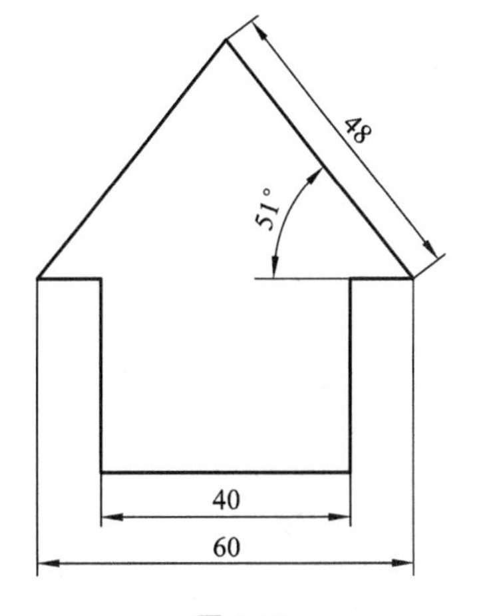

图 2-62

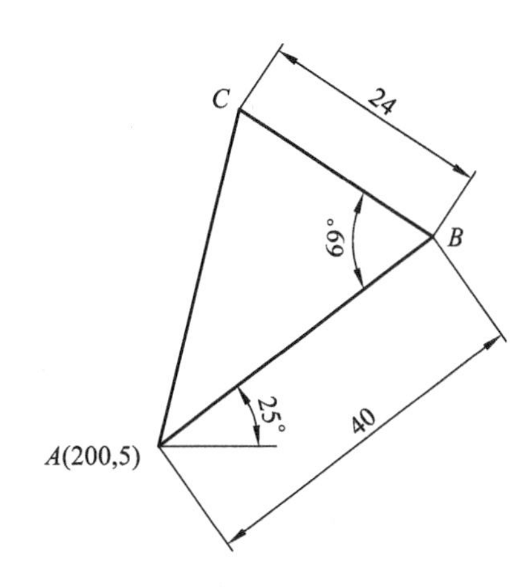

图 2-63

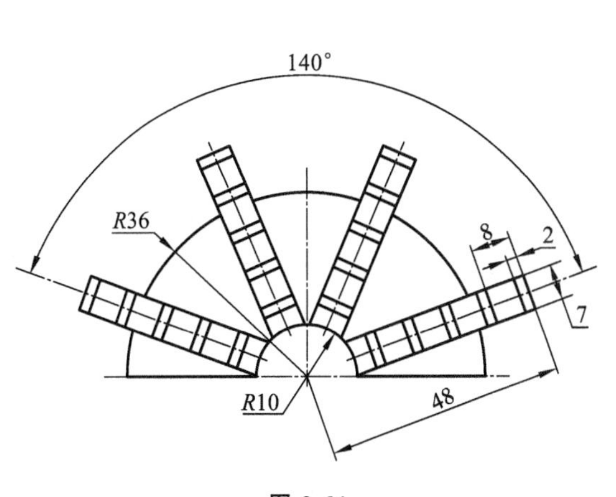

图 2-64

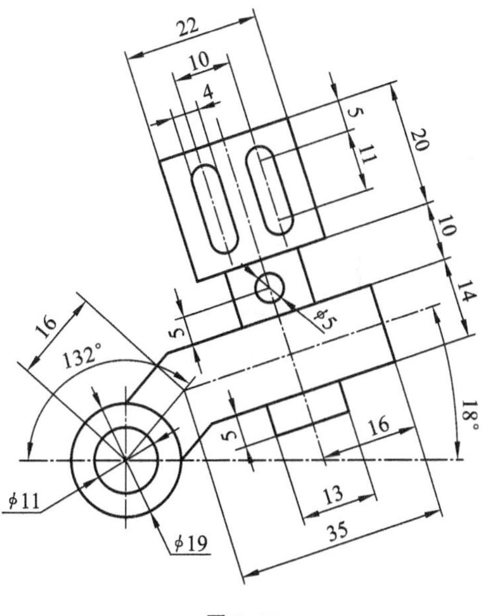

图 2-65

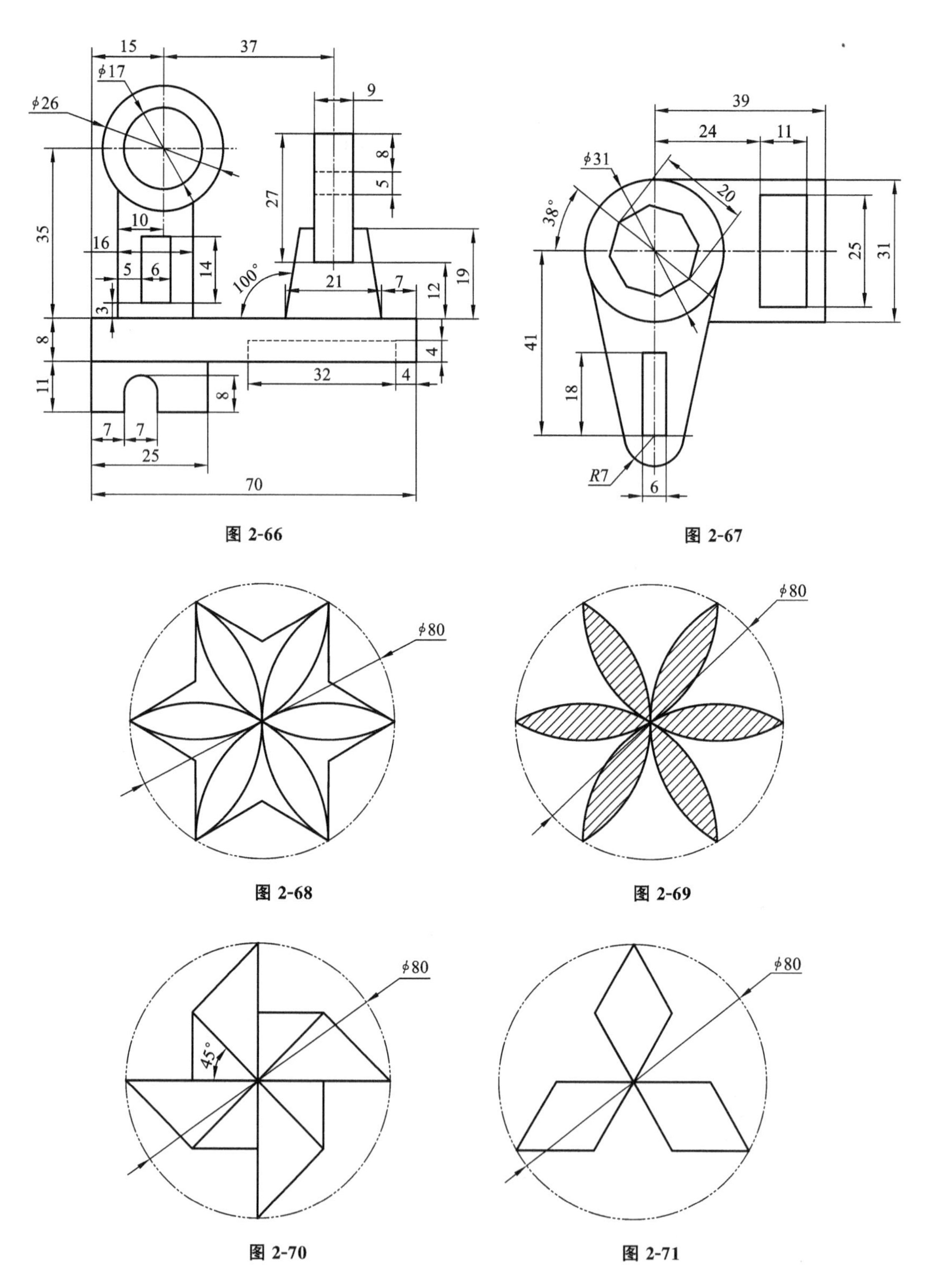

图 2-66

图 2-67

图 2-68

图 2-69

图 2-70

图 2-71

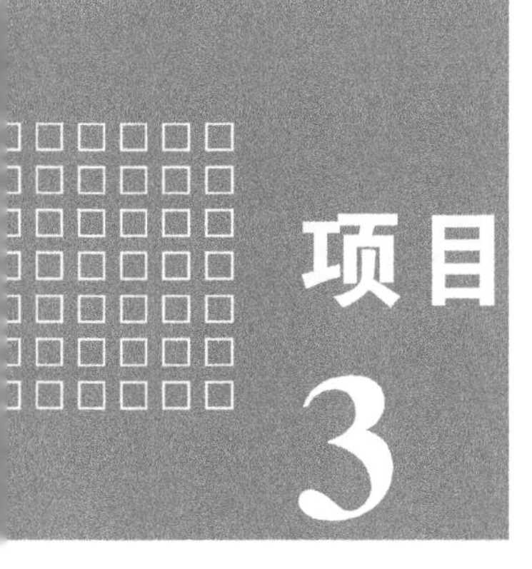

复杂二维图形的绘制

【知识目标】

- 掌握点的绘制方法。
- 掌握圆弧的绘制方法。
- 掌握阵列、复制、镜像等修改命令的应用。

【能力目标】

- 能使用各种绘图和修改命令绘制较复杂的二维图形。
- 根据图形特点,能灵活应用各种方法,快速高效地绘制图形。

任务1 复杂平面图形的绘制

本任务通过图3-1所示的平面图形为例,复习“直线”“正交”“极轴追踪”“修剪”等命令,介绍“圆弧的绘制”“点的绘制”“镜像”等命令。绘图过程如下。

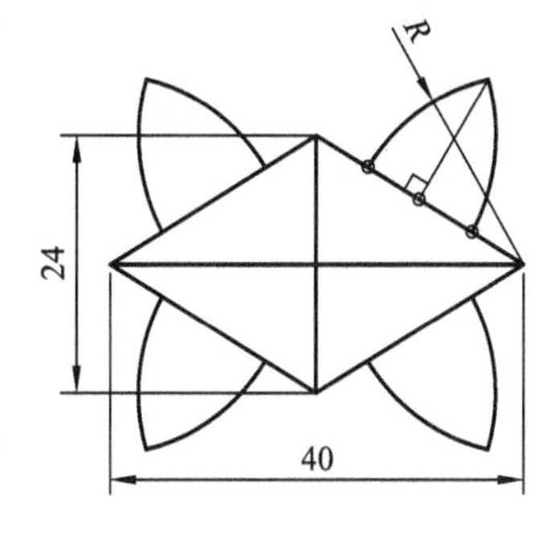

图3-1 复杂平面图形绘制(1)

1. 设置图形界限

(1)单击菜单栏“格式”→“图形界限”→指定左下角坐标设为(0,0),右上角坐标设为(100,80)。

(2)单击菜单栏“视图”→“缩放”→输入“a”,按“回车”键,显示图形界限。

2. 分析图形,确定关键点和绘制方法。

分析图3-1所示图形,先绘制相互垂直的两条直线,然后将各端点连接;再选择一条斜边做点的定数等分,过中点做垂线,以已知端点和其中一个等分点为半径做圆弧;最后利用镜像做出全部图形。

3. 设置图层

单击菜单栏“格式”→“图层”,创建绘图需要的“粗实线”“辅助线”“标注线”。

4. 操作步骤

操作步骤如下。

步骤1 单击菜单栏“格式”→“图层”,选择“粗实线”图层。

步骤 2　按“F8”键启用“正交模式”，按“F3”键启用“对象捕捉”，按“F11”键启用“对象捕捉追踪”，按“F12”键启用“动态输入”。

步骤 3　输入命令：“l”→按“回车”键或“空格”键。

指定第一个点：在绘图区的适当位置单击鼠标左键。

指定下一点或[放弃(U)]：“40”，按“回车”键。

步骤 4　输入命令：“l”→按“回车”键或“空格”键。

指定第一个点：捕捉中点，向上输入“12”。

指定下一点或[放弃(U)]：“24”，按“回车”键(见图 3-2)。

步骤 5　关闭“正交模式”：按“F8”键。

输入命令：“l”→按“回车”键或“空格”键。

指定第一个点：选择一个端点。

指定下一点或[放弃(U)]：选择相邻另外一个端点。

指定下一点或[闭合(C)/放弃(U)]：顺次连接四个端点后输入“C”，按“回车”键(见图 3-3)。

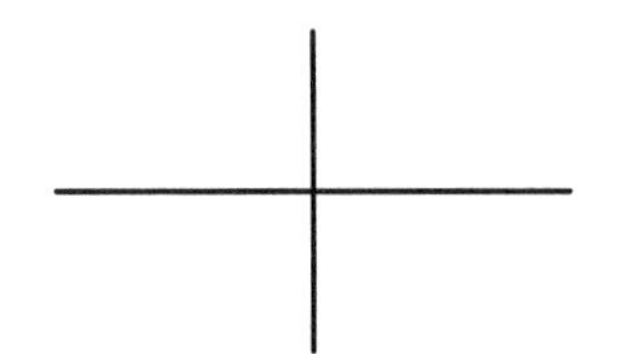

图 3-2　复杂平面图形绘制(2)

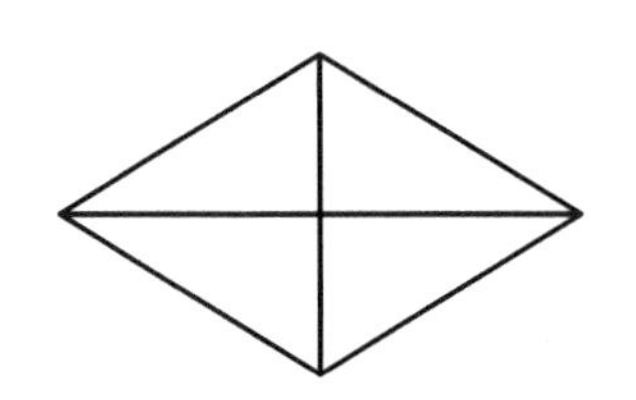

图 3-3　复杂平面图形绘制(3)

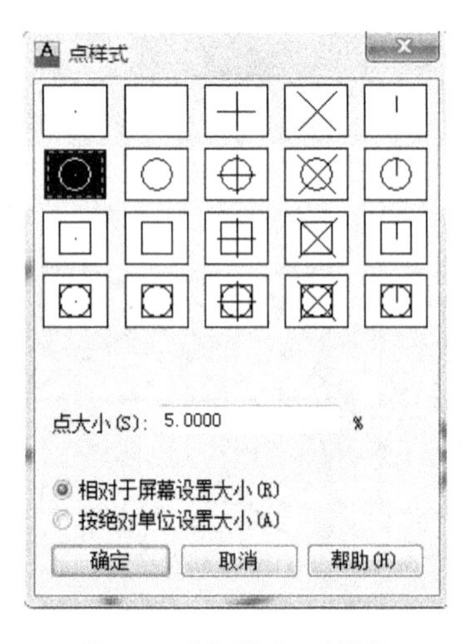

图 3-4　“点样式”对话框

步骤 6　单击“绘图”→“点”→“定数等分”。

输入命令：“divide”，按“回车”键或“空格”键。

选择要定数等分的对象：选择线段 AB。

输入线段数目或 [块(B)]：“4”。

下拉菜单：“格式”→“点样式”对话框，选择图 3-4 所示“点样式”。

图形变成图 3-5 所示图形。

步骤 7　单击“绘图”→“圆弧”→“圆心、起点、端点”。

输入命令：“arc”。

指定圆弧的起点或 [圆心(C)]：“c”。

指定圆弧的圆心：选择点 A。

指定圆弧的起点：选择点 E。

指定圆弧的端点或 [角度(A)/弦长(L)]：在靠近 A 点空白处选择一个点。

步骤 8　单击菜单栏“格式”→“图层”，选择“辅助线”图层，做直线 AB 中垂线。

输入命令：“l”→按“回车”键或“空格”键。

指定第一个点：选择 AB 中点。

指定下一点或 [放弃(U)]：选择极轴 90 上任意点交圆弧于 F 点(见图 3-6)。

步骤 9　输入命令：“trim”→按“回车”键或“空格”键。

当前设置：投影＝UCS，边＝无。

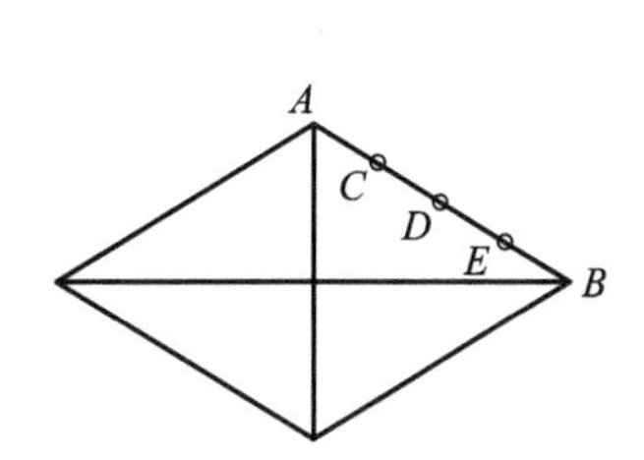

图 3-5　复杂平面图形绘制(4)

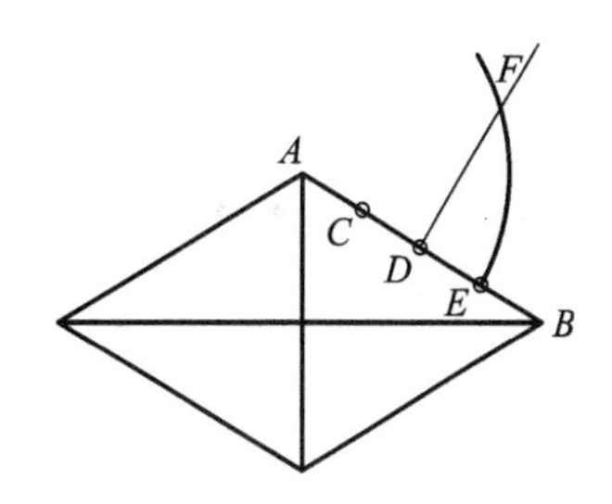

图 3-6　复杂平面图形绘制(5)

选择剪切边…
选择对象或 <全部选择>:选择 FE 圆弧→按"回车"键或"空格"键。
选择要修剪的对象,或按住"Shift"键选择要延伸的对象,或
[栏选(F)/窗交(C)/投影(P)/边(E)/删除(R)/放弃(U)]:选择 DF 靠近上端部分。
按"回车"键或"空格"键。
输入命令:"trim"→按"回车"键或"空格"键。
当前设置:投影=UCS,边=无。
选择剪切边…
选择对象或 <全部选择>:选择 DF 直线→按"回车"键或"空格"键。
选择要修剪的对象,或按住"Shift"键选择要延伸的对象,或
[栏选(F)/窗交(C)/投影(P)/边(E)/删除(R)/放弃(U)]:选择 EF 圆弧靠近上端部分。
按"回车"键或"空格"键(见图 3-7)。

步骤 10　输入命令:"mirror"→按"回车"键或"空格"键。
选择对象:选择圆弧 EF。
选择对象:　指定镜像线的第一点:单击点 D;指定镜像线的第二点:单击点 F。
要删除源对象吗?[是(Y)/否(N)]<N>:"N"(见图 3-8)。

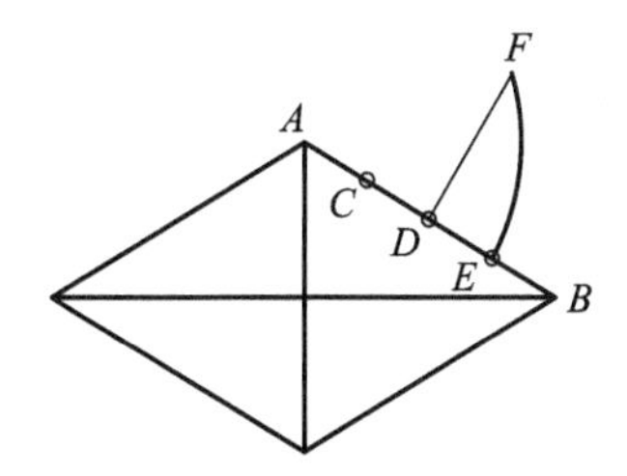

图 3-7　复杂平面图形绘制(6)

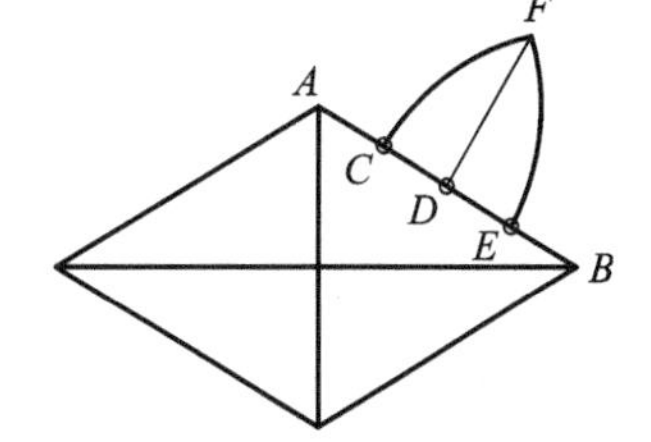

图 3-8　复杂平面图形绘制(7)

步骤 11　用镜像命令依次按图形做镜像,分别得到图 3-9、图 3-10 所示图形。

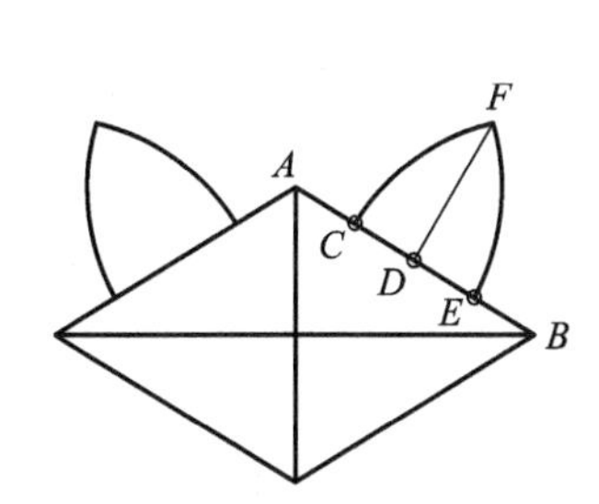

图 3-9　复杂平面图形绘制(8)

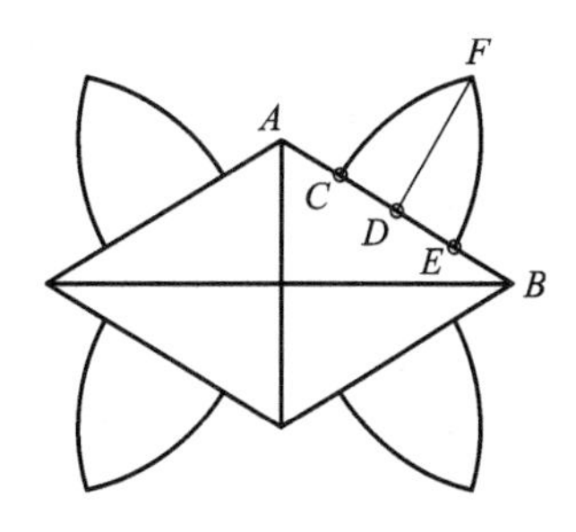

图 3-10　复杂平面图形绘制(9)

步骤 12 标注尺寸，得到图 3-1 所示图形。

步骤 13 保存图形文件。

知识点 1 圆弧的绘制

1. 功能

绘制给定参数的圆弧。

2. 调用命令的方式

方法 1 菜单命令：“绘图”→“圆弧”。

方法 2 工具栏：单击图标 。

方法 3 键盘命令：输入“arc”或“a”。

3. 绘制方法

绘制圆弧时，选择不同的选择项可组合出 11 种不同的绘制方法，也可以直接在“圆弧”菜单中选择命令来绘制圆弧，如图 3-11 所示。

1）指定三点画弧

使用不在一条直线上的三点绘制圆弧是默认选项，如图 3-12 所示。

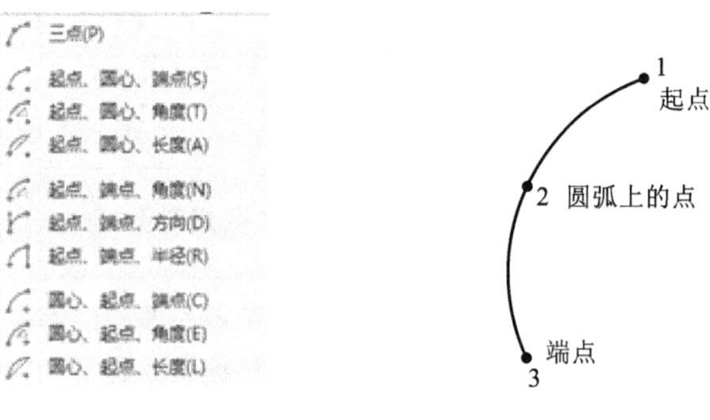

图 3-11 圆弧下拉菜单 **图 3-12 三点画弧**

输入命令：“arc”→按“回车”键或“空格”键。

指定圆弧的起点或 [圆心(C)]：拾取起点。

指定圆弧的第二个点或 [圆心(C)/端点(E)]：拾取第二点。

指定圆弧的端点：拾取端点。

2）指定起点、圆心画弧

有“起点、圆心、端点”“起点、圆心、角度”和“起点、圆心、长度”三种绘制圆弧的方法。

(1)“起点、圆心、端点”：已知圆弧的起点、圆心、端点绘制圆弧，如图 3-13 所示。命令如下。

输入命令：“arc”→按“回车”键或“空格”键。

指定圆弧的起点或 [圆心(C)]：拾取起点。

指定圆弧的第二个点或 [圆心(C)/端点(E)]：“C”→按“回车”键或“空格”键。

指定圆弧的圆心：拾取圆心点。

指定圆弧的端点或 [角度(A)/弦长(L)]：拾取端点。

提示：使用 AutoCAD 绘制圆弧时，总是从起点开始，到端点结束，并按逆时针方向绘制圆弧。

(2)“起点、圆心、角度”:已知圆弧的起点、圆心和圆弧所包含的圆心角绘制圆弧,如图3-14所示。命令如下。

输入命令:“arc”→按“回车”键或“空格”键。

指定圆弧的起点或[圆心(C)]:拾取起点。

指定圆弧的第二个点或[圆心(C)/端点(E)]:“C”→按“回车”键或“空格”键。

指定圆弧的圆心:拾取圆心点。

指定圆弧的端点或[角度(A)/弦长(L)]:“a”。

指定包含角:指定圆心角。

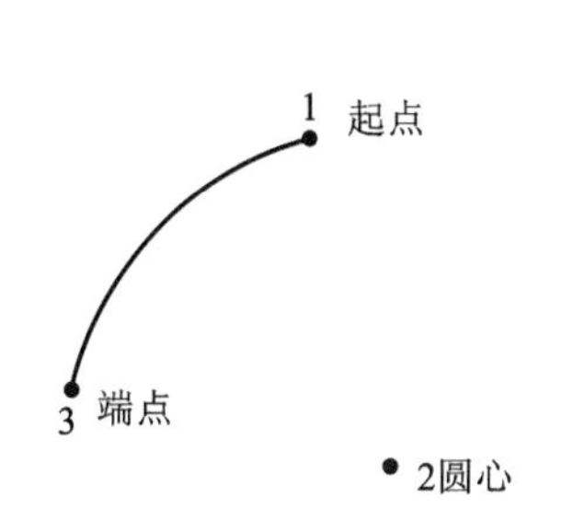

图3-13 “起点、圆心、端点”画弧

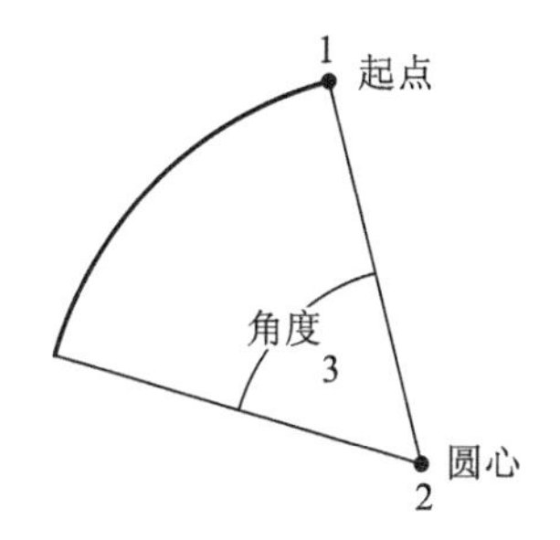

图3-14 “起点、圆心、角度”画弧

提示:用“起点、圆心、角度”方法绘制圆弧时,如果角度为正,则从起点开始按逆时针方向绘制圆弧;如果角度为负,则从起点开始按顺时针方向绘制圆弧。

(3)“起点、圆心、长度”:已知圆弧的起点、圆心和圆弧的弦长绘制圆弧,如图3-15所示。如果弦长为正,则绘制小圆弧(劣弧);如果弦长为负,则绘制大圆弧(优弧)。

3)指定起点、端点画弧

有“起点、端点、角度”“起点、端点、方向”和“起点、端点、半径”三种绘制圆弧的方法。

(1)“起点、端点、角度”:已知圆弧的起点、端点和圆弧所包含的圆心角绘制圆弧,如图3-16所示。

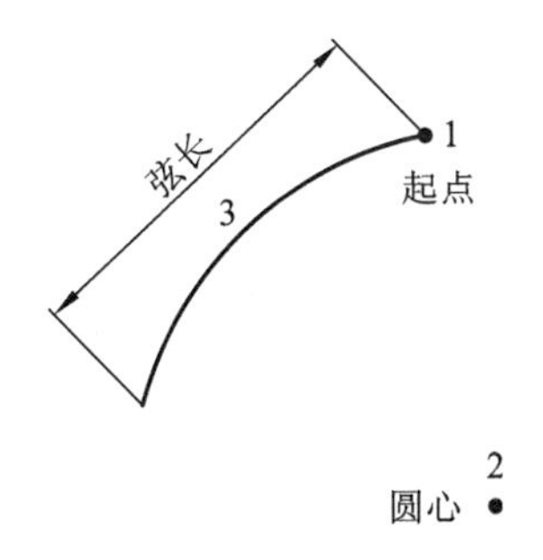

图3-15 “起点、圆心、长度”画弧

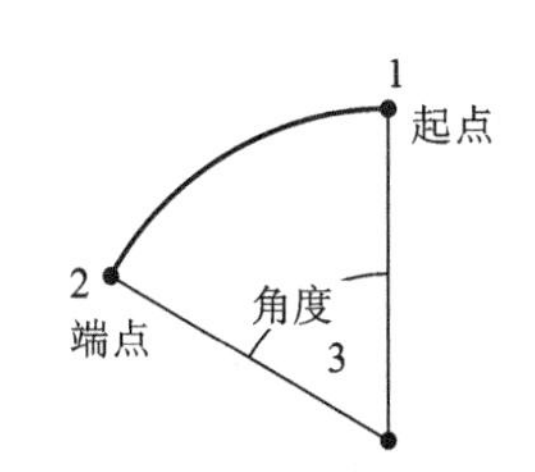

图3-16 “起点、端点、角度”画弧

(2)“起点、端点、方向”:已知圆弧的起点、端点和圆弧起点的切线方向绘制圆弧,如图3-17所示。命令如下。

输入命令:“arc”→按“回车”键或“空格”键。

指定圆弧的起点或[圆心(C)]:拾取起点。

指定圆弧的第二个点或[圆心(C)/端点(E)]:“e”→按“回车”键或“空格”键。

指定圆弧的端点:输入圆弧的端点。

指定圆弧的圆心或［角度(A)/方向(D)/半径(R)］:“d”。

指定圆弧的起点切向:指定方向。

(3)“起点、端点、半径”:已知圆弧的起点、端点和圆弧的半径绘制圆弧,如图 3-18 所示,优弧还是劣弧由半径的正负决定。

4) 指定圆心、起点画弧

有“圆心、起点、端点”“圆心、起点、角度”和“圆心、起点、长度”三种绘制圆弧的方法,指定圆心、起点方法画弧与前述画弧大致相同,在此不再赘述。

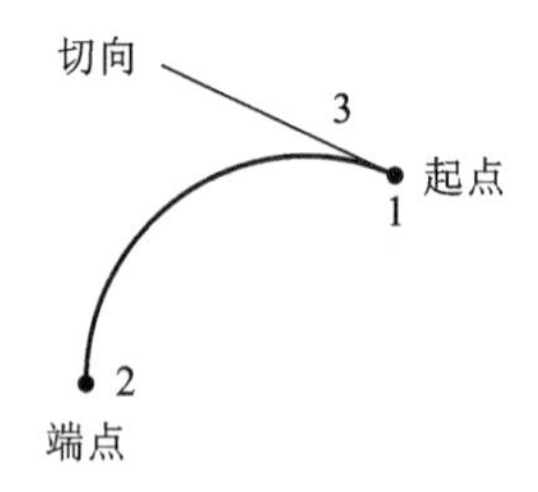

图 3-17 “起点、端点、方向”画弧

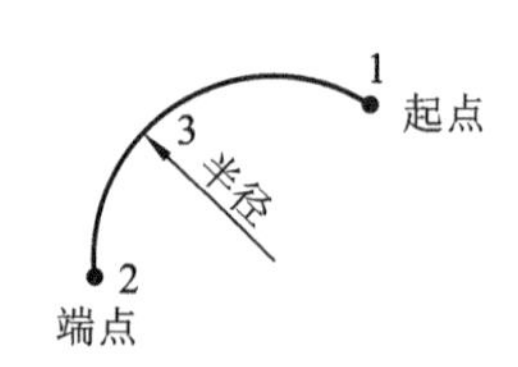

图 3-18 “起点、端点、半径”画弧

知识点 2 点的绘制

一个点标记了一个坐标值,在绘图过程中可将其作为捕捉和偏移对象的节点或参考点。

1. 设置点样式

在 AutoCAD 中可根据需要设置点的形状和大小,即设置“点样式”。调用命令的方法如下。

方法 1 菜单命令:“格式”→“点样式”。

方法 2 键盘命令:输入“ddptype”。

启用命令后,弹出如图 3-4 所示的对话框,在该对话框中共有 20 种不同类型的点样式,默认点样式为圆点。用户可以根据需要选择点的类型,设定点的大小。

提示:更改点样式后,前面绘制的点的样式会自动更新。

2. 绘制点

功能:用于在指定位置绘制一个或多个点。调用命令的方法如下。

方法 1 菜单命令:“绘图”→“点”→“单点”或“多点”。

方法 2 工具栏:单击图标 ▫ 。

方法 3 键盘命令:输入“point”或“po”。

3. 定数等分(绘制等分点)

功能:用于将选定的对象或块沿对象的长度或周长分成指定的段数。调用命令的方法如下。

方法 1 菜单命令:“绘图”→“点”→“定数等分”。

方法 2 键盘命令:输入“divide”或“div”。

补充知识:点除了可以用于等分线段外,还可以用于等分圆弧、圆、椭圆、椭圆弧、多段线和样条曲线,图 3-19 所示为等分圆弧。

4. 定距等分(绘制等距点)

功能:用于将选定的对象按指定距离等分。调用命令的方法如下。

方法1　菜单命令:“绘图”→“点”→“定距等分”。

方法2　键盘命令:输入“measure”或“me”。

如在已知直线上每隔25设置一个点,操作过程如下。

命令:输入“measure”→按“回车”键或“空格”键。

选择要定距等分的对象:选择图3-20中长为60的直线。

指定线段长度或[块(B)]:“25”。

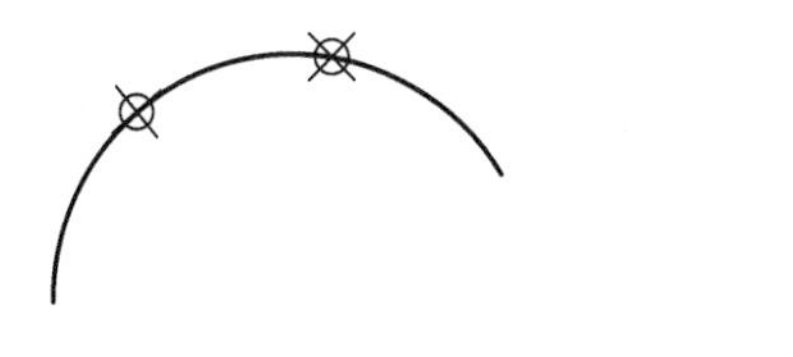

图3-19　圆弧定数等分

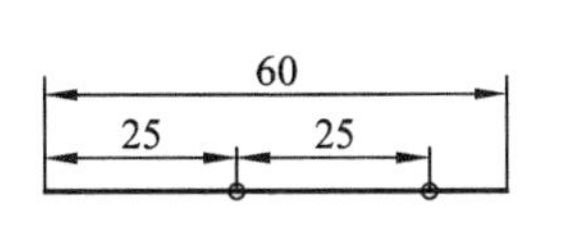

图3-20　定距等分

提示:系统中默认的点的显示方式为“·”,当点位于直线上时不能显示,可打开“点样式”对话框,从中选择一种点样式,如“⊙”,即可改变点的显示方式(见图3-20)。

知识点3　镜像对象

1. 功能

将选中的对象沿指定的对称线进行复制,源对象可以根据需要进行删除或保留。如图3-21所示。

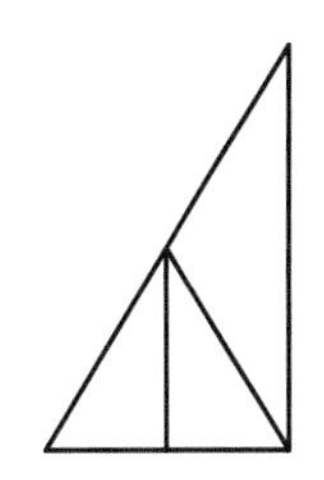

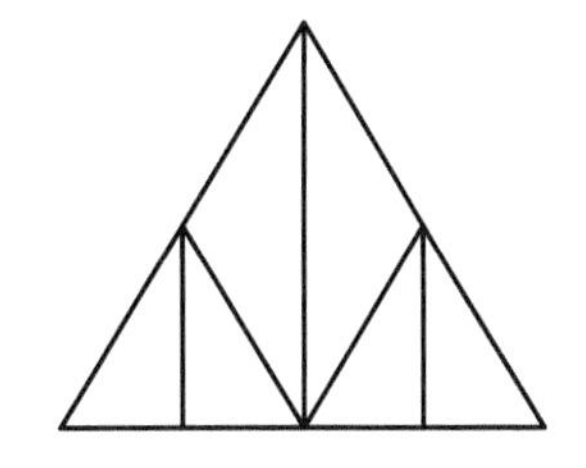

图3-21　镜像对象

2. 调用命令的方法

方法1　菜单命令:“修改”→“镜像”。

方法2　工具栏:单击图标。

方法3　键盘命令:输入“mirror”或“mi”。

3. 操作过程

命令:输入“mirror”(启动“镜像”命令)。

选择对象:指定对角点:找到6个(选择要镜像的对象后按“回车”键)。

选择对象:

指定镜像线的第一点:指定镜像线的第二点:在镜像线上拾取两个点。

要删除源对象吗?[是(Y)/否(N)]<N>:如果要删除源对象输入“Y”。

指定对角点或[栏选(F)/圈围(WP)/圈交(CP)]:

指定对角点或[栏选(F)/圈围(WP)/圈交(CP)]:

提示:文字也能镜像,为防止文字被反转及倒置,"mirrtext"的默认值设置为"0"。创建对此的图形对象时,可先绘制图形的半部分,然后将其镜像,这样能大大提高绘图速度。

任务2 底板的绘制

本任务通过图3-22所示的图形为例,介绍"缩放""阵列""分解""打断""合并"等命令。绘图步骤如下。

步骤1 设置绘图环境,操作过程略。

步骤2 用"图层"命令创建绘图常用的"粗实线""细实线""点画线""虚线"等图层。单击"图层"工具栏中图层下拉箭头,选择"中心线"图层,利用"矩形"命令,绘制长60、宽40的矩形和$R20$的圆,修剪后如图3-23所示。

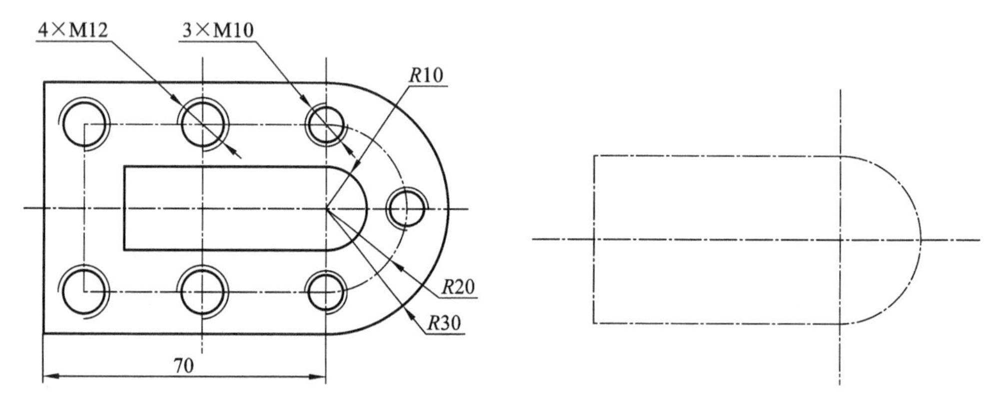

图3-22 底板的绘制(1)　　图3-23 底板的绘制(2)

步骤3 分别向两个方向偏移矩阵和圆弧,偏移距离为10,如图3-24所示。

步骤4 绘制M10的螺纹孔。绘制$\phi10$、$\phi8.5$的两个同心圆,经过修剪得到螺纹孔。如图3-25所示。

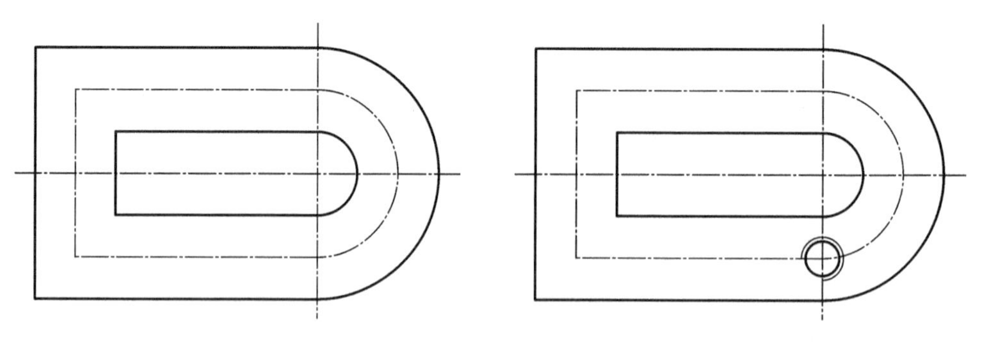

图3-24 底板的绘制(3)　　图3-25 底板的绘制(4)

步骤5 用"复制"命令复制螺纹孔,如图3-26所示。

步骤6 用"缩放"命令放大螺纹孔,缩放比例为1.2,即由M10放大为M12,如图3-27所示。单击"修改"→"缩放",操作过程如下。

输入命令:"scale"→按"回车"键或"空格"键。

选择对象：找到 2 个（选择缩放对象）。

指定基点：以 M12 孔中心作为缩放中心。

指定比例因子或［复制(C)/参照(R)］："1.2"。

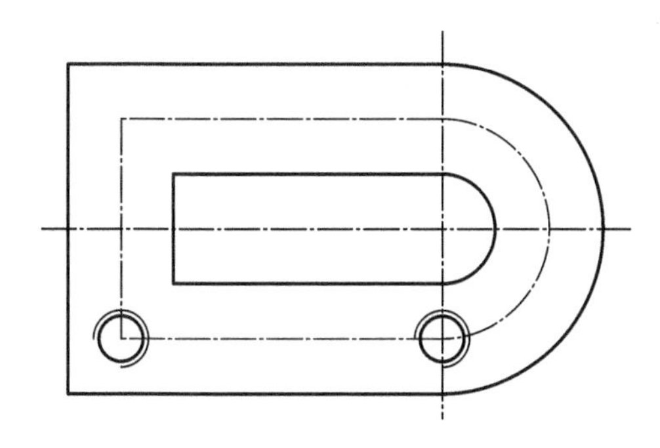

图 3-26　底板的绘制(5)

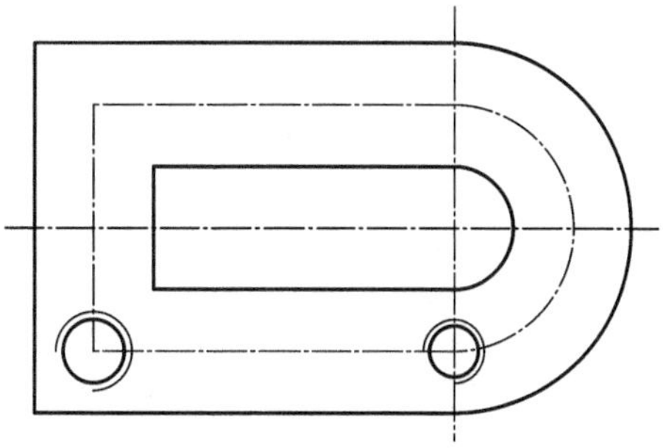

图 3-27　底板的绘制(6)

步骤 7　阵列螺纹孔。

(1) 环形阵列 M10 螺纹孔，操作过程如下。

命令："arraypolar"。

选择对象：找到 2 个（选中 M10 螺纹孔）。

类型＝环形　关联＝是

指定阵列的中心点或［基点(B)/旋转轴(A)］：拾取 $R30$ 圆的圆心。

选择夹点以编辑阵列或［关联(AS)/基点(B)/项目(I)/项目间角度(A)/填充角度(F)/行(ROW)/层(L)/旋转项目(ROT)/退出(X)］＜退出＞："i"。

输入阵列中的项目数或［表达式(E)］："3"。

选择夹点以编辑阵列或［关联(AS)/基点(B)/项目(I)/项目间角度(A)/填充角度(F)/行(ROW)/层(L)/旋转项目(ROT)/退出(X)］＜退出＞："f"。

指定填充角度(＋＝逆时针、－＝顺时针)或［表达式(EX)］："180"。

(2) 矩形阵列 M12 螺纹孔，操作过程如下。

命令："arrayrect"。

选择对象：总计 2 个（选中 M12 螺纹孔）。

类型＝矩形　关联＝是

选择夹点以编辑阵列或［关联(AS)/基点(B)/计数(COU)/间距(S)/列数(COL)/行数(R)/层数(L)/退出(X)］＜退出＞："cou"。

输入列数数或［表达式(E)］："2"。

输入行数数或［表达式(E)］："2"。

选择夹点以编辑阵列或［关联(AS)/基点(B)/计数(COU)/间距(S)/列数(COL)/行数(R)/层数(L)/退出(X)］＜退出＞："s"。

指定列之间的距离或［单位单元(U)］："30"。

指定行之间的距离："40"。

结果如图 3-28 所示。

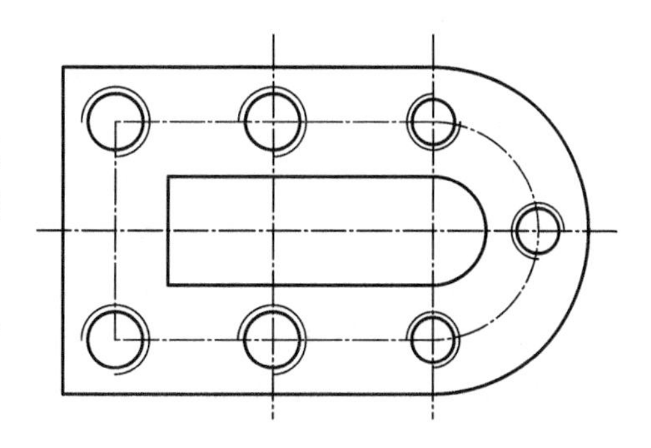

图 3-28　底板的绘制(7)

步骤 8　用打断命令对中心线进行修整。

步骤 9 保存图形文件。

知识点 1 阵列对象

1. 功能

阵列对象是指将指定对象以矩形或环形布置方式进行复制。对于呈矩形或环形分布的相同结构，采用该命令绘制更方便、更准确。

2. 调用命令的方法

方法 1 菜单命令："修改"→"阵列"。

方法 2 工具栏：单击图标。

方法 3 键盘命令：输入"array"或"ar"。

3. 阵列对象的方式

阵列对象有 "环形阵列"和"矩形阵列"两种方式。

1）环形阵列对象

环形阵列能将选定的对象绕一个中心点，在圆周上或圆弧上均匀复制，如图 3-29 所示。操作步骤如下。

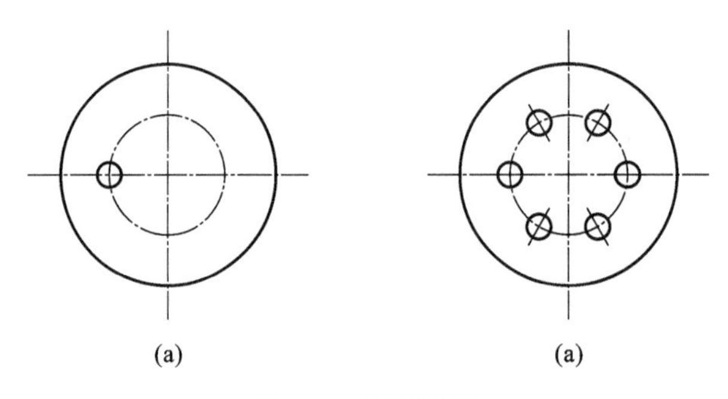

图 3-29 环形阵列

(a)阵列前 (b)阵列后

步骤 1 启动命令，弹出"阵列"对话框，如图 3-30 所示，选中"环形阵列"。

步骤 2 单击对话框内的"选择对象"按钮，选择要阵列的对象，这时对话框暂时关闭，命令提示为"选择对象"。可以用任何方法选择对象，选定后按"回车"键返回对话框。

步骤 3 在"中心点"文字框内输入阵列中心的"X""Y"坐标值，或单击其右侧的"拾取中心点"按钮，这时对话框关闭，命令行提示

指定阵列中心点：输入一点。

在绘图区捕捉到一点，返回对话框。

步骤 4 在"方法和值"区选择阵列的方法有以下三种。

"项目总数"：用于输入要阵列的图形项目数量，包括原对象。

"填充角度"：用于输入要填充的总角度。填充角度为正时，逆时针方向阵列；填充角度为负时，顺时针方向阵列，默认值为 360°。

"项目间角度"：指阵列后相邻两图形项目之间的角度。

步骤 5 选择"复制时旋转项目"，在阵列时，将同时旋转复制后的每一个对象默认为选中状态。取消选择时，复制后的对象与源对象保持相同的方向。

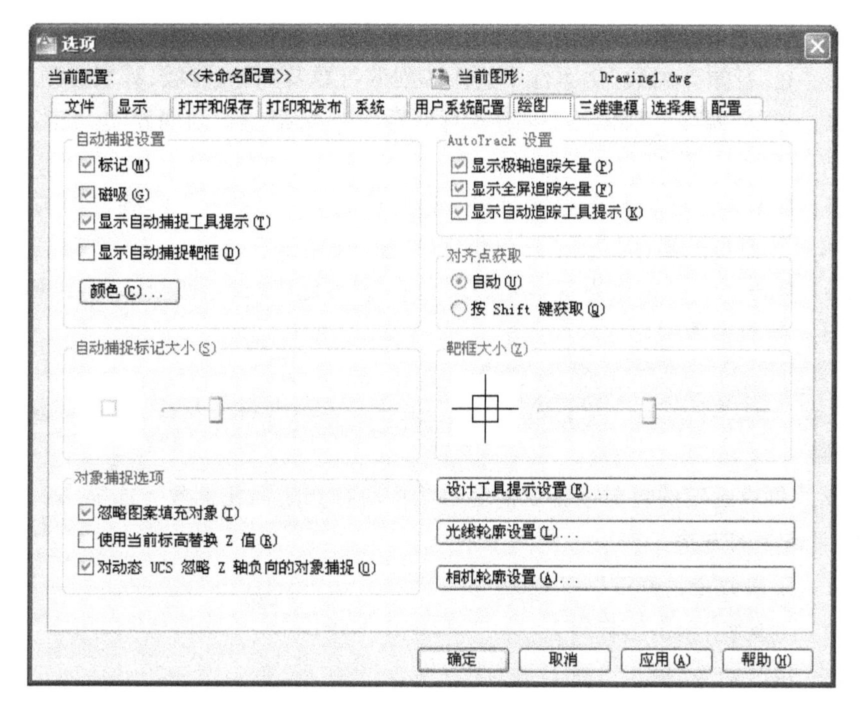

图 3-30　“阵列”对话框

步骤 6　单击“预览”按钮查看阵列效果，单击“确定”按钮返回绘图区，绘图区中按设定的参数显示环形阵列。

2) 矩形阵列

矩形阵列能将选定的对象按行、列方式排列进行复制，如图 3-31 所示。操作步骤如下。

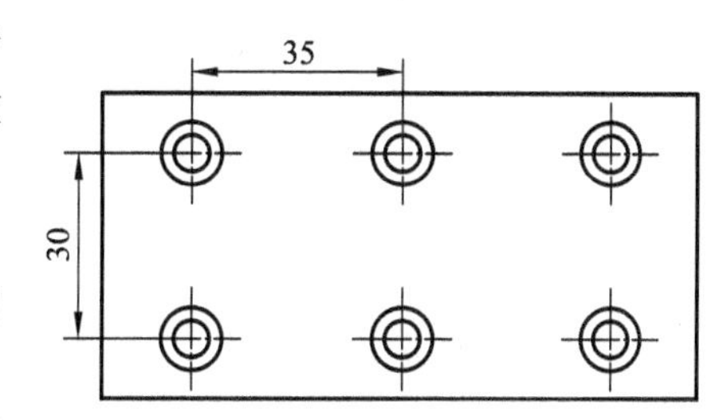

图 3-31　矩形阵列

步骤 1　启动命令，弹出“阵列”对话框，如图 3-32 所示，选中“矩形阵列”。

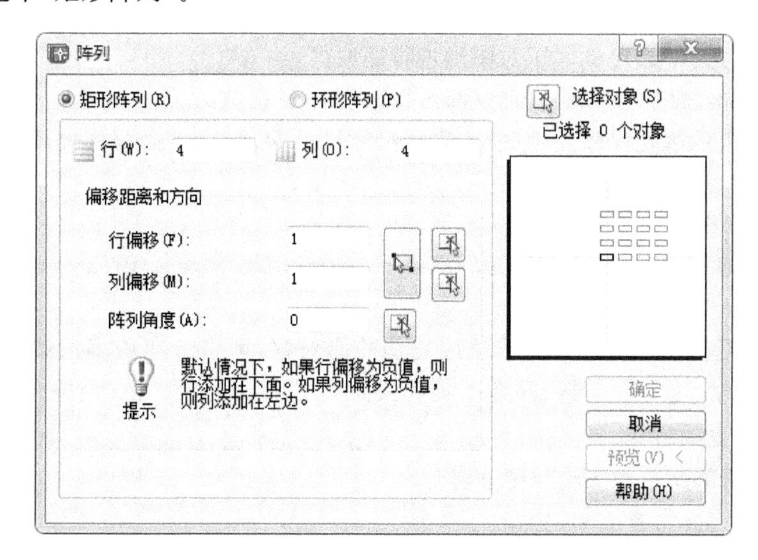

图 3-32　“阵列”对话框

步骤 2 单击“选择对象”按钮，选择阵列的对象。

步骤 3 在“行数”“列数”文本框中输入阵列的行数及列数，行数、列数必须为正数。

步骤 4 在“行偏移”“列偏移”中输入行间距及列间距，行、列间距若为正，则沿 X、Y 轴的正方向形成阵列；反之则反向阵列。

步骤 5 如果矩形阵列需要进行旋转，可在“阵列角度”中输入阵列方向与 X 轴正向的夹角。如果阵列角未知，则单击“阵列角度”按钮，在绘图区拾取两点得到阵列角。

步骤 6 单击“预览”按钮查看阵列效果。单击“确定”按钮返回绘图区，绘图区中按设定的参数显示出矩形阵列。

知识点 2 比例缩放对象

1. 功能

比例缩放可将选定的对象以指定的基点为中心按指定的比例放大或缩小。

2. 调用命令的方法

方法 1 菜单命令：“修改”→“缩放”。

方法 2 工具栏：单击图标 。

方法 3 键盘命令：输入“scale”或“sc”。

3. 操作过程

命令：“Scale”(启动“比例缩放”命令)。

选择对象：选择缩放对象→按“回车”键。

指定基点：捕捉点作为缩放中心。

指定比例因子或[复制(C)/参照(R)]：输入比例因子。

命令行中各选项的含义如下。

(1) “指定比例因子”：大于“1”的比例因子使对象放大，介于“0”和“1”之间的比例因子使对象缩小。也可以拖动光标使对象放大或缩小。

(2) “复制(C)”：保留原对象，生成一个按指定比例对原对象缩放的复制对象。

(3) “参照(R)”：以参照方式缩放图形。输入参考长度及新长度，系统将新长度与参考长度的比值作为缩放比例因子对图形进行缩放。

提示：“zoom”命令与“scale”命令都可以对图形进行放大或缩小，但“zoom”命令只是使图形在界面上的视觉尺寸发生变化，实际尺寸没改变；“scale”命令则使图形真正放大或缩小，实际尺寸发生了改变。

知识点 3 分解命令

1. 功能

分解命令可将指定对象分解成组成它们的原对象，即可分解由多段线、标注、图案填充或块等合成的对象，将其转换成单个的元素。

2. 调用命令的方法

方法 1 菜单命令：“修改”→“分解”。

方法 2 工具栏：单击图标 。

方法 3 键盘命令：输入“explode”。

3. 操作过程

输入命令“explode”,选择分解对象后按“回车”键,即可将对象分解为单个的元素,再分别对其进行操作,如图 3-33 所示。

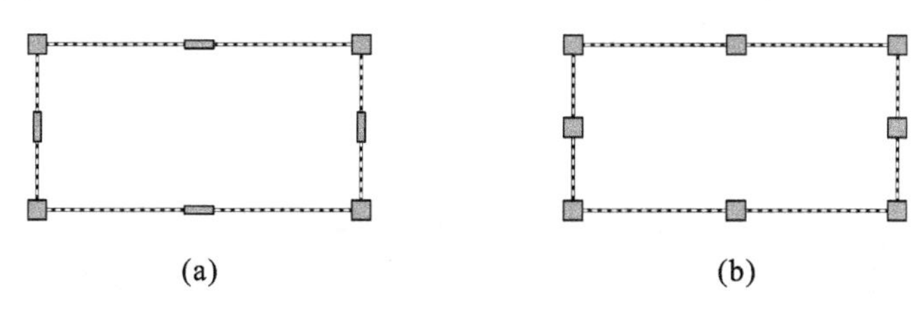

图 3-33 分解实例

(a)矩形框 (b)分解后的 4 条线段

知识点 4 打断命令

1. 功能

打断命令可将选中的对象分解成两部分或剪掉对象中的一部分。

2. 调用命令的方法

方法 1 菜单命令:“修改”→“打断”。

方法 2 工具栏:单击图标(打断)或(打断于点)。

方法 3 键盘命令:输入“break”或“br”。

3. 操作过程

命令:“break”,选择对象(启动“打断”命令,选择被打断对象)。

指定第二个打断点或[第一点(F)]:在要打断的对象上指定一点。

打断命令可将对象在两点之间打断,也可将对象打断于点,如图 3-34 所示。

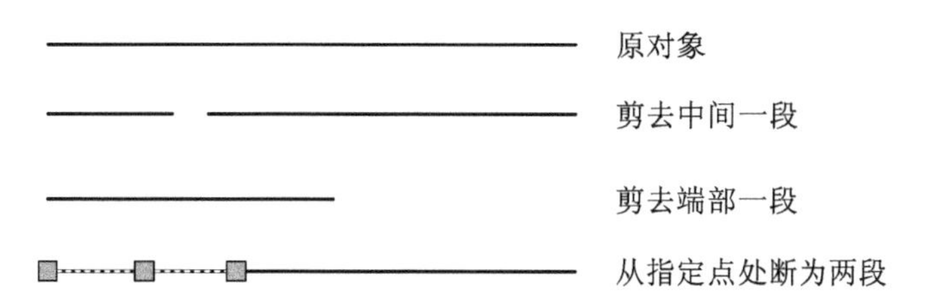

图 3-34 打断实例

知识点 5 合并命令

1. 功能

合并命令可将多个对象合并成一个完整的对象,可合并直线、圆弧、椭圆弧、多段线或样条曲线等。

2. 调用命令的方法

方法 1 菜单命令:“修改”→“合并”。

方法 2 工具栏:单击图标。

方法 3 键盘命令:输入“join”或“j”。

3. 操作过程

命令:“join”(启动“合并”命令)。

选择源对象:选择一段直线作为源对象。

选择要合并到源的直线:找到 1 个(选择一段直线作为合并的对象)。

选择要合并到源的直线:按“回车”键,结束选择。

已将 1 条直线合并到源:系统提示。

任务3 手柄的绘制

本任务通过图 3-35 所示的平面图形为例,介绍“移动”“延伸”“倒角”“圆角”等命令。绘图步骤如下。

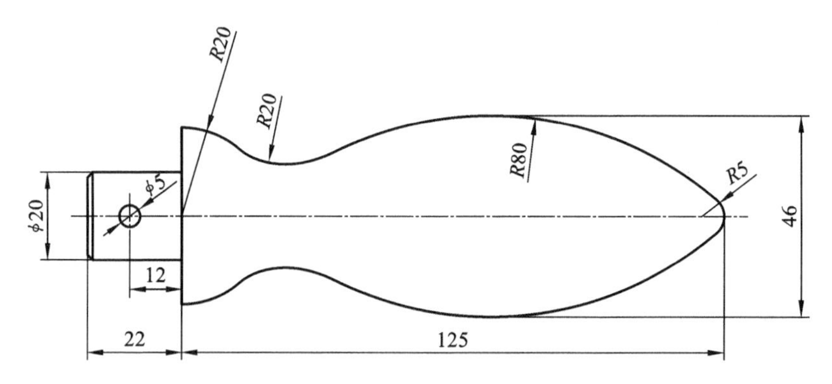

图 3-35 手柄的绘制(1)

步骤 1 设置绘图环境,操作过程略。

步骤 2 利用“图层”命令,创建绘图常用的“粗实线”“细实线”“点画线”“虚线”等图层。单击“图层”工具栏中的“图层”下拉箭头,选择“粗实线”图层,绘制 22×20 的矩形,并将其分解,如图 3-36 所示。

步骤 3 在矩形左侧边的中点处绘制一条水平中心线,向上偏移该中心线,偏移距离为 23,如图 3-37 所示,操作如下。

命令:输入“offset”。

当前设置:删除源=否 图层=源 OFFSETGAPTYPE=0

指定偏移距离或[通过(T)/删除(E)/图层(L)]<0.0000>: 输入“23”后按“回车”键。

选择要偏移的对象,或[退出(E)/放弃(U)]<退出>:选定中心线。

指定要偏移的那一侧上的点,或[退出(E)/多个(M)/放弃(U)]<退出>:在中心线的上方单击。

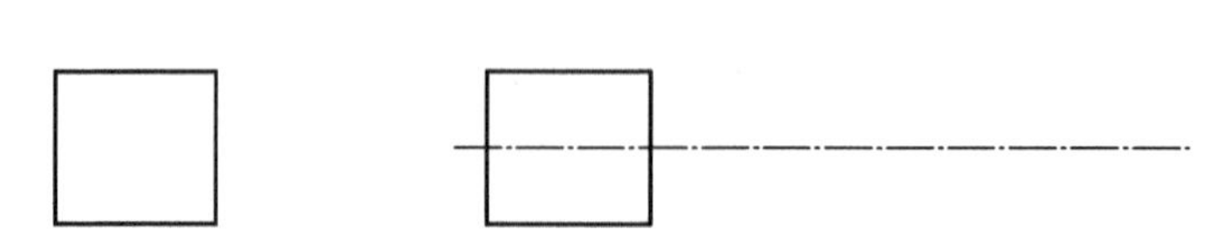

图 3-36 手柄的绘制(2) **图 3-37 手柄的绘制(3)**

步骤4 以O点为圆心，绘制$R20$、$R5$两个同心圆，如图3-38所示，操作如下。

命令：输入“circle”。

指定圆的圆心或[三点(3P)/两点(2P)/切点、切点、半径(T)]：指定O点。

指定圆的半径或[直径(D)]<0.0000>：输入“20”→按“回车”键或“空格”键。

完成$R20$圆的绘制后，按同样的方法绘制$R5$的圆。

图3-38 手柄的绘制(4)

步骤5 用“移动”命令平移$R5$的圆，移动距离为120，如图3-39所示。

单击“修改”→“移动”，操作如下。

命令：输入“move”。

选择对象：找到1个(选定$R5$的圆，然后按“回车”键)。

指定基点或[位移(D)]<位移>：指定$R5$的圆心，按“回车”键。

指定第二个点或<使用第一个点作为位移>：输入“120”(输入移动的距离)。

图3-39 手柄的绘制(5)

步骤6 用“相切、相切、半径(T)”方式绘制$R80$的圆；，如图3-40所示，操作如下。

命令：输入“circle”。

指定圆的圆心或[三点(3P)/两点(2P)/切点、切点、半径(T)]：输入“ttr”。

指定对象与圆的第一个切点：选中偏移的那条中心线(这时要打开对象捕捉中的切点)。

指定对象与圆的第二个切点：选中偏移后的$R5$圆。

指定圆的半径<5.0000>：输入“80”。

步骤7 用圆角命令绘制$R20$的圆弧，如图3-41所示，操作如下。

命令：输入“fillet”。

当前设置：模式=修剪，半径=0.0000(默认模式为半径为0)

选择第一个对象或[放弃(U)/多段线(P)/半径(R)/修剪(T)/多个(M)]：输入“r”。

指定圆角半径<20.0000>：输入“20”。

选择第一个对象或[放弃(U)/多段线(P)/半径(R)/修剪(T)/多个(M)]：选中$R80$的圆上端。

选择第二个对象，或按“Shift”键选择对象以应用角点或[半径(R)]：选中$R20$的圆。

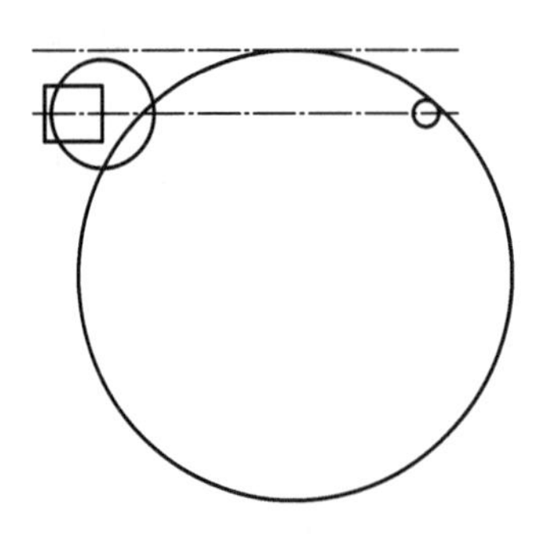

图 3-40　手柄的绘制(6)

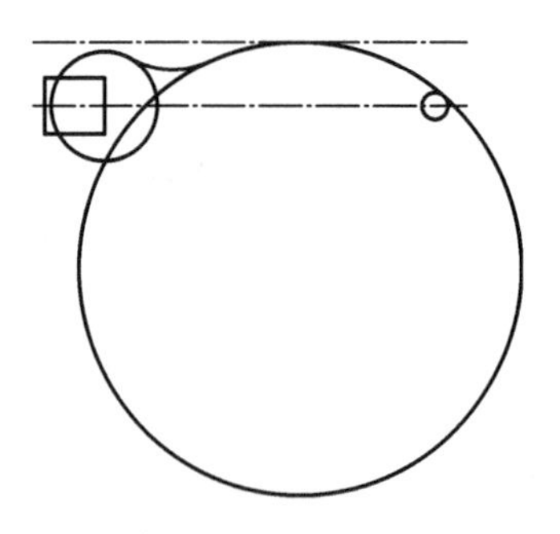

图 3-41　手柄的绘制(7)

步骤 8　用“延伸”命令以 $R20$ 的圆为边界延伸矩形的右侧边,操作如下。

命令:输入“extend”(启动“延伸”命令)。

当前设置:投影=UCS,边=延伸

选择边界的边...系统提示。

选择对象或<全部选择>:　找到 1 个(选择 $R20$ 的圆后按“回车”键)。

选择对象:

选择要延伸的对象,或按“Shift”键选择要修剪的对象,或

[栏选(F)/窗交(C)/投影(P)/边(E)/放弃(U)]:靠近 A 点处选择直线 AB。

选择要延伸的对象,或按“Shift”键选择要修剪的对象,或

[栏选(F)/窗交(C)/投影(P)/边(E)/放弃(U)]:靠近 B 点处选择直线 AB。

选择要延伸的对象,或按“Shift”键选择要修剪的对象,或

[栏选(F)/窗交(C)/投影(P)/边(E)/放弃(U)]:按“回车”键结束“延伸”操作。

修剪多余线条,修剪后的图形如图 3-42 所示。

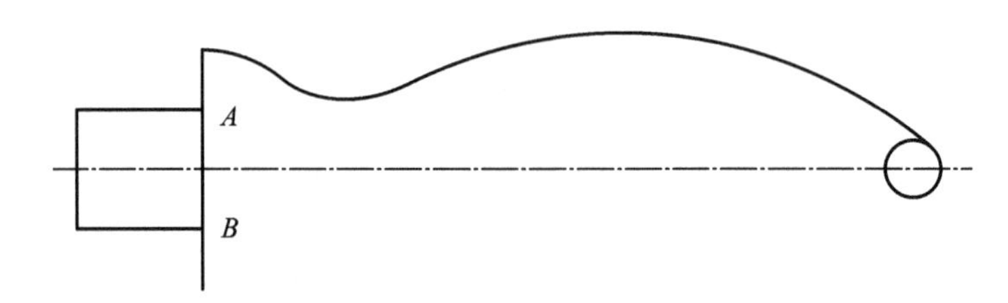

图 3-42　手柄的绘制(8)

步骤 9　用“镜像”命令镜像复制另一半图形,如图 3-43 所示,操作如下。

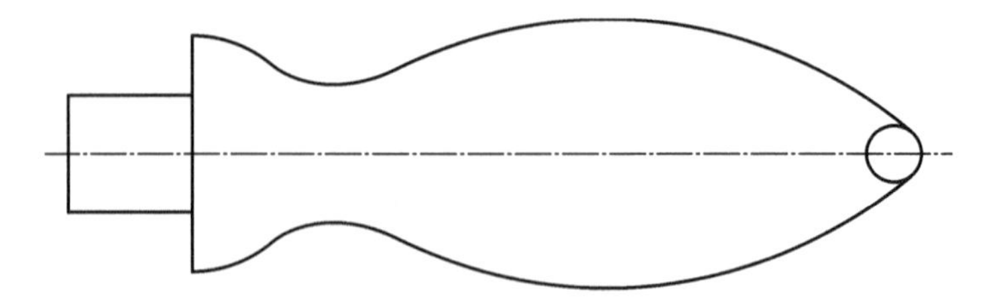

图 3-43　手柄的绘制(9)

命令:输入“mirror”(启动“镜像”命令)。

选择对象:找到 1 个。

选择对象：找到 1 个，总计 2 个。

选择对象：找到 1 个，总计 3 个(用窗口方式选择 $R20$、$R20$、$R80$ 圆弧，按“回车”键)。

选择对象：

指定镜像线的第一点：指定镜像线的第二点：在中心线上选择两个点。

要删除源对象吗？[是(Y)/否(N)]＜N＞：保留源对象。

步骤 10　用“倒角”命令绘制 $C1$ 倒角，并绘制垂直线，修剪多余图线，如图3-44所示，操作如下。

命令：输入“chamfer”。

(“修剪”模式)当前倒角距离 1＝0.0000，距离 2＝0.0000

选择第一条直线或[放弃(U)/多段线(P)/距离(D)/角度(A)/修剪(T)/方式(E)/多个(M)]：输入“d”(设置为距离方式)。

指定 第一个 倒角距离 ＜0.0000＞：输入“1”(输入第一个倒角的距离 1，按“回车”键)。

指定 第二个 倒角距离 ＜1.0000＞：接受默认距离“1”，直接按“回车”键)。

选择第一条直线或[放弃(U)/多段线(P)/距离(D)/角度(A)/修剪(T)/方式(E)/多个(M)]：选择直线 1。

选择第二条直线，或按“Shift”键选择直线以应用角点或[距离(D)/角度(A)/方法(M)]：选择直线 2。

采用同样的方法绘制另一个倒角，并绘制倒角处的垂直线。

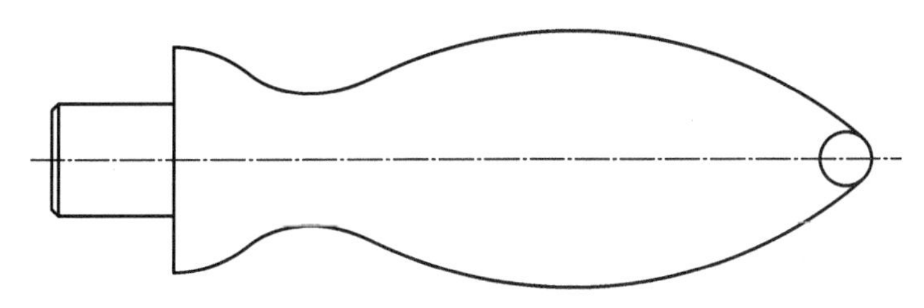

图 3-44　手柄的绘制(10)

步骤 11　绘制 $\phi5$ 的圆及其中心线，并删除多余的线，如图 3-45 所示。

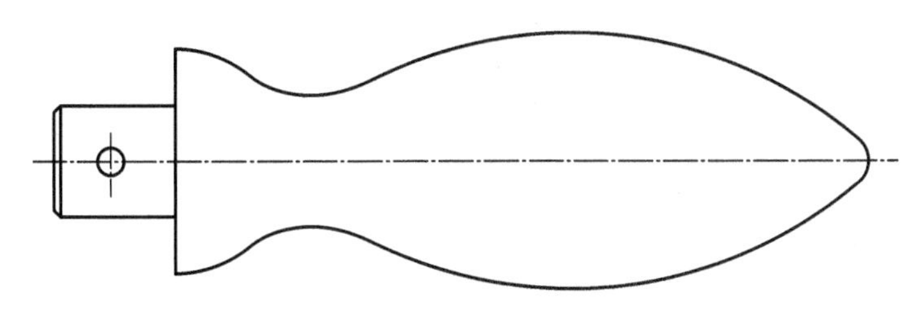

图 3-45　手柄的绘制(11)

知识点 1　移动对象

1. 功能

使用移动命令可将指定的对象移动到指定的位置。

2. 调用命令的方法

方法1 菜单命令:"修改"→"移动"。

方法2 工具栏:单击图标 ✥ 。

方法3 键盘命令:输入"move"或"m"。

3. 操作过程

命令:输入"move"(启动"移动"命令)。

选择对象:指定对角点:找到1个(选择要移动的对象)。

指定基点或[位移(D)]<位移>:指定基点。

指定第二个点或<使用第一个点作为位移>:指定第二点。

4. 指定位移的方法

(1)"指定两点"移动对象:先指定基点,随后指定第二点,以输入的两个点来确定移动的方向和距离。

(2)"指定位移"移动对象:直接输入被移动对象的相对距离来移动对象。

命令输入后的提示与复制命令相同,这里不再详细介绍。使用坐标、栅格捕捉、对象捕捉和其他工具也可以精确移动对象。

提示:移动命令和复制命令非常相似,区别为复制命令执行后,复制对象仍然存在,可实现多次复制;移动命令执行后则删除原位置对象,不能多次移动。

知识点2 延伸对象

1. 功能

使用延伸命令可将指定对象延长到与选定的对象相交。

2. 调用命令的方法

方法1 菜单命令:"修改"→"延伸"。

方法2 工具栏:单击图标 --/ 。

方法3 键盘命令:输入"extend"或"ex"。

各选项含义与命令执行过程与修剪命令相似,这里不再详细介绍。

知识点3 圆角命令

1. 功能

使用圆角命令可将两个对象用一段指定半径的圆弧光滑连接。连接的对象有直线、多段线、样条曲线、构造线、射线等。

2. 调用命令的方法

方法1 菜单命令:"修改"→"圆角"。

方法2 工具栏:单击图标 ◻ 。

方法3 键盘命令:输入"filet"或"f"。

3. 操作过程

命令:输入"filet"(启动"圆角"命令)。

当前设置:模式=修剪,半径=0.0000

选择第一个对象或[放弃(U)/多段线(P)/半径(R)/修剪(T)/多个(M)]:

4. 命令行中各选项的含义

(1)“半径(R)”:确定圆角半径。AutoCAD 默认的半径是上一次设置的半径,在执行圆角命令前,应先指定圆角半径。命令行提示

选择第一个对象或[放弃(U)/多段线(P)/半径(R)/修剪(T)/多个(M)]:“r”。

指定圆角半径<>:输入圆角半径。

(2)“选择第一个对象”:拾取第一个对象。此选项为默认选项。相应的命令行提示

选择第一个对象或[放弃(U)/多段线(P)/半径(R)/修剪(T)/多个(M)]:选中一个对象。

选择第二个对象,或按“Shift”键选择对象以应用角点或[半径(R)]:选中第二个对象。

若拾取了第二个对象,则进行圆角并结束命令。

(3)“放弃(U)”:放弃上一次执行的操作。

(4)“多段线(P)”:对整条多段线的各段同时进行圆角。相应的命令行提示

选择第一个对象或[放弃(U)/多段线(P)/半径(R)/修剪(T)/多个(M)]:输入“p”(设置为多段线方式)。

选择二维多段线:

提示:对多段线对象,圆角的半径必须一致。当对封闭的多段线倒圆角时,其结果随多段线绘制方法的不同而不同。绘制多段线时采用“闭合(C)”选项闭合多段线,则在每一个顶点处自动倒出圆角;用对象捕捉方式封闭多段线,则该多段线的第一个顶点不会被圆角。

(5)“修剪(T)”:用于确定圆角后是否修剪原对象。相应的命令行提示

选择第一个对象或[放弃(U)/多段线(P)/半径(R)/修剪(T)/多个(M)]:输入“t”(设置为修剪方式)。

输入修剪模式选项[修剪(T)/不修剪(N)]<修剪>:“t”为修剪模式,“n”为不修剪模式。

在两种模式下圆角命令的执行结果如图 3-46 所示。

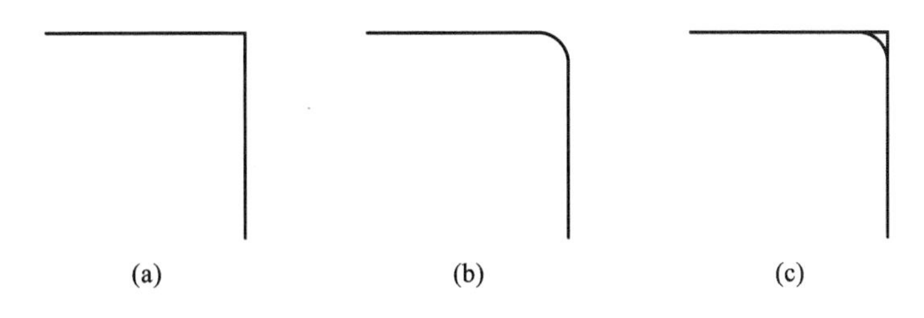

图 3-46 圆角修剪模式和不修剪模式的比较

(a) 圆角前 (b) 修剪模式 (c) 不修剪模式

(6)“多个(M)”:连续对多处对象进行圆角。

知识点 4 倒角

1. 功能

使用倒角命令可按指定长度,将两直线或一多段线的相邻两段修整成倒角。可以进行倒角的对象包括直线、多段线、矩形、多边形等。倒角是机械零件图中常见的结构。

2. 调用命令的方法

方法1 菜单命令："修改"→"倒角"。

方法2 工具栏：单击图标。

方法3 键盘命令：输入"chamfer"或"cha"。

3. 操作过程

命令：输入"chamfer"(启动"倒角"命令)。

("修剪"模式)当前倒角距离 1＝0.0000，距离 2＝0.0000

选择第一条直线或[放弃(U)/多段线(P)/距离(D)/角度(A)/修剪(T)/方式(E)/多个(M)]：

4. 命令行中各选项的含义

倒角命令与圆角命令相似，下面只对在圆角命令中没有的选项进行介绍。

(1) "距离(D)"：用来设定倒角距离。倒角距离是指倒角的两个角点与两条直线的交点之间的距离。在构造倒角时，需先选择此项，重新指定倒角距离再进行倒角，命令行提示

选择第一条直线或[放弃(U)/多段线(P)/距离(D)/角度(A)/修剪(T)/方式(E)/多个(M)]：输入"d"(设置为距离方式)。

指定 第一个 倒角距离 <0.0000>：输入第一个倒角的距离。

指定 第二个 倒角距离 <0.0000>：输入第二个倒角距离或直接按"回车"键。

第一个倒角距离和第二个倒角距离可以相等，也可以不相等。如果是45°倒角，则两者距离相等。

(2) "角度(A)"：用来确定第一条直线的倒角距离和角度。在构造倒角时，也可以先选择此选项，来重新指定倒角距离和角度，其命令行提示

选择第一条直线或[放弃(U)/多段线(P)/距离(D)/角度(A)/修剪(T)/方式(E)/多个(M)]：输入"a"(设置为角度方式)。

指定第一条直线的倒角长度 <0.0000>：输入第一条直线的倒角长度。

指定第一条直线的倒角角度 <0>：输入第一条直线的倒角角度。

(3) "方式(E)"：用来确定按"距离"方法或"角度"方法构造倒角。命令行提示

选择第一条直线或[放弃(U)/多段线(P)/距离(D)/角度(A)/修剪(T)/方式(E)/多个(M)]：输入"e"。

输入修剪方法[距离(D)/角度(A)]<角度>：

选择"距离(D)"则用距离方式构造倒角，选择"角度(A)"则用角度方式构造倒角。默认设置为角度方式。

提示：当倒角距离设置为零时，可使不平行的两边相交。

项目总结

掌握绘制椭圆弧、圆角和倒角的方法，学会应用阵列、镜像、移动、延伸等修改命令提高绘图效率。熟练使用各种绘图和修改命令绘制较复杂的二维图形。能根据图形特点灵活应用各种方法，快速高效地绘制图形。

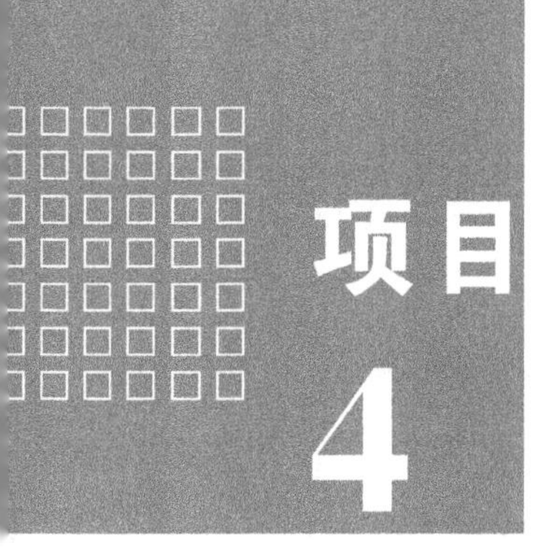

项目 4 三视图和剖视图的绘制

【知识目标】

- 掌握样条曲线的绘制方法。
- 掌握图案填充及其编辑方法。
- 掌握绘制三视图和剖视图的常用方法。

【能力目标】

- 能熟练对图像进行图案填充及编辑。
- 能根据机件的结构特点，灵活运用绘图及修改命令绘制三视图及剖视图。

任务 1　三视图的绘制

本任务以绘制图 4-1 所示的三视图为例，介绍“构造线”命令及绘制三视图的方法和步骤。制图步骤如下。

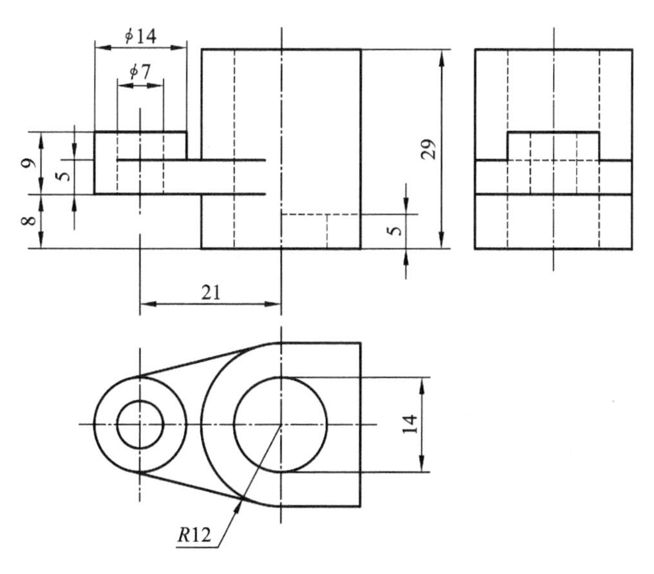

图 4-1　三视图的绘制

步骤1 设置“图层”,创建绘图常用的“粗实线”“点画线”“虚线”等图层。

步骤2 绘制俯视图。

① 绘制中心线,如图4-2所示。操作过程如下。

- 单击“图层”工具栏中“图层”下拉箭头,选择“点画线”图层。绘制夹板的水平,垂直中心线。
- 单击“偏移”命令,绘制圆筒的$R12$垂直中心线。

② 绘制圆筒和夹板的轮廓线及内部构造线,如图4-3所示。操作过程如下。

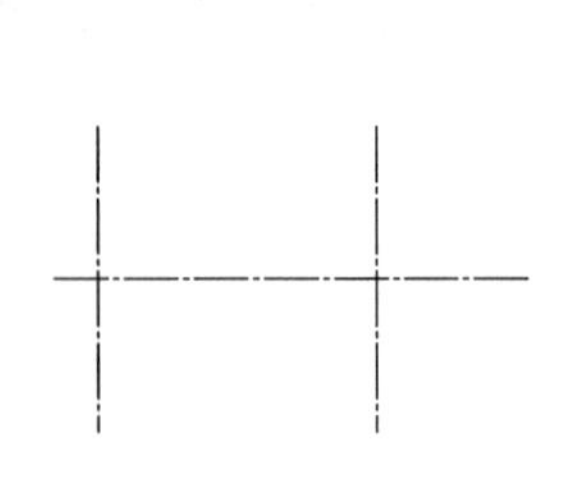

图4-2 俯视图绘制中心线

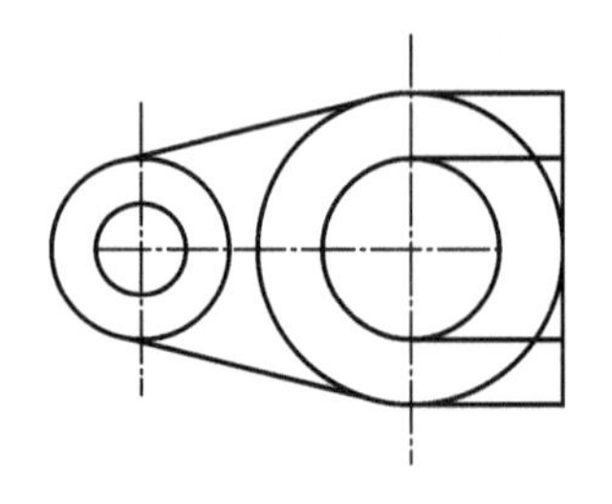

图4-3 俯视图轮廓线

- 单击“图层”工具栏中“图层”下拉箭头,选择“粗实线”图层。利用“圆”命令绘制两个$\phi14$及$\phi7$、$R12$的圆。
- 利用“直线”命令绘制半圆筒$R12$右边的水平和垂直线及内部构造线。
- 利用“对象捕捉”绘制半圆筒和夹板的切线。

③ 利用“修剪”命令剪切多余部分,并用“夹持点”功能修正点画线的位置。

通过变换图层将图形中不可见的图形元素修改到相应的虚线图层中,并用“夹持点”功能把中心线修改成合适位置,完成俯视图,如图4-4所示。

步骤3 绘制主视图

① 绘制用“构造线”命令过A点绘制一条垂直直线,用“射线”命令过B点向上绘制一条垂直的射线,以保证主视图长对正。如图4-5所示。操作过程如下。

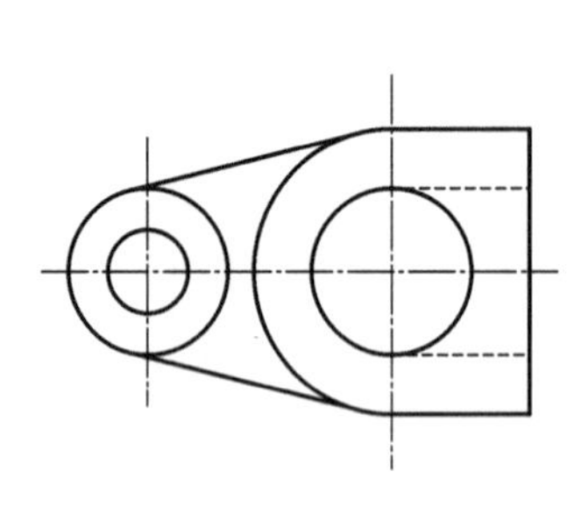

图4-4 俯视图绘制

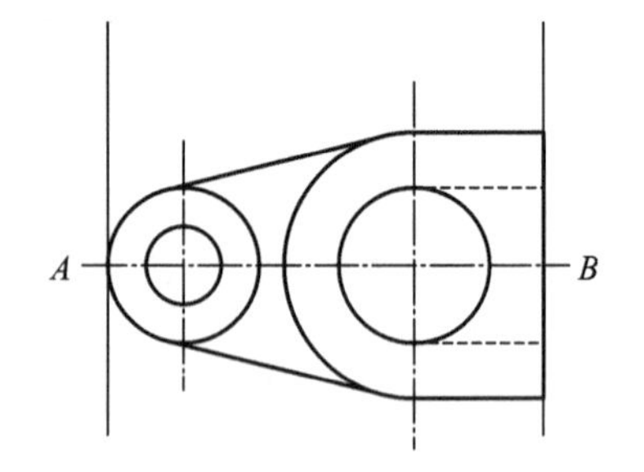

图4-5 俯视图构造线

- 命令:输入“xl”,按“回车”键。
- 指定点或[水平(H)/垂直(V)/角度(A)/二等分(B)/偏移(O)]:“v”。
- 指定通过点:点选图4-4所示A点。
- 指定通过点:按“回车”键。
- 命令:输入“ray”,按“回车”键。
- 指定起点:点选图4-4所示B点。

● 指定通过点:指定 B 正上方任一点。

● 指定通过点:按“回车”键。

② 用“直线”命令并采用“极轴追踪”功能绘制出半圆筒的中心线,用“偏移”命令绘制出夹板的中心线。再通过变换图层将其修改到相应的点画线,如图 4-6 所示。

③ 用“直线”命令并采用“对象捕捉”和“极轴追踪”功能绘制主视图的轮廓线和内部构造线,并修剪多余部分。如图 4-7 所示。

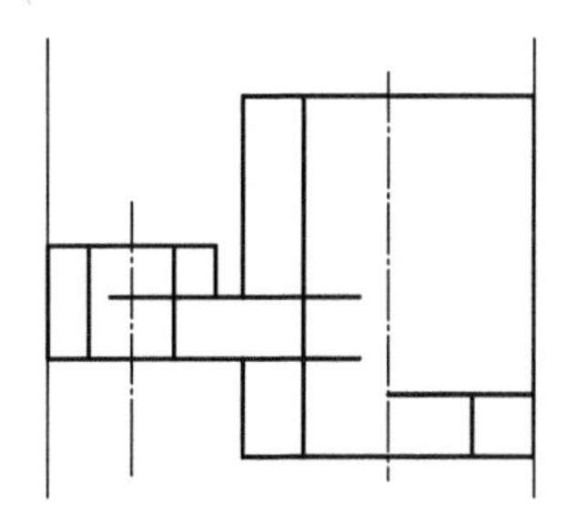

图 4-6 主视图中心线

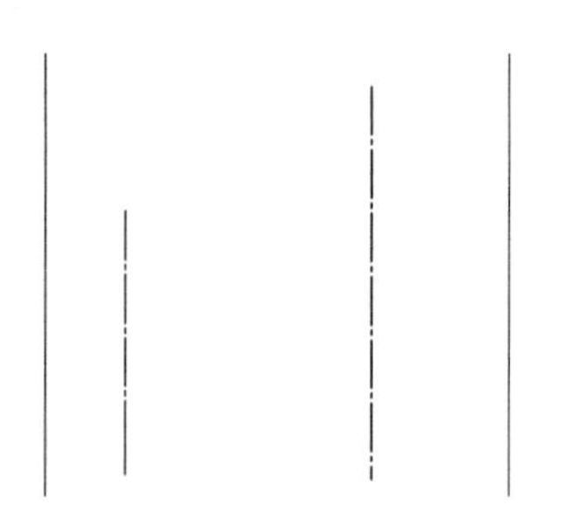

图 4-7 主视图轮廓线

④ 通过变换图层将图形中不可见的图形元素修改到相应的虚线图层中,并用“夹持点”功能把中心线修改成合适位置,完成主视图绘制,如图 4-8 所示。

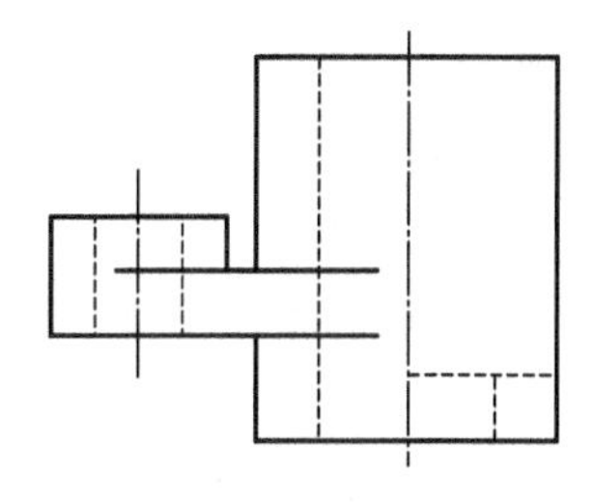

图 4-8 主视图的绘制

步骤 4 绘制左视图。

① 用“复制”命令把俯视图复制到右边,并用“旋转”命令把复制后的俯视图旋转 90°,再移动到合适位置,以保证俯视图的宽度与左视图对正。操作过程如下。

● 命令:输入“cp”,按“回车”键。

● 选择对象:选择俯视图,按“回车”键。

● 指定基点或位移,或者[重复(M)]:选择俯视图中夹板 $\phi 14$ 圆心。

● 指定位移的第二点或<用第一点作位移>:把俯视图移动到右边,如图4-9所示。

● 按“Esc”键结束命令。

● 命令:输入“ro”,按“回车”键。

● 选择对象:选择复制后俯视图,按“回车”键。

● 指定基点:选择俯视图中夹板 $\phi 14$ 圆心。

● 指定旋转角度或[复制(C)/参照(R)]<0>:“90”,按“回车”键。

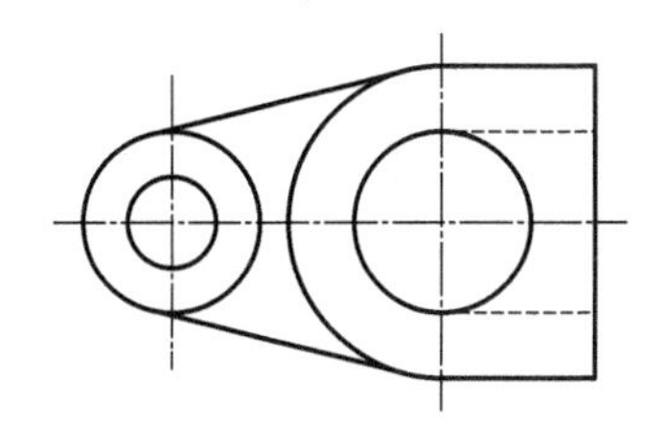

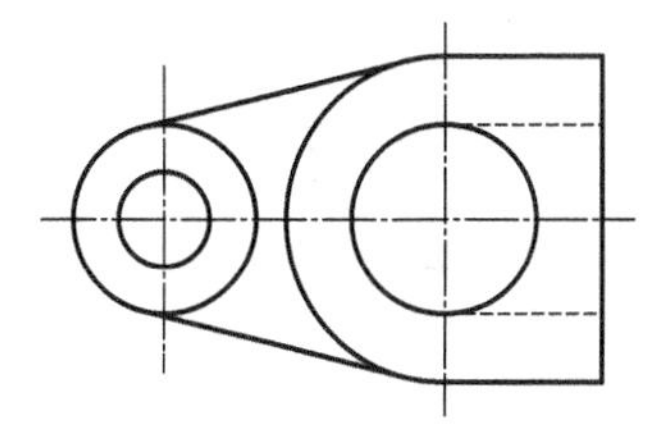

图 4-9

● 按“Esc”键结束命令。

● 命令:输入“m”,按“回车”键。

● 选择对象:选择俯视图,按"回车"键。

● 指定基点或位移,或者[重复(M)]:选择俯视图中夹板 ϕ14 圆心。

● 指定位移的第二点或<用第一点作位移>:把俯视图移动到合适位置。如图 4-10 所示。

● 按"Esc"键结束命令。

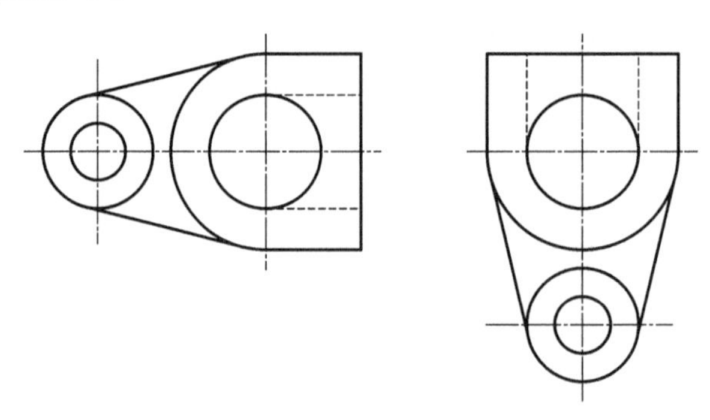

图 4-10

② 用"直线"命令并采用"极轴追踪"功能绘制出半圆筒的中心线,再通过变换图层将其修改到相应的点画线。

③ 用"直线"命令并采用"对象捕捉"和"极轴追踪"功能和按照主视图与左视图高平齐,辅助俯视图和左视图宽相等的位置关系绘制左图的轮廓线和内部构造线,并修剪多余部分。

④ 通过变换图层将图形中不可见的图形元素修改到相应的虚线图层中,并用"夹持点"功能把中心线修改成合适位置,完成左视图绘制,如图 4-11 所示。

⑤ 删除辅助俯视图,标注三视图,保存图形。

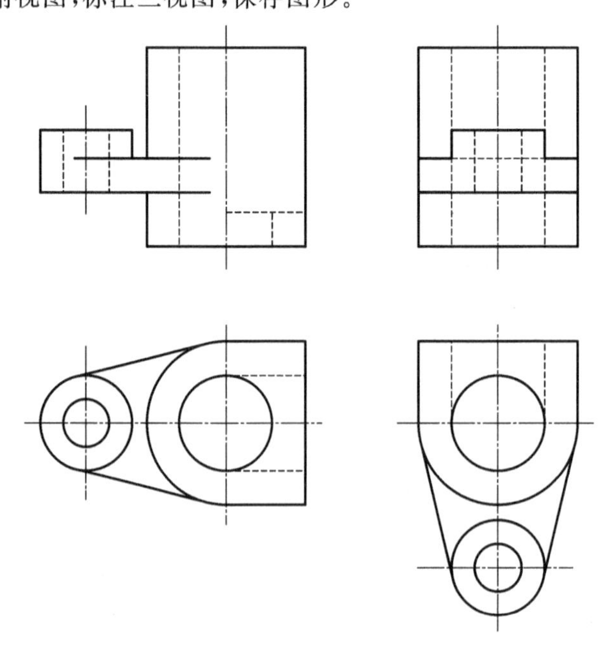

图 4-11　左视图的绘制

知识点1 构造线

1. 功能

构造线是指通过两个指定点绘制向两端无限延伸的直线。常将构造线作为视图对齐的辅助线。

2. 调用命令的方法

方法1 菜单命令："绘图"→"构造线"。

方法2 工具栏："绘图"→"构造线"。

方法3 键盘命令：输入"xline"或"xl"。

该命令可重复执行绘制多条构造线。

3. 操作过程

命令：xline。命令行提示

指定点或[水平(H)/垂直(V)/角度(A)/二等分(B)/偏移(O)]：

输入一点或输入一个选项的关键字后按"回车"键。

4. 命令行中各选项的含义

(1)"指定点"：绘制一条通过指定点的构造线，此为AutoCAD的默认选项。

(2)"水平(H)"：绘制一条通过指定点的水平构造线。

(3)"垂直(V)"：绘制一条通过指定点的垂直构造线。

(4)"角度(A)"：绘制一条以指定角度通过指定点的构造线。

键入"a"后按"回车"键，其后的命令行提示

输入构造线的角度(O)或[参照(R)]：输入角度或输入"R"后按"回车"键。

①"输入构造线的角度(O)"，直接输入角度，也可指定两点，其连线将作为构造线的方向。

②"参照(R)"：以一条已知直线为参照线，绘制与其平行或倾斜指定角度的构造线，命令行提示

输入构造线的角度(O)或[参照(R)]：输入"r"(选择参照方式)。

选择直线对象：选择一条直线作为参照。

输入构造线的角度(O)：输入相对于参照线的角度。

(5)"二等分(B)"：绘制过角顶点的角平分线。命令行提示

指定点或[水平(H)/垂直(V)/角度(A)/二等分(B)/偏移(O)1："b"(选择二等分方式)。

指定角的顶点：指定一点。

指定角的起点：指定一点。

指定角的端点：指定一点。

指定角的端点：按"回车"键，结束命令。

(6)"偏移(O)"：在指定直线对象的一侧按指定距离绘制一条与直线对象相平行的参照线。命令行提示

指定偏移距离或[通过(T)]<通过>：输入偏移距离。

选择直线对象：选择一条直线或构造线。

指定向哪侧偏移：在已选择的直线对象一侧单击鼠标左键，以指定偏移侧。

知识点2　AutoCAD中侧视图的绘制方法

绘制三视图的关键是要保证三视图之间的对正关系，即主、俯视图长对正，主、左视图高平齐，俯、左视图宽相等。为此，需要使用AutoCAD提供的辅助绘图工具进行绘图，一般常用的辅助工具有捕捉、栅格、追踪、正交模式及目标捕捉等。

绘制侧视图一般常采用以下几种方法。

(1) 坐标输入法：根据图上给出的尺寸，通过输入各图形元素的坐标确定其位置。

(2) 用45°斜线辅助绘图：绘图时主要通过配合目标捕捉、正交模式和自动追踪等功能实现视图的对正关系。操作步骤如下。

步骤1　打开"极轴"，绘制45°辅助线；打开"正交"，绘制两条水平辅助线，如图4-12所示。

步骤2　启用"矩形"命令，当系统提示"指定第一角点"时，用光标捕捉主视图中的A点，并向右缓慢移动光标，待出现追踪线时，移动光标捕捉辅助线上的B点，并向上缓慢移动光标，待同时出现两条相交的追踪线时，单击鼠标左键，即确定了矩形的第一个角点，如图4-13所示。

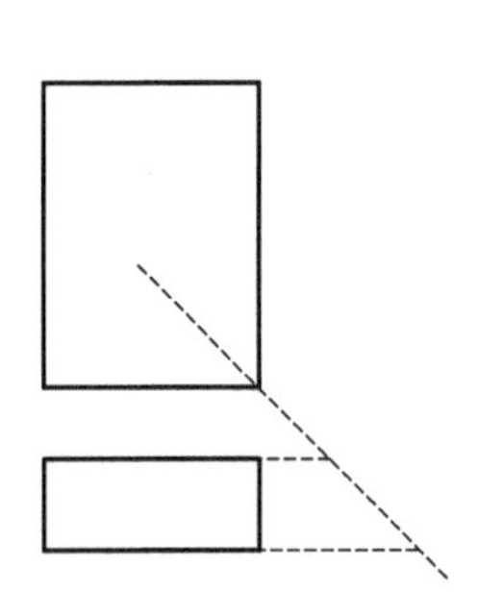

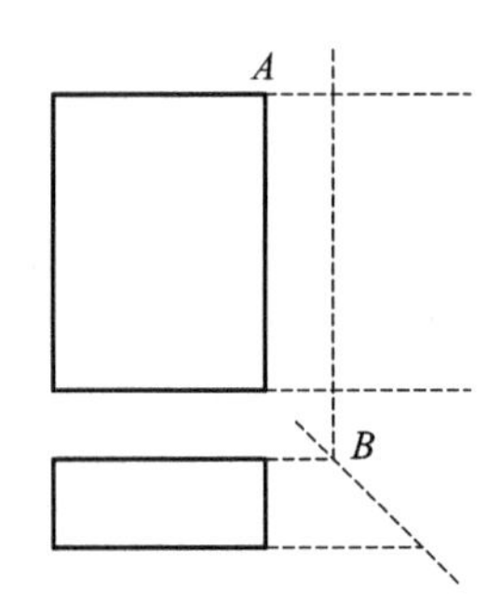

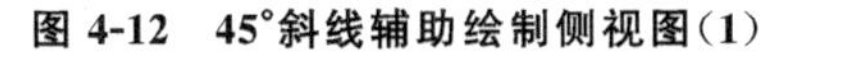
图4-12　45°斜线辅助绘制侧视图(1)　　图4-13　45°斜线辅助绘制侧视图(2)

步骤3　第一角点确定后，系统提示"指定第二角点"。用光标捕捉主视图中的C点，并向右缓慢移动光标，待出现追踪线时，移动光标捕捉辅助线上的D点，并向上缓慢移动光标，待同时出现两条相交的追踪线时，单击鼠标左键，即确定了矩形的第二角点，如图4-14所示。

整理图形，完成图形的绘制，如图4-15所示。

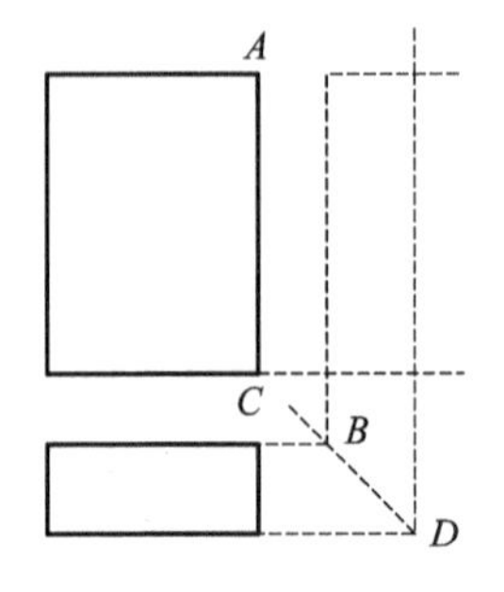

图4-14　45°斜线辅助绘制侧视图(3)

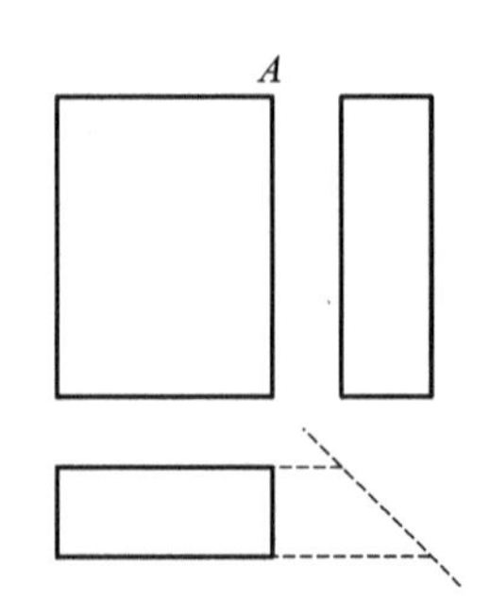

图4-15　45°斜线辅助绘制侧视图(4)

(3) 利用复制、旋转功能：通过复制并旋转俯视图，实现俯、左视图宽相等的关系，如图4-16所示。

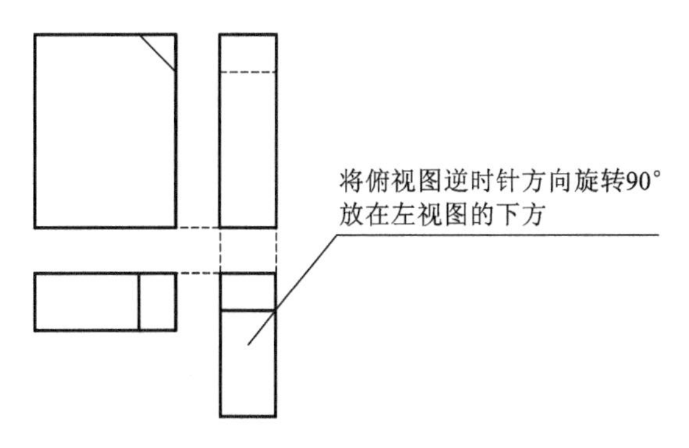

图 4-16　复制、旋转功能绘制俯视图

任务 2　剖视图的绘制

本任务以绘制图4-17所示的剖视图为例，介绍“样条曲线”“图案填充”等命令。制图步骤如下。

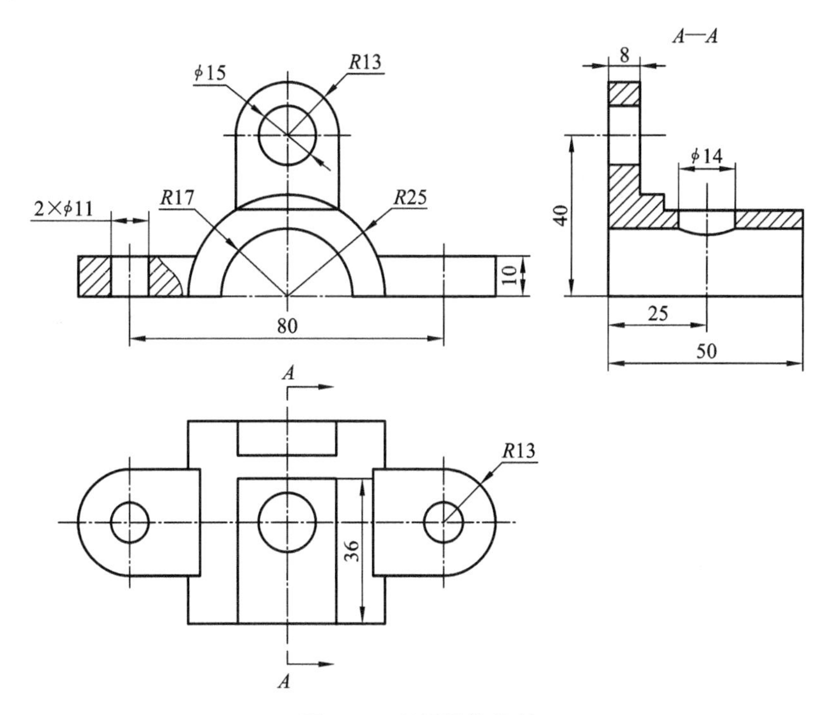

图 4-17　剖视图的绘制

步骤 1　利用“图层”命令，创建绘图常用的“粗实线”“细实线”“点画线”“虚线”等图层。

步骤 2　完成主、俯、左视图的绘制。

① 绘制主、俯视图，如图4-18所示。

② 利用“构造线”命令,采用“对象捕捉”和“极轴追踪”功能绘制左视图,如图 4-19 所示。

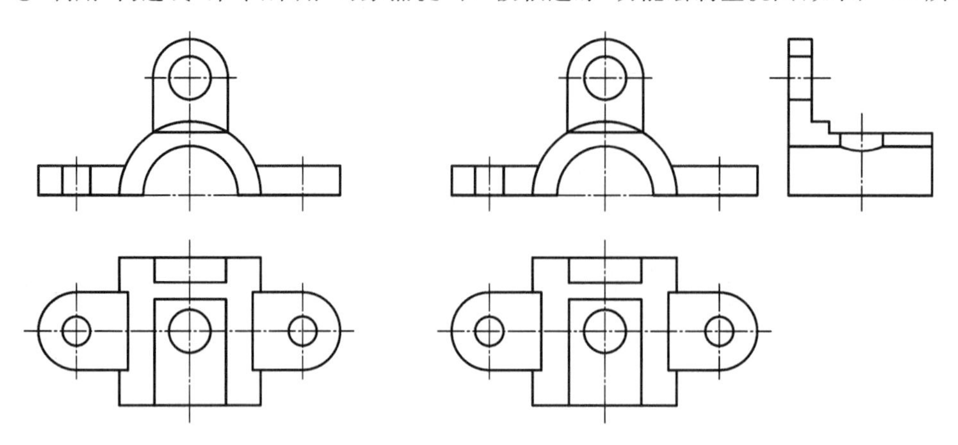

图 4-18　剖视图的绘制(1)　　　　图 4-19　剖视图的绘制(2)

步骤 3　在主视图上绘制样条曲线,如图 4-20 所示。单击“绘图”→“样条曲线”,操作过程如下。

- 命令:输入“sp”,按“回车”键(启动“样条曲线”命令)。
- 指定第一个点或[对象(O)]:确定样条曲线 *A* 点。
- 指定下一点:<对象捕捉关>:确定样条曲线 *B* 点。
- 指定下一点或[闭合(C)/拟合公差(F)]<起点切向>:确定样条曲线 *C* 点。
- 指定下一点或[闭合(C)/拟合公差(F)]<起点切向>:确定样条曲线 *D* 点,按“回车”键。
- 指定起点切向:光标移动至适当位置,确定 *A* 点的切向。
- 指定起点切向:光标移动至适当位置,确定 *D* 点的切向。

步骤 4　填充剖面线。

① 单击“绘图”→“图案填充”,启动“图案填充”命令,弹出“图案填充和渐变色”对话框。

② 单击“图案”下拉列表,选择用于填充的“ANSI31”图案。

③ 单击“图案填充”→“添加:拾取点”,“图案填充和渐变色”对话框关闭,并切换到绘图窗口。在需要填充剖面线的位置单击,按“回车”键确定后,返回“图案填充和渐变色”对话框。

④ 单击“确定”,得到如图 4-21 所示的剖面线。

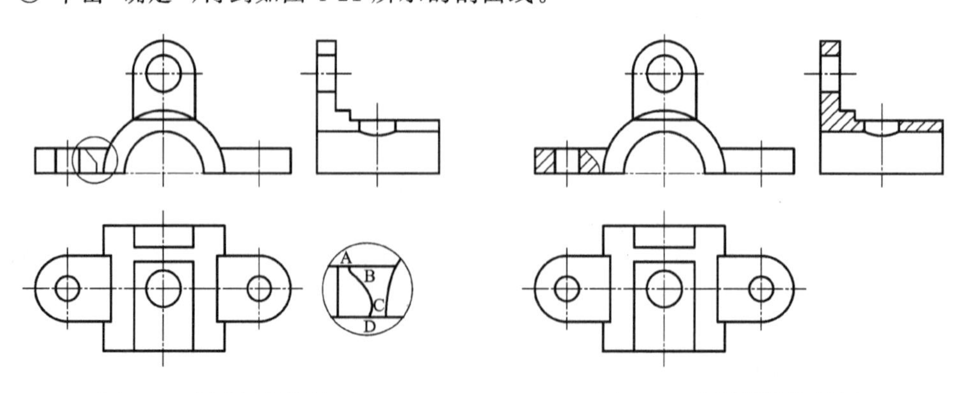

图 4-20　剖视图的绘制(3)　　　　图 4-21　剖视图的绘制(4)

步骤5　绘制剖切符号。

① 用“多段线”命令绘制剖切符号，并镜像。单击“绘图”→“多段线”，操作过程如下。

● 命令：输入“pline”，按“回车”键。(启动命令)

● 指定起点：

● 指定下一点或[圆弧(A)/半宽(H)/长度(L)/放弃(U)/宽度(W)]：“w”(选择宽度选项)。

● 指定起点宽度<0.0000>：“1”(指定起点线宽)。

● 指定端点宽度<1.0000>：“1”(指定端点线宽)。

● 指定下一点或[圆弧(A)/半宽(H)/长度(L)/放弃(U)/宽度(W)]：“5”(指定线长)。

● 指定下一点或[圆弧(A)/闭合(C)/半宽(H)/长度(L)/放弃(U)/宽度(W)]：“w”(转为画细线)。

● 指定起点宽度<1.0000>：“0”(指定起点线宽)。

● 指定端点宽度<0.0000>：“0”(指定端点线宽)。

● 指定下一点或[圆弧(A)/闭合(C)/半宽(H)/长度(L)/放弃(U)/宽度 W)]：“20”(指定细线长)。

● 指定下一点或[圆弧(A)/闭合(C)/半宽(H)/长度(L)/放弃(U)/宽度 W)]：“w”(转为画三角形)。

● 指定起点宽度<0.0000>：“5”(指定起点线宽)。

● 指定端点宽度<5.0000>：“5”(指定端点线宽)。

● 指定下一点或[圆弧(A)/闭合(C)/半宽(H)/长度(L)/放弃(U)/宽度(W)]：“12”(指定三角形长)。

指定下一点或[圆弧(A)/闭合(C)/半宽(H)/长度(L)/放弃(U)/宽度(W)]：按“回车”键(结束多线段)。

绘制完成后镜像得到左侧的剖切符号。

② 用“多行文字”命令或“单行文字”命令注写剖视图的名称(A—A)，如图4-22所示。

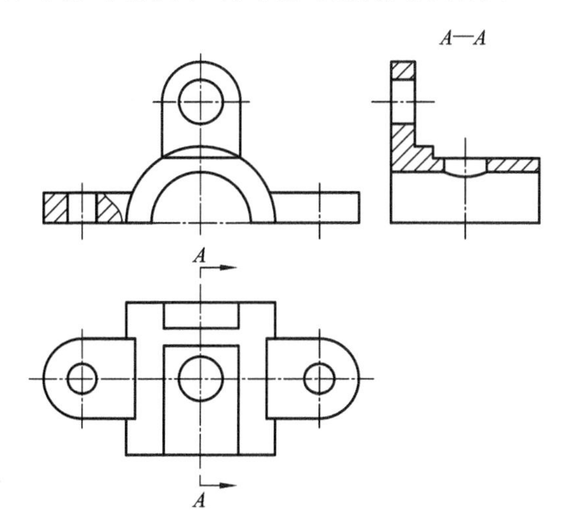

图4-22　剖视图的绘制(5)

知识点 1　样条曲线

样条曲线是通过输入一系列控制点而绘制出的一条光滑曲线。机械制图中常用“样条曲线”来绘制波浪线。调用命令的方法如下。

方法 1　菜单命令:“绘图”→“样条曲线”。

方法 2　工具栏:“绘图”→“样条曲线”。

方法 3　键盘命令:输入“spline”。

启动命令后通过指定若干个点并指定起点、终点的切线方向完成样条曲线的绘制。

知识点 2　图案填充及编辑

在绘制机械图、建筑图等图样时,需要填充各种图案,以表示该物体的材料或区分各个组成部分等。AutoCAD 提供了非常方便的图案填充和编辑功能来绘制机件的剖面。

1. 图案填充和渐变色

1) 命令启动的方法

方法 1　工具栏:“绘图”→“图案填充”。

方法 2　菜单命令:“绘图”→“图案填充”。

方法 3　键盘命令:输入“bhatch”或“hatch”。

命令启动后,弹出“图案填充和渐变色”对话框,如图 4-23 所示。

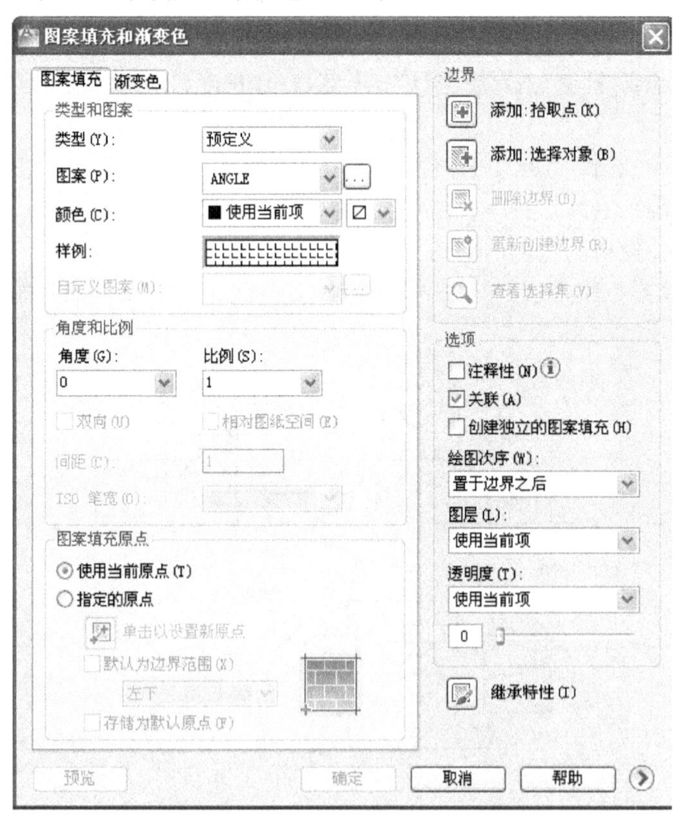

图 4-23　“图案填充和渐变色”对话框中“图案填充”选项卡

2）对话框中各选项的含义

（1）“图案填充”选项卡：用于设置图案填充的类型及相关参数。

①“类型和图案”区：设置图案填充的类型和图案。

●“类型”下拉列表框：用于设置图案填充的类型。包括下列三个选项。

预定义：使用 AutoCAD 中已预先定义的填充图案。

用户定义：使用当前线型定义的简单图案，此类型图案是最简单也是最常用的。

自定义：用户根据需要事先定义的图案。

●“图案”下拉列表框：用于设置填充的图案。当选择“预定义”时，该选项可用。用户还可单击“图案”右侧的按钮，系统将会弹出“填充图案选项板”对话框，如图 4-24 所示。

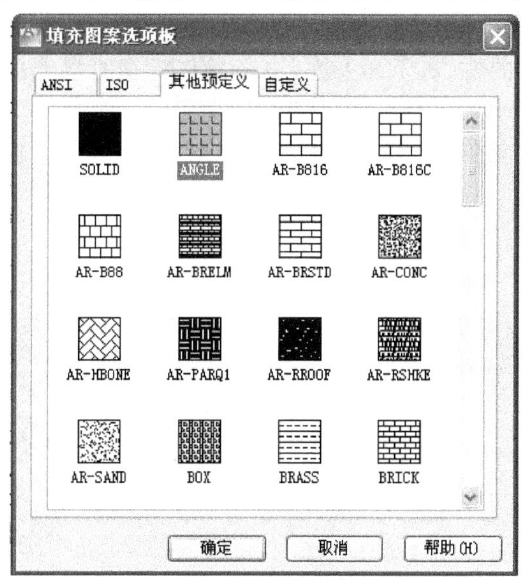

图 4-24　“填充图案选项板”对话框

●“样例”框：显示所选填充图案的样式。单击显示的图案样例，系统同样会弹出“填充图案选项板”对话框。

●“自定义图案”下拉列表框：当填充的图案类型采用“自定义”时，该选项才可使用。

②“角度和比例”区。

●“角度”下拉列表框：用于设置填充图案的角度，可从下拉列表中选择，也可直接输入。

●“比例”下拉列表框：用于设置填充图案的大小比例。每种图案在定义时初始比例为 1。不同比例的填充图案如图 4-25 所示。当选择“用户定义”选项时，该选项不可用。

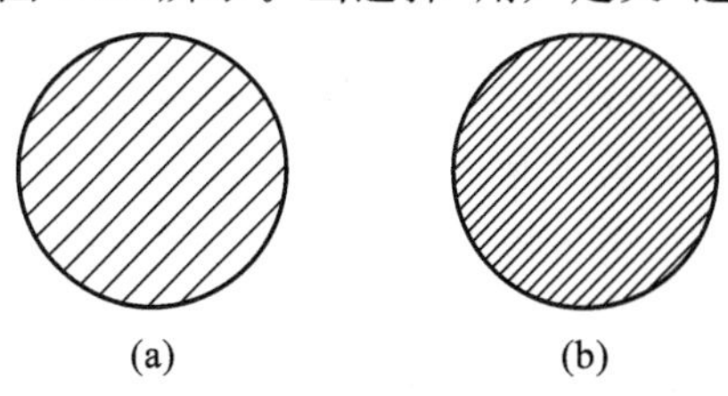

图 4-25　图案填充比例

(a)比例为 1　(b)比例为 2

● “双向”复选框：选中该选项，填充图案为网状。只有当填充图案类型选择“用户定义”时，该选项才可用。

● “相对图纸空间”复选框：用于确定填充图案按图样空间单位比例缩放。

● “间距”框：用于设置填充线的间距。只有在“用户定义”时才有效。

● “ISO 笔宽”下拉列表框：设置填充图案的线宽。只有选择了“预定义”类型并将“图案”设置为一种可用的 ISO 图案时才可用。

③ “图案填充原点”区：用于设置填充图案生成的起始位置。

● “使用当前原点”按钮：选择此项，使用当前 UCS 的原点(0，0)作为图案填充的原点。

● “指定的原点”按钮：选择此项，可以通过指定点作为填充图案原点。单击“单击以设置新原点”框返回绘图区，可单击任选某一点作为图案填充原点。选择“默认为边界范围”框可以选择以填充边界的左、右下角及左、右上角作为图案填充原点。选择“存储为默认原点”框可以将指定的点存储为默认的图案填充原点。

④ “边界”区：图案填充的边界可以是任意对象（如直线、圆、圆弧、多段线和样条曲线等）构成的封闭区域。

● “添加：拾取点”按钮：自动定义围绕该拾取点的边界。

● “添加：选择对象”按钮：定义区域边界。

● “删除边界”按钮：单击该按钮，可从已定义的边界中删除某些边界，如图 4-26 所示。

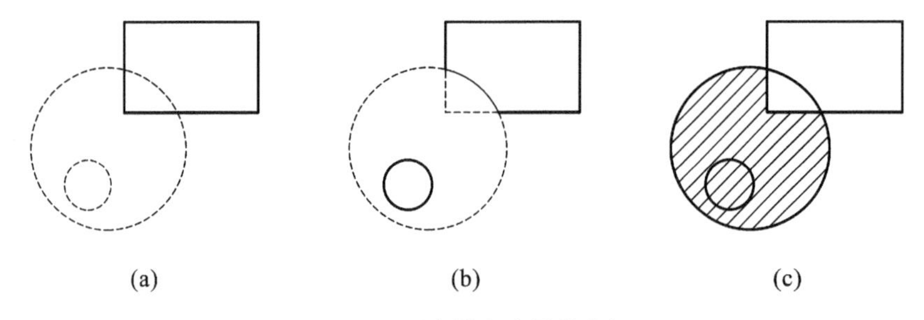

图 4-26　图案填充边界的选择

(a)选择填充边界　(b)删除边界　(c)填充结果

● “重新创建边界”按钮：用于重新创建图案填充边界，将原填充边界改成多段线或面域。该选项在编辑图案填充时才可用。

● “查看选择集”按钮：用于查看已选择的边界，单击该按钮，已选择的填充边界全部处于被选中的状态。只有已经选择了填充边界，此选项才可用。

⑤ “选项”区。

● “注释性(N)”复选框：指定图案填充为注释性。

● “关联(A)”复选框：用于确定填充图案与其边界的关系。选中此项，两者有关联性。

● “创建独立的图案填充(H)”复选框：用于创建独立的图案填充。选择此选项，可以一次填充多个区域，但它们又是各自独立的，可以对其中一个区域进行修改或删除。

● “绘图次序”下拉列表框：用于指定图案填充的绘图顺序，图案填充可以放在图案边界及所有其他对象之前或之后。

● “继承特性”按钮：用于将选定的图案填充或填充对象的特性应用到其他图案填充或填充对象上。

⑥“孤岛”区：位于图案填充区域内的封闭边界称为孤岛，它包括文字、属性、图形或实体填充对象等的外框。“孤岛检测”复选框用于检测最外侧填充边界内的填充对象，分为“普通”“外部”“忽略”三种。

⑦ 边界区：“保留边界”框用于设置是否将填充边界以对象形式保留，并从“对象类型”下拉列表中选取。

⑧“边界集”区：用于定义填充边界的对象集，系统将根据设置的边界集对象来确定填充边界。默认情况下，系统根据“当前窗口”中的所有可见对象确定填充边界。单击“新建”按钮，可以指定对象类型，定义边界集。

⑨“允许的间隙”区：用于设置将对象用作图案填充边界时，可以忽略的最大间隙。默认值为 0，此值要求对象必须为封闭区域而不能有间隙。

⑩“继承选项”区：使用“继承特性”创建图案填充时，该选项可设置图案填充原点的位置，即“使用当前原点”或“使用源图案填充的原点”。

(2)“渐变色”选项卡：选择用渐变色来填充图形时，用于设置渐变色的类型及相关参数。如图 4-27 所示。

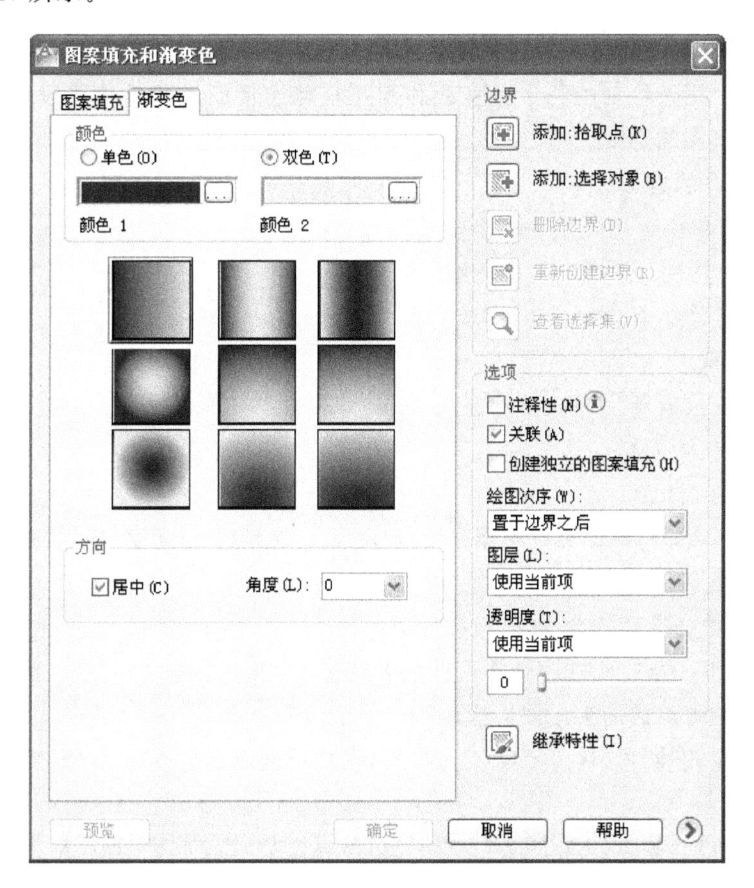

图 4-27　“图案填充和渐变色”对话框中“渐变色”选项卡

①“颜色”区。

- “单色”“双色”框：用于设置由一种或两种颜色产生渐变色来填充图形。
- “渐变色”窗口：显示当前设置的渐变色效果。

② "方向"区。

- "居中"复选框：选中此项，渐变色成对称设置；否则，渐变色向左上方变化。
- "角度"下拉列表框：用于设置渐变色填充的角度。

2. 图案填充编辑

创建图案填充后，如需改变填充图案或修改填充比例和角度、改变孤岛检测样式等，可利用"图案填充编辑"对话框对其进行编辑修改。调用命令的方法如下。

方法1 菜单命令："修改"→"对象"→"图案填充"。

方法2 工具栏："修改"→"图案填充"。

方法3 键盘命令：输入"hatchedit"。

执行上述命令后，单击需修改的填充图案，弹出"图案填充编辑"对话框（直接双击需编辑的填充图案，也能打开该对话框）。

"图案填充编辑"对话框与"图案填充和渐变色"对话框的内容基本一样，在此不再赘述。

知识点3 多段线命令

多段线命令用于绘制由若干段直线和圆弧首尾连接而成的整体线段，其中各段直线或圆弧可以有不同的宽度。

1. 调用命令的方法

方法1 菜单命令："绘图"→"多段线"。

方法2 工具栏："绘图"→"多段线"。

方法3 键盘命令：输入"pline"或"pl"。

2. 操作过程

- 命令：pline（启动"多段线"命令）。
- 指定起点：输入起点。

当前线宽为 0.0000

- 指定下一点或[圆弧(A)/半宽(H)/长度(L)/放弃(U)/宽度(W)]：指定一点或键入一个选项的关键字后按"回车"键。

3. 命令行中各选项的含义

(1) "指定下一点"：此选项为多段线的默认选项，用点来响应此提示，可连续绘制一条由多段直线或圆弧组成的多段线。提示

指定下一点或[圆弧(A)/闭合(C)/半宽(H)/长度(L)/放弃(U)/宽度(W)]：输入一点，按"回车"键。

指定下一点或[圆弧(A)/闭合(C)/半宽(H)/长度(L)/放弃(U)/宽度(W)]：输入下一点按"回车"键。

(2) "圆弧(A)"：选择此选项，可由绘制直线转换至绘制圆弧，并出现圆弧绘制方式的提示。提示

指定圆弧的端点或[角度(A)/圆心(CE)/闭合(C)/方向(D)/半宽(H)/直线(L)/半径(R)/第二点(S)/放弃(U)/宽度(W)]：

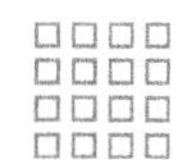

(3)“闭合(C)”:用于绘制一条闭合的多段线,选择此选项,系统将用一条直线连接多段线的终点和起点并结束命令。

(4)“半宽(H)”:用于改变当前多段线的起点和端点的半宽。按提示键入“h”后按“回车”键,其后的提示

指定起点半宽<0.0000>:输入起点的半宽。

指定端点半宽<0.0000>:输入端点的半宽。

(5)“长度(L)”:提示用户输入下一段多段线的长度,并按指定长度绘制直线。命令提示如下。

- 指定直线的长度:输入长度。

(6)“放弃(U)”:用于取消所绘制的前一段多段线,连续使用可删除所有绘制的多段线段,直到起点。

(7)“宽度(W)”:用于改变当前多段线的起点和端点的宽度。

按提示键入“w”后按“回车”键,其后的操作与“半宽(H)”相似,这里不再详细介绍。

项目总结

掌握样条曲线的绘制和图案填充及编辑的方法,会应用所学操作绘制零件的三视图。

对于平面视图的绘制,其绘图步骤应遵循先已知、后未知的顺序。可将图形分成若干部分,看清图样,找出各部分图形之间的关系,尽量减少尺寸输入数值的计算。同时,加强修改命令的练习,以达到熟练、灵活应用的目的。

思考与上机操作

绘制图4-28至图4-39所示的三视图。

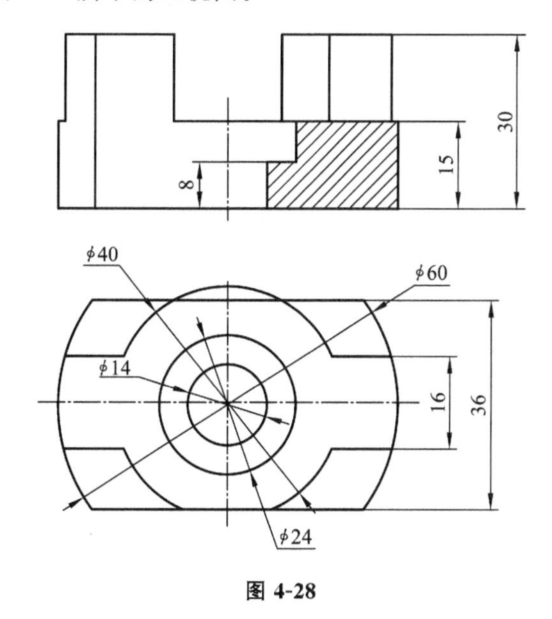

图 4-28

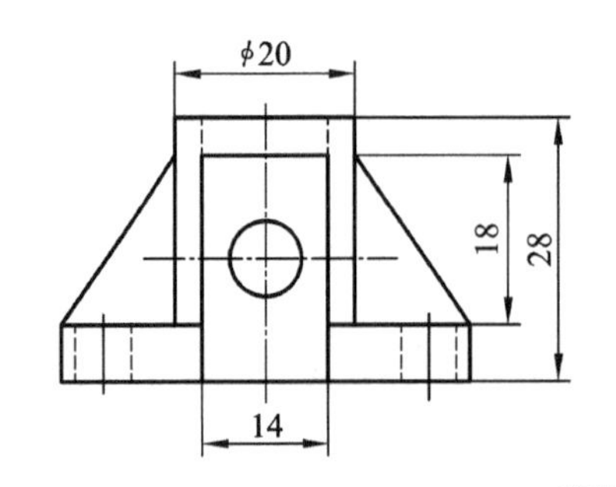
φ20
18
28
14

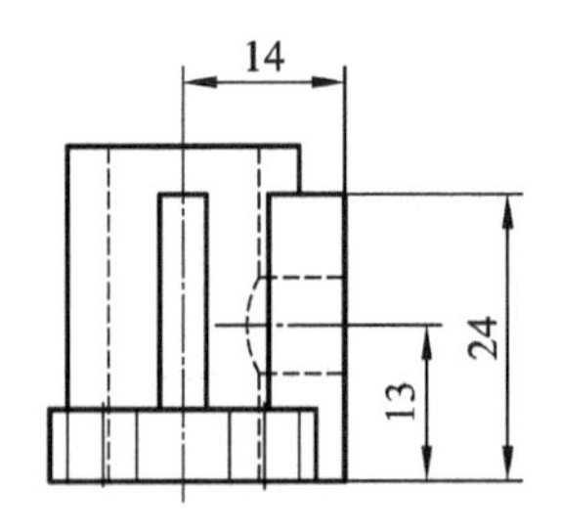
14
24
13

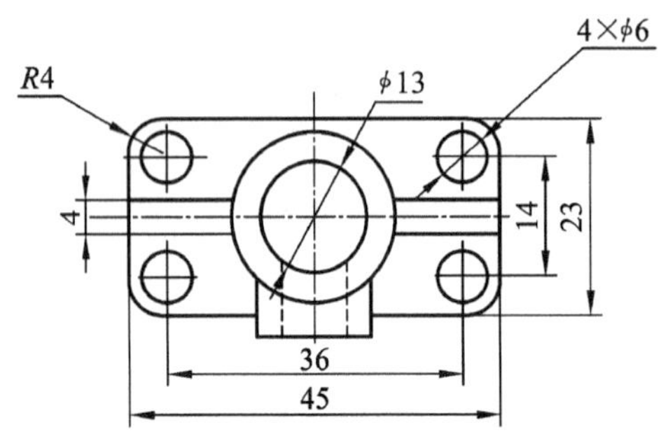
R4
φ13
4×φ6
4
14
23
36
45

图 4-29

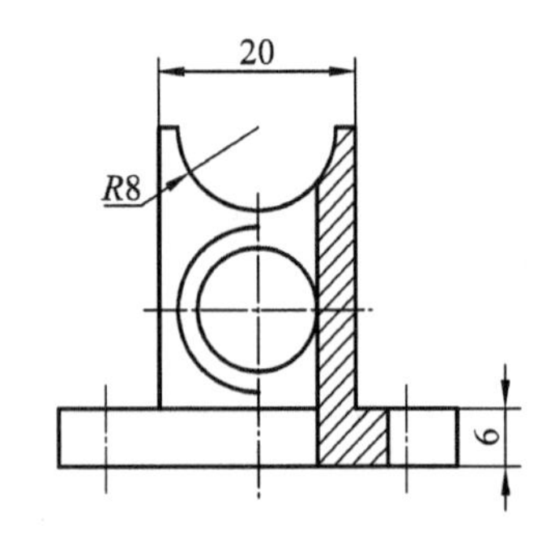
20
R8
6

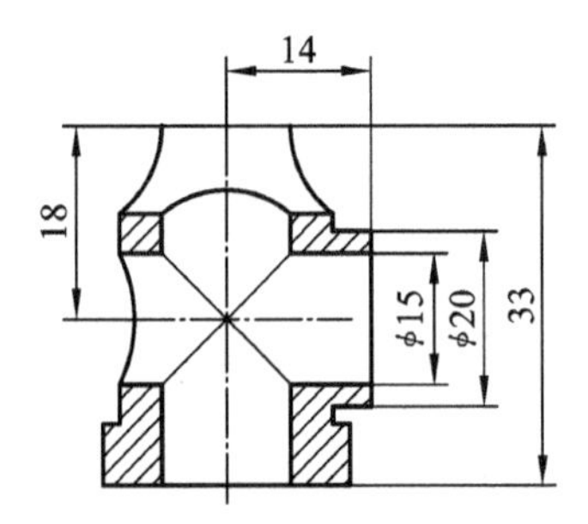
14
18
φ15
φ20
33

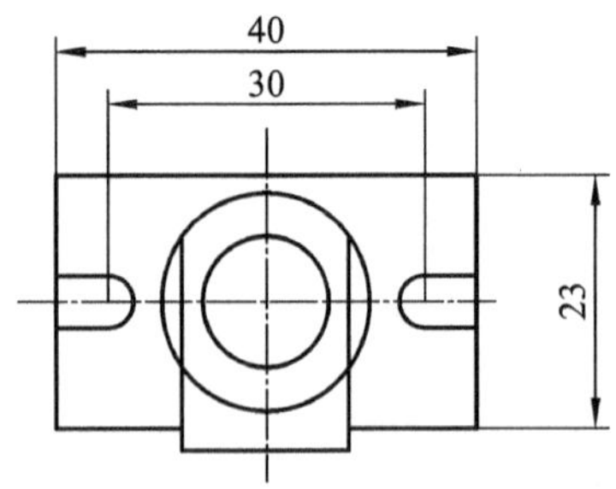
40
30
23

图 4-30

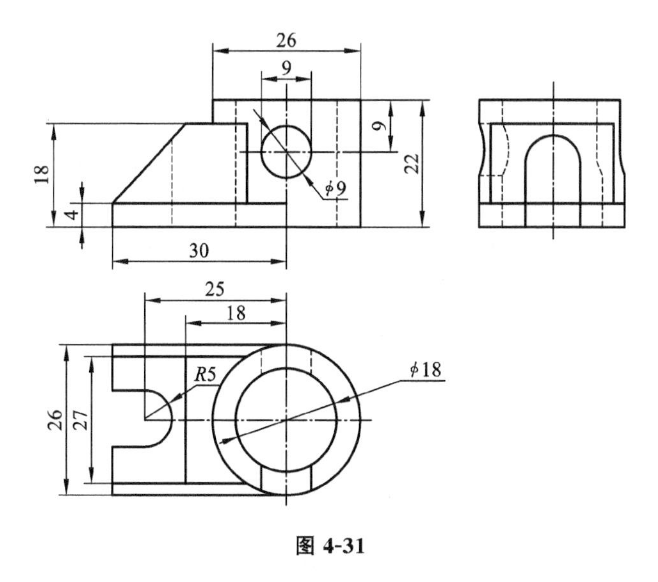

图 4-31

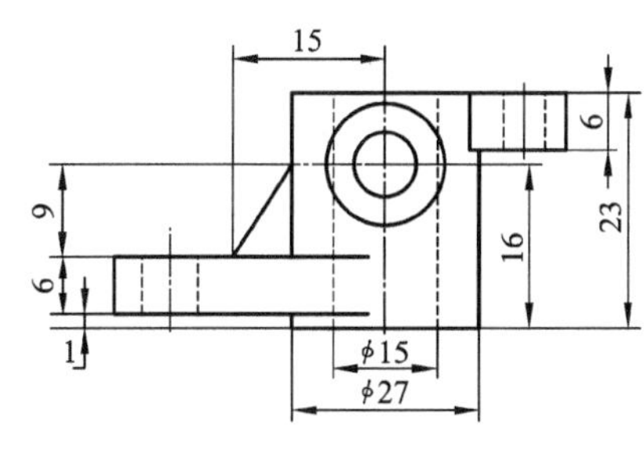

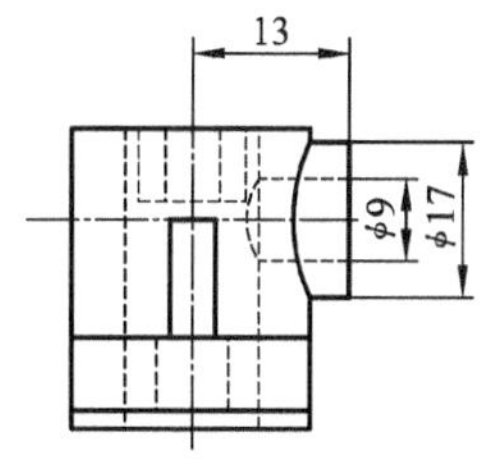

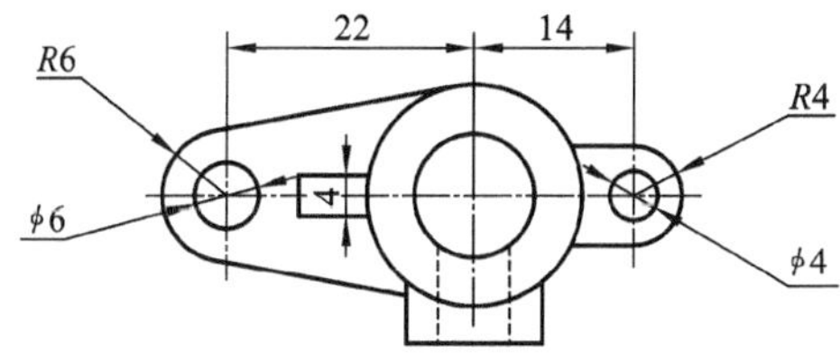

图 4-32

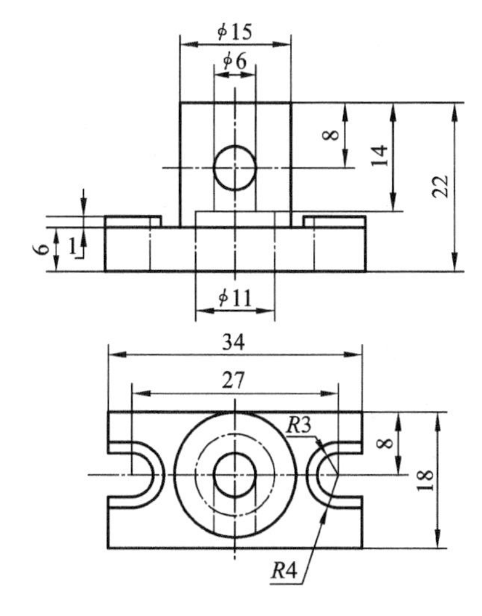

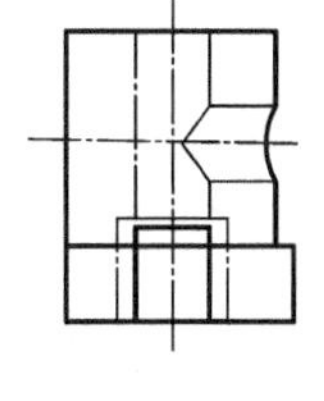

图 4-33

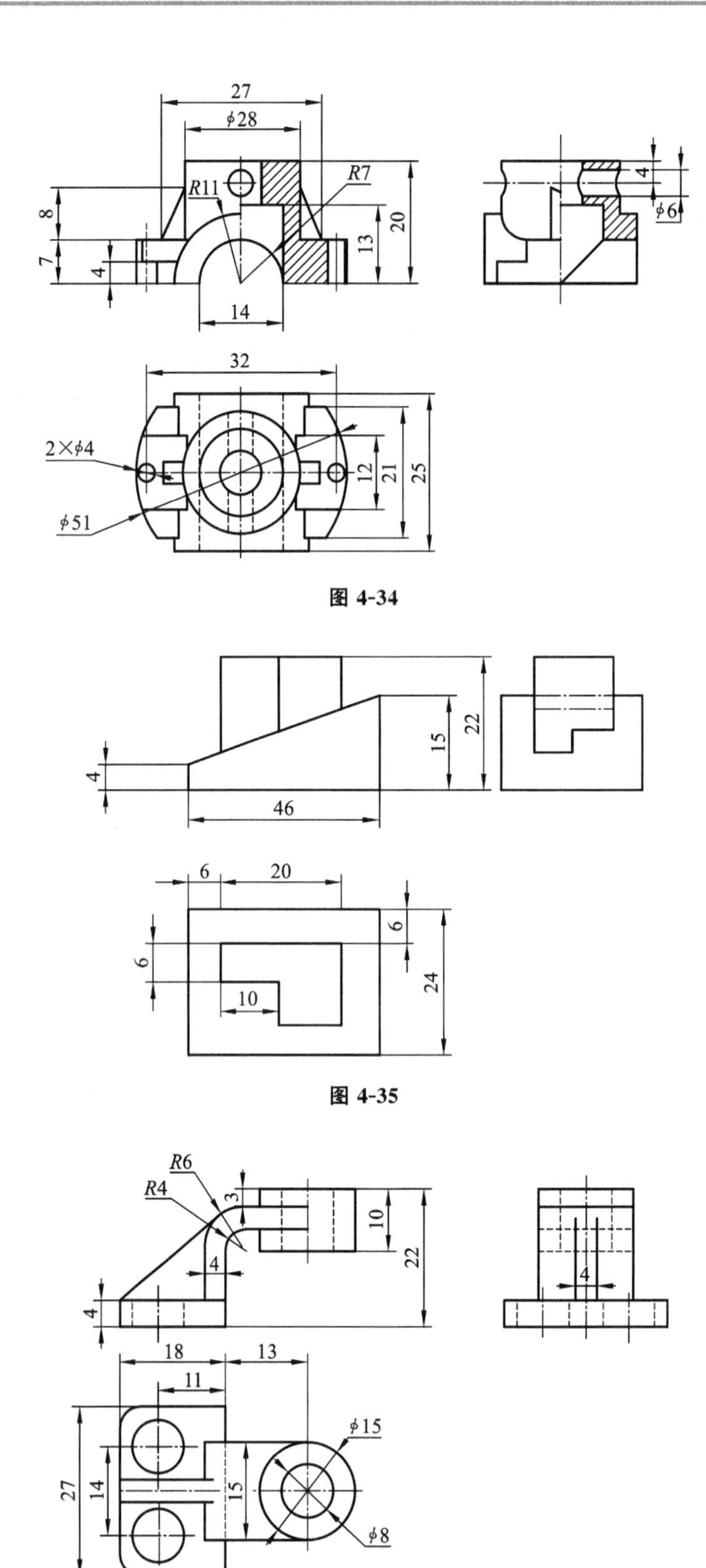

图 4-34

图 4-35

图 4-36

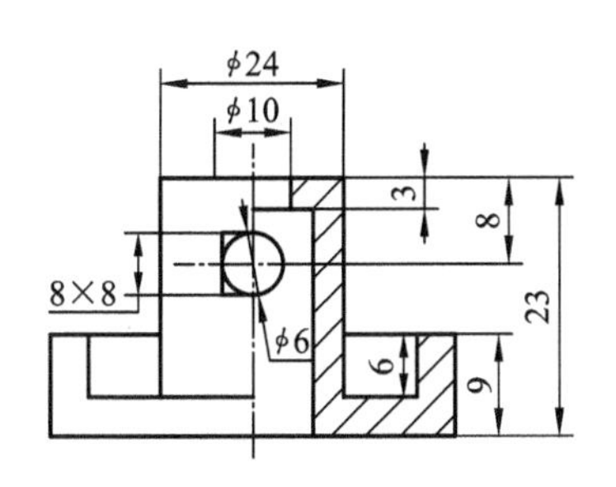

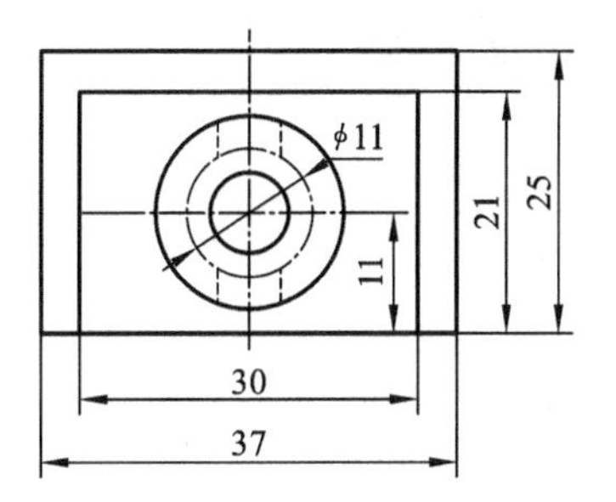

图 4-37

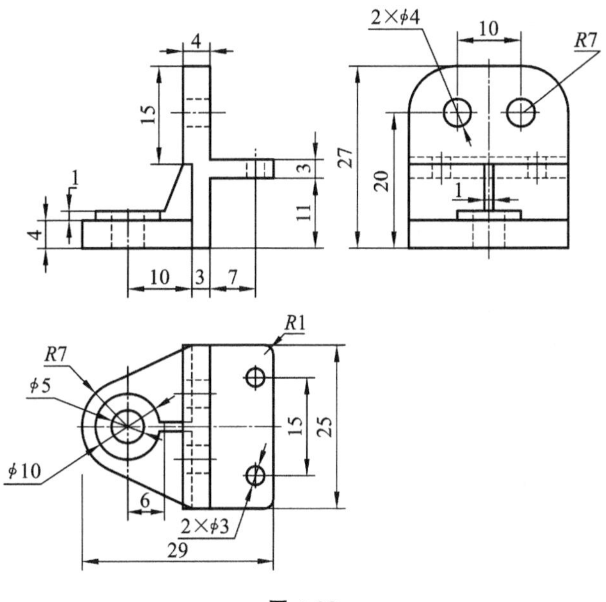

图 4-38

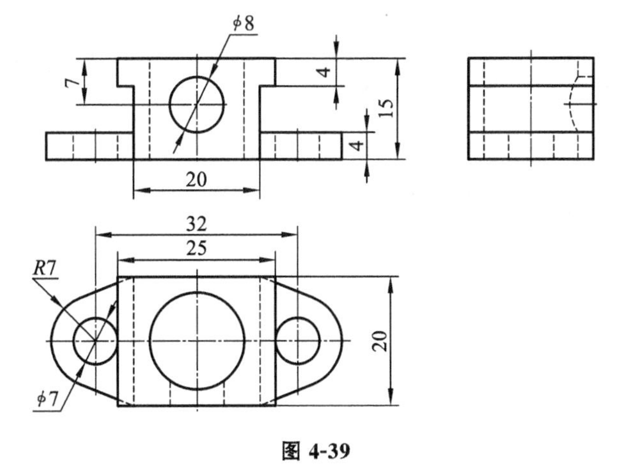

图 4-39

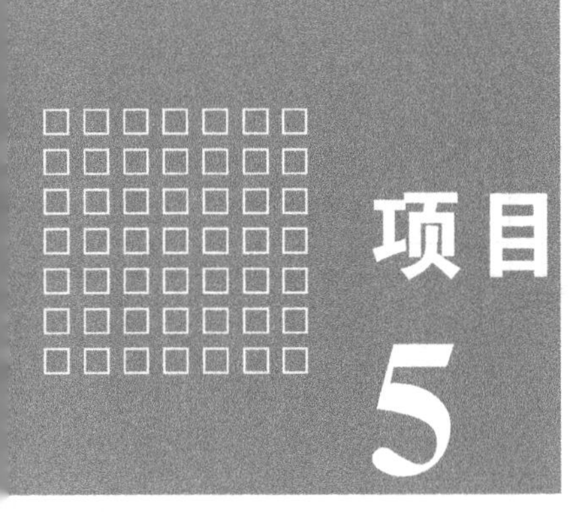

项目 5 文字、尺寸的标注与编辑

【知识目标】

- 掌握创建、修改文字样式的方法。
- 掌握单行文字、多行文字的注写方法。
- 掌握编辑文字的方法。
- 掌握创建、修改标注样式的方法。
- 掌握尺寸的正确标注方法。
- 掌握尺寸标注的编辑方法。

【能力目标】

- 能根据需要正确创建、修改文字样式。
- 能正确注写单行文字、多行文字。
- 能根据需要正确创建、修改标注样式。
- 能正确标注图形尺寸，且符合国家标准中关于机械制图的规范。

任务 1　文字的录入与排版

本任务通过图 5-1 所示的文字编辑为例，介绍“文字样式”“单行文字”“多行文字” “注释对象”等命令，并引出相关的知识点。

技术要求

(1) 齿轮安装后，用手转动传动齿轮时，应灵活旋转。

(2) 两齿轮轮齿的啮合面应占齿长的3/4以上。

37°　36±0.07　Ø60H7/f6　$Ø20^{+0.021}_{0}$

图 5-1

操作步骤如下。

步骤 1　设置文字样式。

- 单击菜单栏“格式”→“文字样式”→打开“文字样式”对话框，如图 5-2 所示。

或在命令行输入“st”，按“回车”键 。

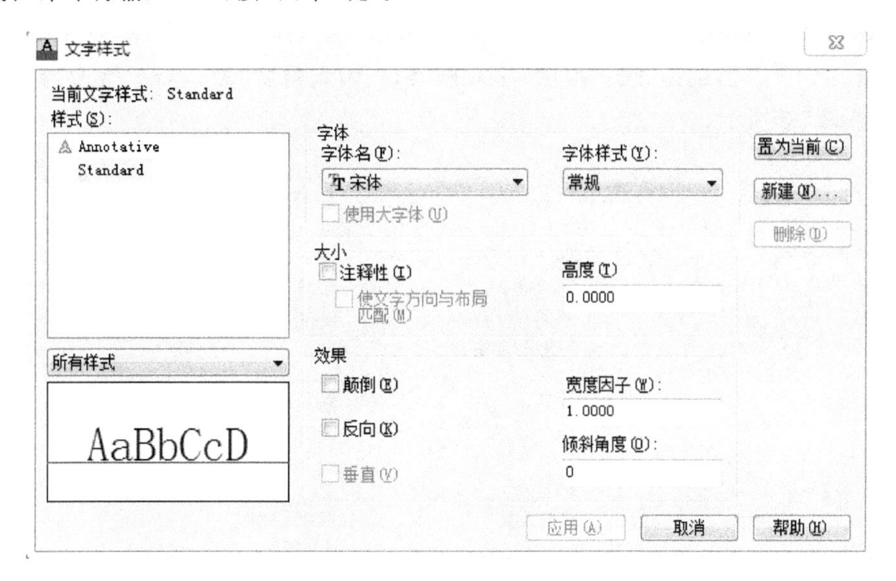

图 5-2

● 单击“文字样式”对话框中“新建”→打开“新建文字样式”对话框(见图 5-3)，在“样式名”框输入文字样式名称：wz_style→单击“确定”，如图 5-4 所示。

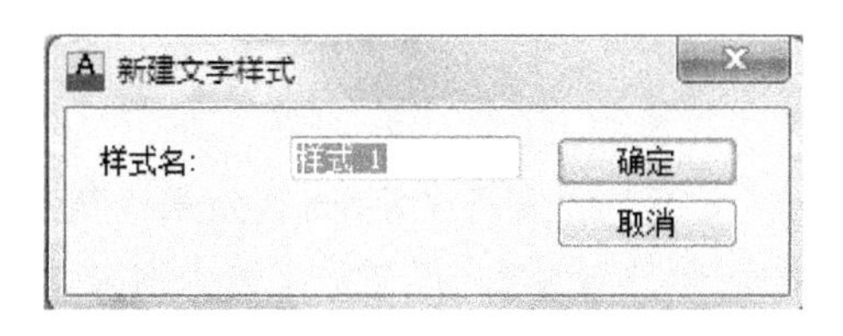

图 5-3

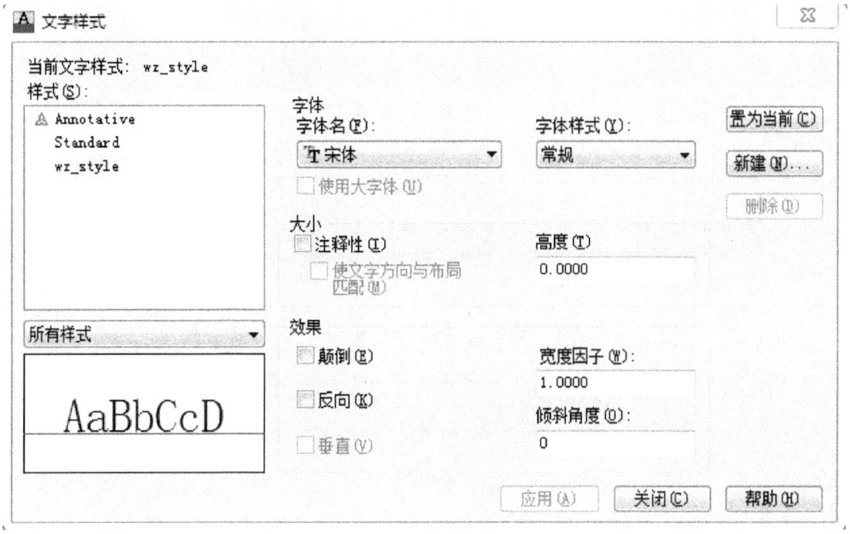

图 5-4

● 单击“字体名”下拉列表框，选择“gbenor. shx”，勾选“使用大字体”；单击“字体样式”下拉列表框，选择“gbcbig. shx”；选择“高度”输入框，输入高度“5”；选择“宽度因子”输入框，输入宽度因子“1”；选择“倾斜角度”输入框，输入倾斜角度“0”；单击“置为当前”，单击“关闭”，如图 5-5 所示。

图 5-5

步骤 2 输入文字。

● 单击菜单栏“绘图”→“文字”→“多行文字”→指定第一角点，单击一点；指定对角点；拖动光标至文字输入区域的对角位置单击；打开文字输入窗口，如图 5-6 所示。

或在命令行输入“t”，按“回车”键。

如果输入文字为单行文字，则单击菜单栏“绘图”→“文字”→“单行文字”。

● 在文字输入、编辑框使用 Windows 文字输入法输入文字内容，如图 5-6 所示。

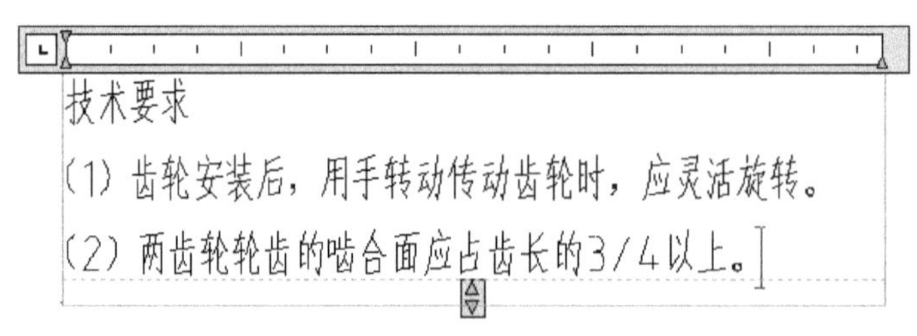

图 5-6

● 选中文字“技术要求”，在“文字格式”对话框中的“字体大小”下拉列表框中选择或直接输入字体高度“7”，按“回车”键，如图 5-7 所示。

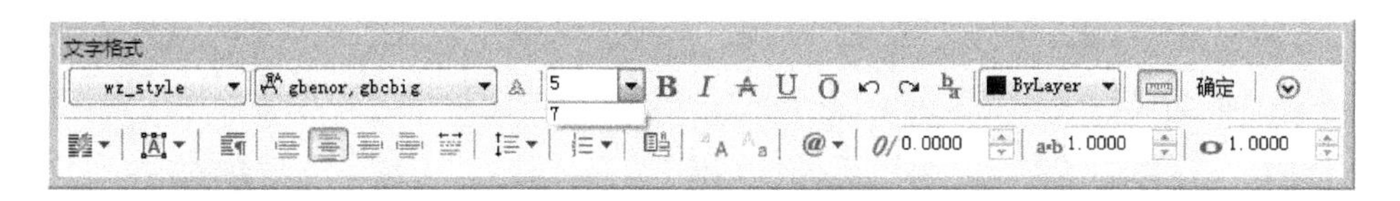

图 5-7

● 选中文字“技术要求”，在“文字格式”对话框选择对齐方式的“居中”，如图 5-8 所示。

图 5-8

● 在文字输入、编辑框使用 Windows 文字输入法输入各项标注内容。

操作过程如下。

输入：37％％d，显示为“37°”。

输入：36％％p0.07，显示为“36±0.07”。

输入：％％c60H7/f6，显示为“ϕ60H7/f6”。

输入：％％c20＋0.021^0，显示“ϕ20＋0.021^0”。选中“＋0.021^0”，在“文字格式”对话框选中“堆叠”，显示为“$\phi 20^{+0.021}_{0}$”，如图 5-9 所示。

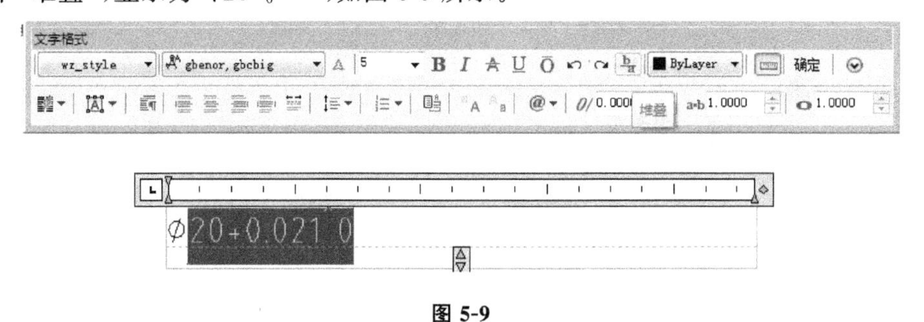

图 5-9

知识点 1　文字样式格式设置

在 AutoCAD 中，文字大小、字体等也必须遵守工程制图的相关要求，在此，具体讲解文字样式的格式设置。

1. 新建文字样式格式

操作步骤如下。

步骤 1　单击菜单栏“格式”→“文字样式”→打开“文字样式”对话框，如图5-10所示。

或在命令行输入“st”，按“回车”键 。

步骤 2　单击“文字样式”对话框中的“新建”→打开“新建文字样式”对话框→在“样式名”框输入文字样式名称：wz_style→单击“确定”，如图 5-11、图 5-12 所示。

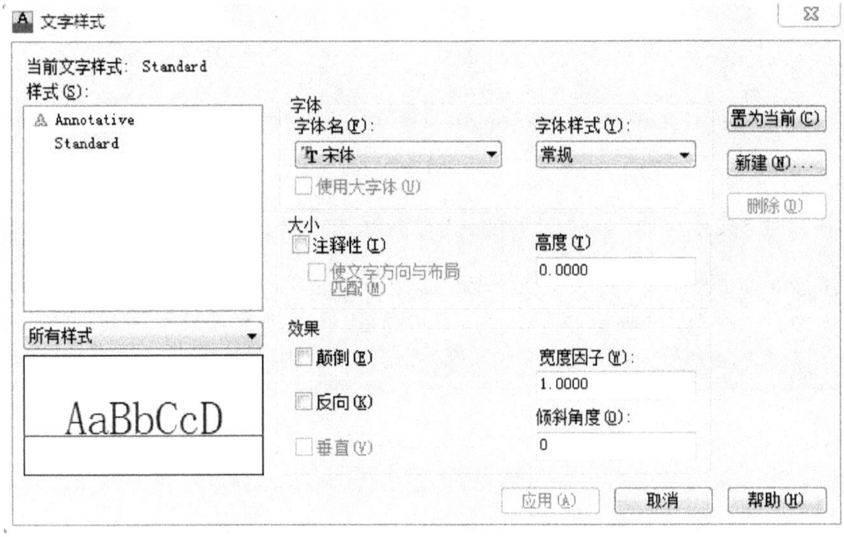

文字样式

当前文字样式: Standard
样式(S):
Annotative
Standard
所有样式
AaBbCcD
字体
字体名(F):
宋体
使用大字体(U)
字体样式(Y):
常规
大小
注释性(I)
使文字方向与布局匹配(M)
高度(T)
0.0000
效果
颠倒(E)
反向(K)
垂直(V)
宽度因子(W):
1.0000
倾斜角度(O):
0
置为当前(C)
新建(N)...
删除(D)
应用(A)
取消
帮助(H)

图 5-10

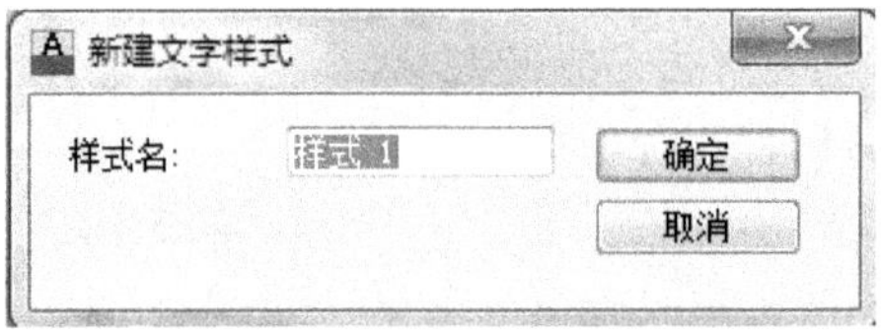

新建文字样式

样式名: 样式1
确定
取消

图 5-11

文字样式

当前文字样式: wz_style
样式(S):
Annotative
Standard
wz_style
所有样式
AaBbCcD
字体
字体名(F):
宋体
使用大字体(U)
字体样式(Y):
常规
大小
注释性(I)
使文字方向与布局匹配(M)
高度(T)
0.0000
效果
颠倒(E)
反向(K)
垂直(V)
宽度因子(W):
1.0000
倾斜角度(O):
0
置为当前(C)
新建(N)...
删除(D)
应用(A)
关闭(C)
帮助(H)

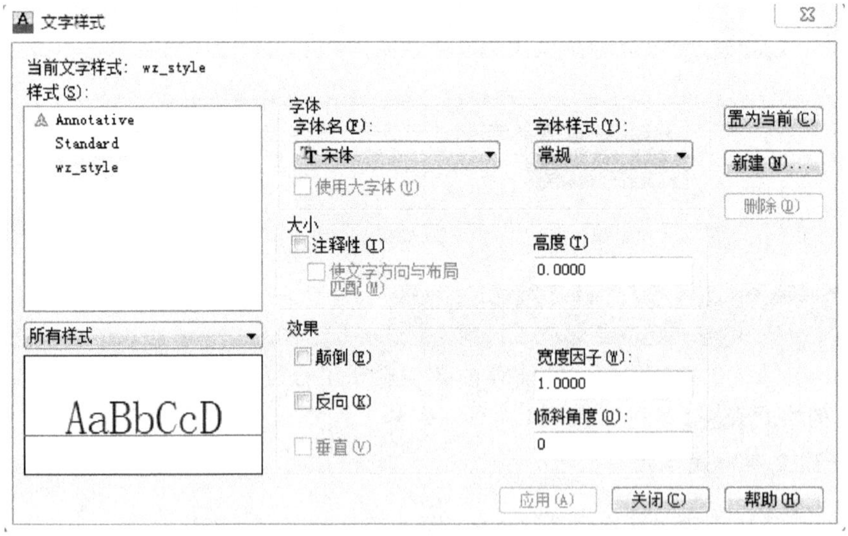

图 5-12

2. 修改已有文字样式格式

操作步骤如下。

步骤 1 单击菜单栏“格式”→“文字样式”→打开“文字样式”对话框。

或在命令行输入“st”,按“回车”键。

步骤2　找出需要修改的文字格式项目，直接修改即可。

3. 文字样式中项目的含义

图5-13所示的“文字样式”对话框中可以设置的项目含义如下。

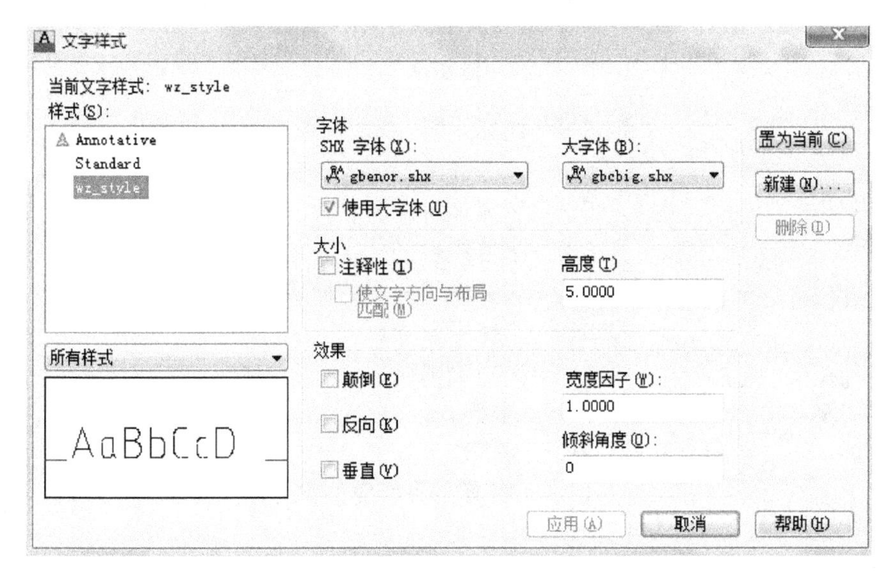

图 5-13

- “字体”中的SHX字体：更改文字字体。
- “字体”中的大字体：更改文字的大字体。
- “大小”中的注释性：调整文字的方向，使其和布局一致。
- “大小”中的高度：确定文字的大小。
- “效果”中的颠倒：将文字上下颠倒。
- “效果”中的反向：将文字从右向左输出。
- “效果”中的垂直：将文字从上向下输出。
- 宽度因子：改变文字的宽度；如低于“1”则文字“瘦窄”，超过“1”则文字“宽胖”。
- 倾斜角度：文字从竖直方向观察的倾斜程度；如“15°”则文字从竖直方向朝右侧倾斜“15°”。
- 置为当前：将选中的文字格式设置为当前格式。

知识点2　文字编辑设置

文字样式设置后即可进行文字输入和编辑操作。

单击菜单栏“绘图”→“文字”→“多行文字”→指定第一角点：单击一点。指定对角点：拖动光标至文字输入区域的对角位置单击。打开文字输入窗口。

或在命令行输入“t”，按“回车”键。

备注：如输入文字为单行文字，则单击菜单栏“绘图”→“文字”→“单行文字”。

在文字输入、编辑框使用Windows文字输入法输入文字内容。注意在文字输入、编辑过程中正确使用“文字格式”对话框，如图5-14所示。

图5-14所示的“文字格式”对话框各项含义如下。

1——文字样式。

2——文字字体。

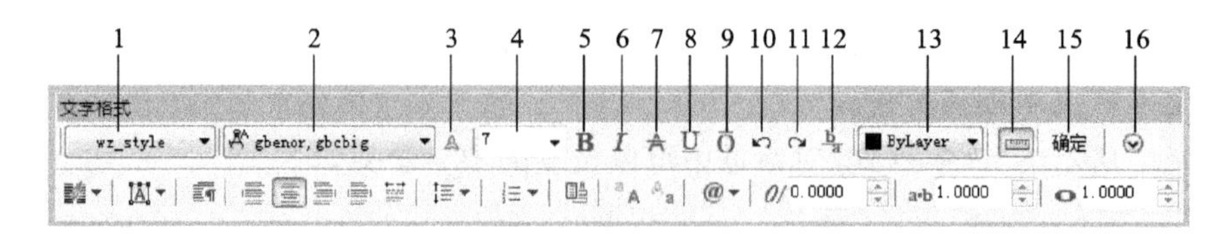

图 5-14

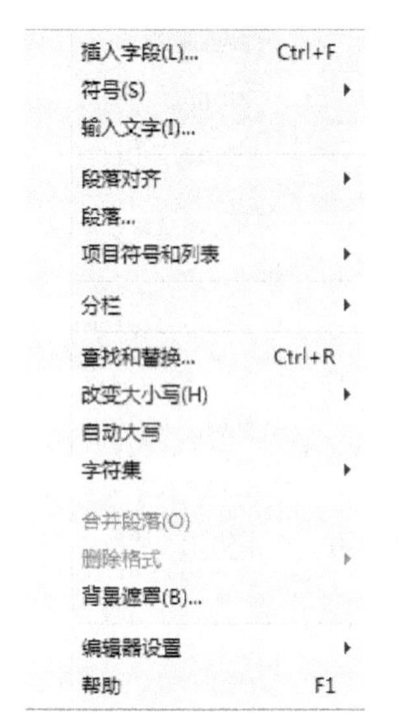

图 5-15

3——注释。

4——文字高度。

5——字体加粗。

6——字体倾斜。

7——文字中间加一条横线。

8——文字下画线。

9——文字上画线。

10——放弃。

11——重做。

12——当有需要堆叠的文字时，选中文字，堆叠符号显示可用。

13——字体颜色。

14——是否显示标尺。

15——编辑完成确定。

16——单击弹出图 5-15 所示的快捷菜单，可对待编辑文字进行相应操作。

图 5-16 所示的“文字格式”对话框各项含义如下。

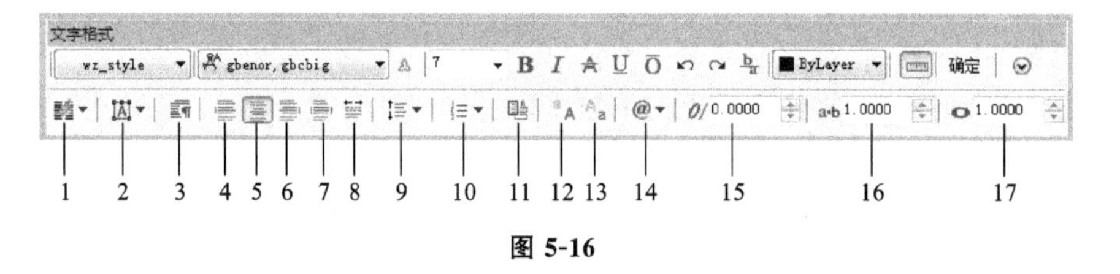

图 5-16

1——文字分栏设置，如图 5-17 所示。

2——文字对齐方式，如图 5-18 所示。

图 5-17

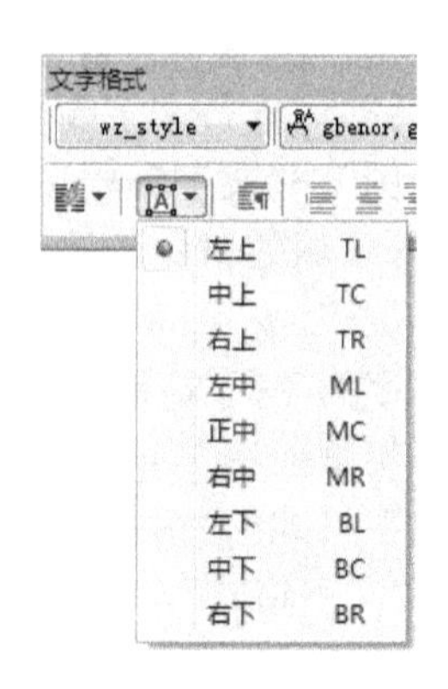

图 5-18

3——文字段落设置,如图 5-19 所示。

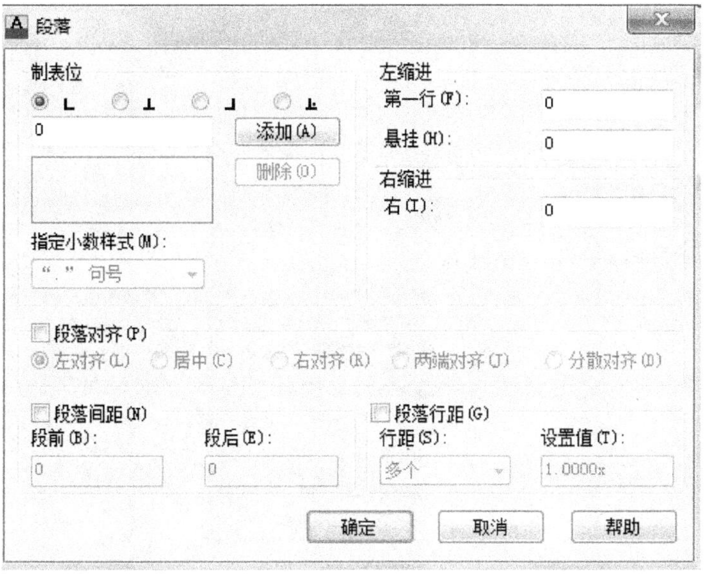

图 5-19

4——左对齐。

5——居中。

6——右对齐。

7——对正。

8——分布。

9——行距,如图 5-20 所示。

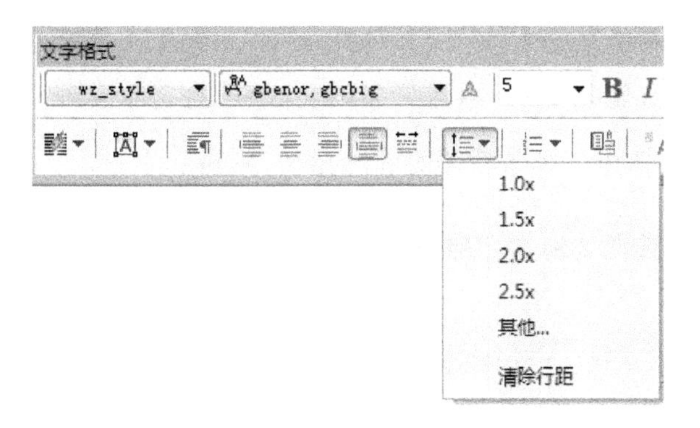

图 5-20

10——编号,如图 5-21 所示。

11——插入字段。

12——文字中字母改为大写。

13——文字中字母改为小写。

14——工程制图等常用的特殊字符,如图 5-22 所示。

文字格式
wz_style
gbenor, gbcbig
5
关闭
以字母标记
以数字标记
以项目符号标记
重新启动
继续
允许自动列表
仅使用制表符分隔
允许项目符号和列表

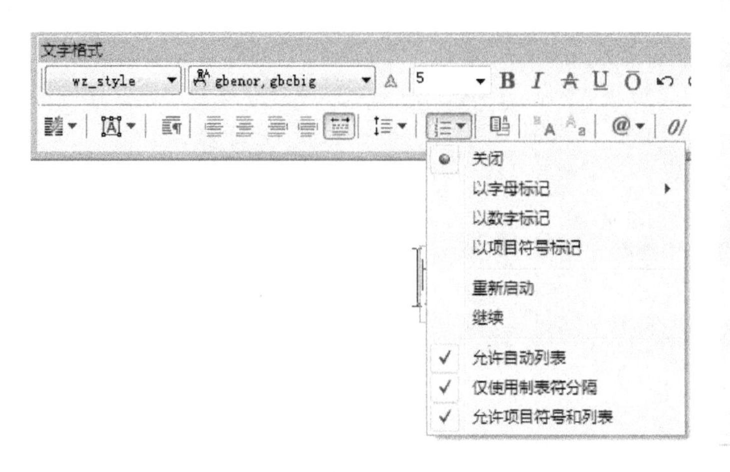

图 5-21

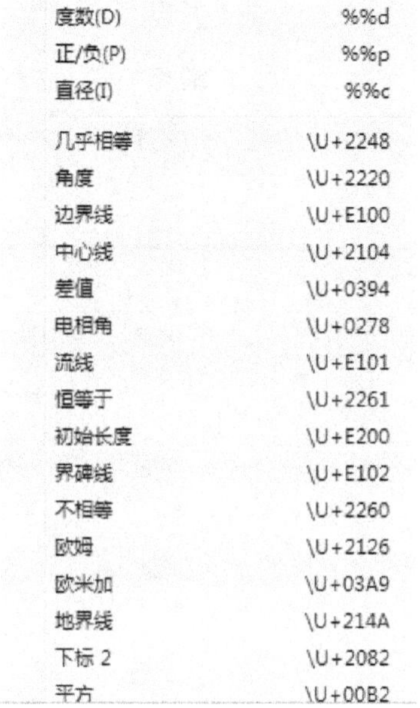

度数(D) %%d
正/负(P) %%p
直径(I) %%c
几乎相等 \U+2248
角度 \U+2220
边界线 \U+E100
中心线 \U+2104
差值 \U+0394
电相角 \U+0278
流线 \U+E101
恒等于 \U+2261
初始长度 \U+E200
界碑线 \U+E102
不相等 \U+2260
欧姆 \U+2126
欧米加 \U+03A9
地界线 \U+214A
下标 2 \U+2082
平方 \U+00B2

图 5-22

15——倾斜角度。

16——追踪。

17——宽度因子。

知识点 3　文字编辑小窍门

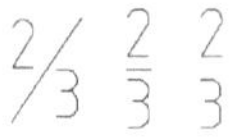

图 5-23

1. 创建堆叠文字

文字堆叠有三种形式，如图 5-23 所示。

操作方法如下。

首先输入 2#3，再选择 2#3，文字堆叠符号激活，则显示为 2/3。

首先输入 2/3，再选择 2/3，文字堆叠符号激活，则显示为$\frac{2}{3}$。

首先输入 2^3，再选择 2^3，文字堆叠符号激活，则显示为$\frac{2}{3}$。

2. 输出特殊符号

同单行、多行文字一样，在文字输入、编辑框中，通过输入“%%d”“%%p”“%%c”也可以在图样中输出特殊符号“°”“±”“ϕ”。

3. 文字查找和替换

单击“编辑”→“查找”→调出“查找和替换”对话框，同 Windows 的 Office 软件的文字查找和替换操作一致，如图 5-24 所示。

4. 设置背景遮罩

输入的文字需要添加背景颜色，可以在文字编辑时单击鼠标右键选择“背景遮罩”，出现“背景遮罩”对话框。选中“使用背景遮罩”，输入“边界偏移因子”，如“1.5”，再选择合适的背景颜色，单击“确定”即可，如图 5-25、图 5-26 所示。

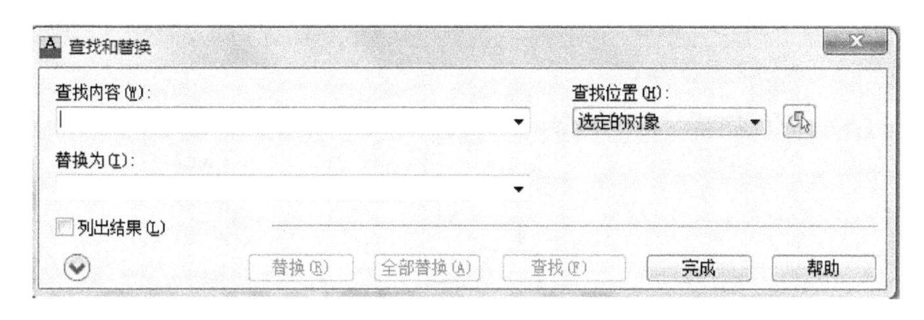

图 5-24　“查找和替换”对话框

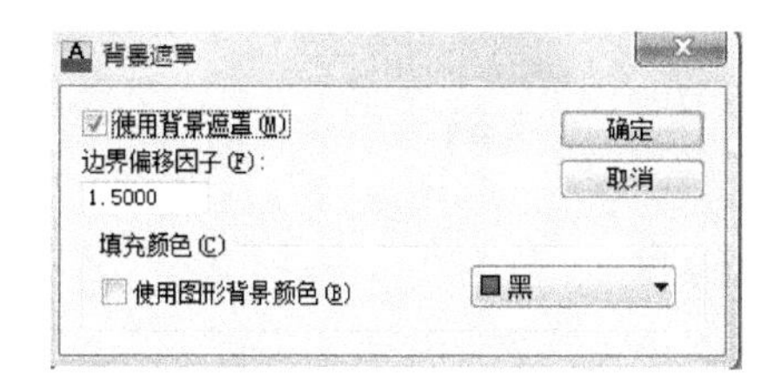

图 5-25　“背景遮罩”对话框

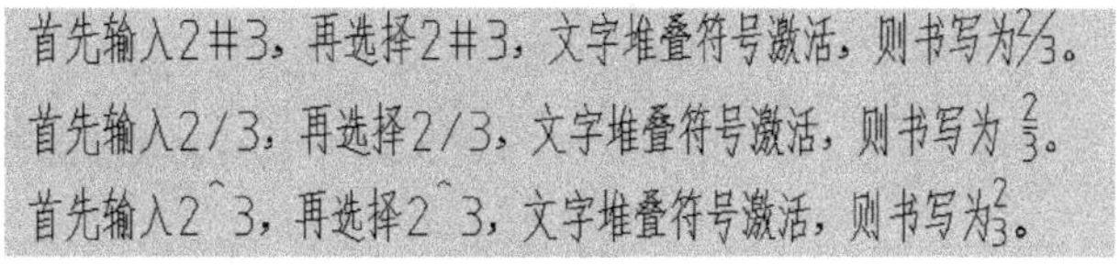

首先输入2#3，再选择2#3，文字堆叠符号激活，则书写为2/3。
首先输入2/3，再选择2/3，文字堆叠符号激活，则书写为 $\frac{2}{3}$。
首先输入2^3，再选择2^3，文字堆叠符号激活，则书写为$^{2}_{3}$。

图 5-26

任务 2　尺寸标注与编辑

本任务以图 5-27 所示的尺寸标注与编辑为例，介绍“标注样式”“线性标注”“对齐标注”“半径标注”“直径标注”“角度标注”等命令，并引出相关的知识点。

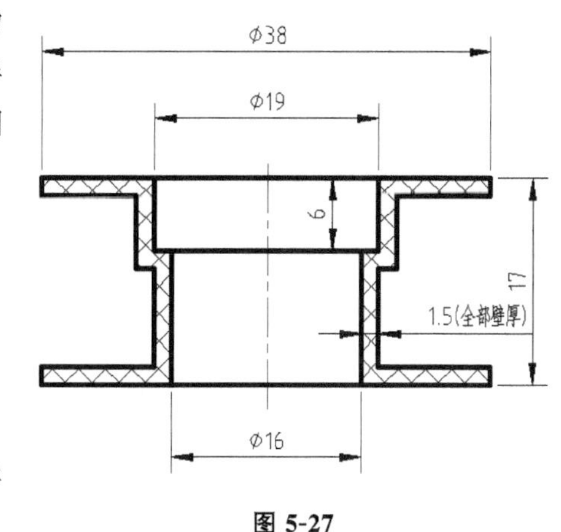

图 5-27

操作步骤如下。

步骤 1　图形界限、图层等绘图环境的设置。

步骤 2　按照图示要求绘图。

步骤 3　设置文字样式。

步骤 4　设置标注样式，操作过程如下。

① 单击菜单栏“格式”→“标注样式”→打开“标注样式管理器”对话框，如图 5-28 所示。

或在命令行输入“d”，按“回车”键。

② 单击“新建”→打开“创建新标注样式”对话框(见图 5-29)，在“新样式名”栏目输入“bz_1”，选中“ISO-25”为“基础样式”，单击“继续”，进入“新建标注样式 bz_1”对话框。

③ 如图 5-30 所示，在“线”选项卡内设置标注线格式。

- 在“尺寸线”内选择合适的颜色、线型、线宽、超出标记和基线间距等参数。
- 在“尺寸界线”内选择合适的尺寸界线颜色、线型、线宽、超出尺寸线、起点偏移量等参数。

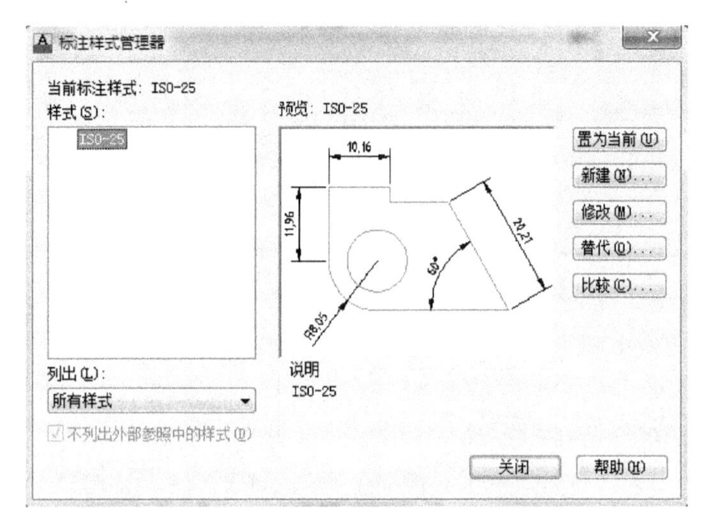

图 5-28 “标注样式管理器”对话框

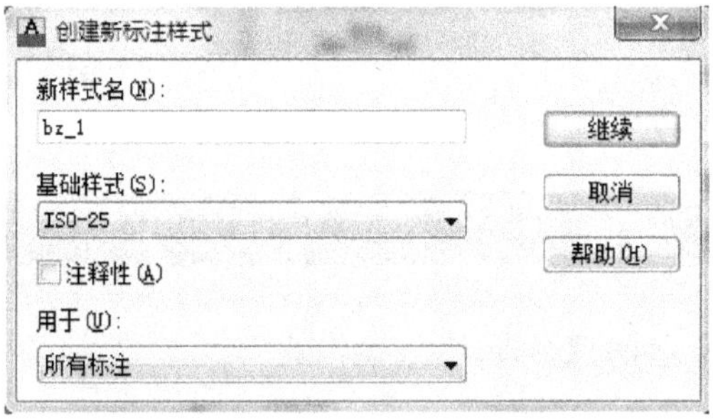

创建新标注样式

新样式名(N)：

bz_1

基础样式(S)：

ISO-25

注释性(A)

用于(U)：

所有标注

继续

取消

帮助(H)

图 5-29

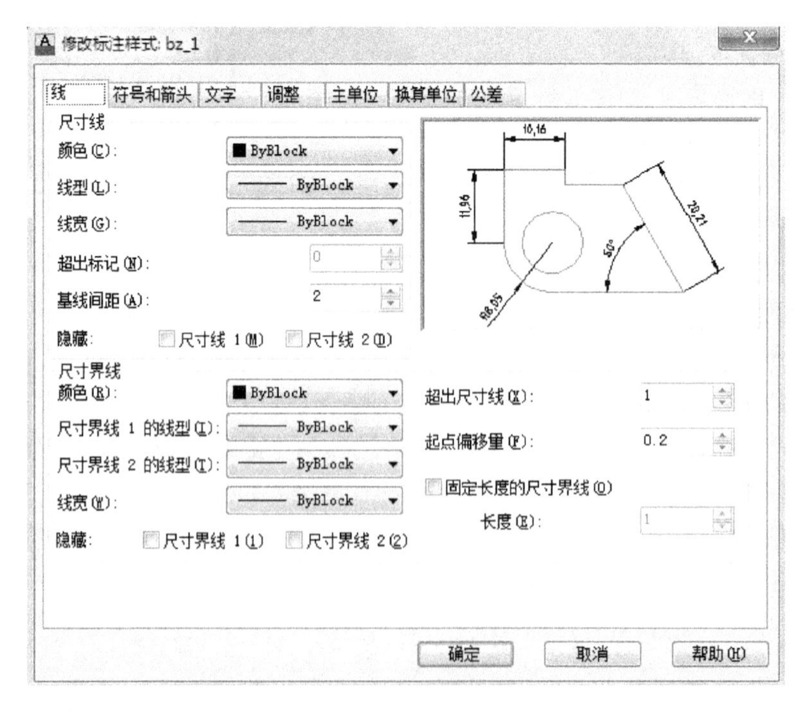

图 5-30 “线”选项卡

④ 如图 5-31 所示,在“符号和箭头”选项卡内设置标注箭头等格式。

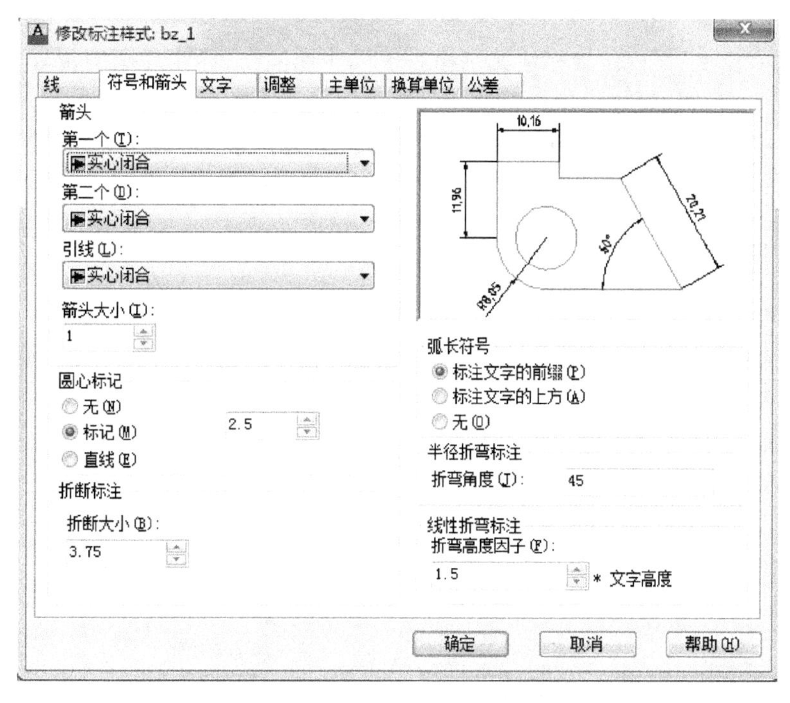

图 5-31　“符号和箭头”选项卡

● 在“箭头”框内设置合适的箭头格式,在“箭头大小”下拉列表框输入合适的箭头大小,这里选择“1”。

⑤ 如图 5-32 所示,在“文字”选项卡设置标注文字格式。

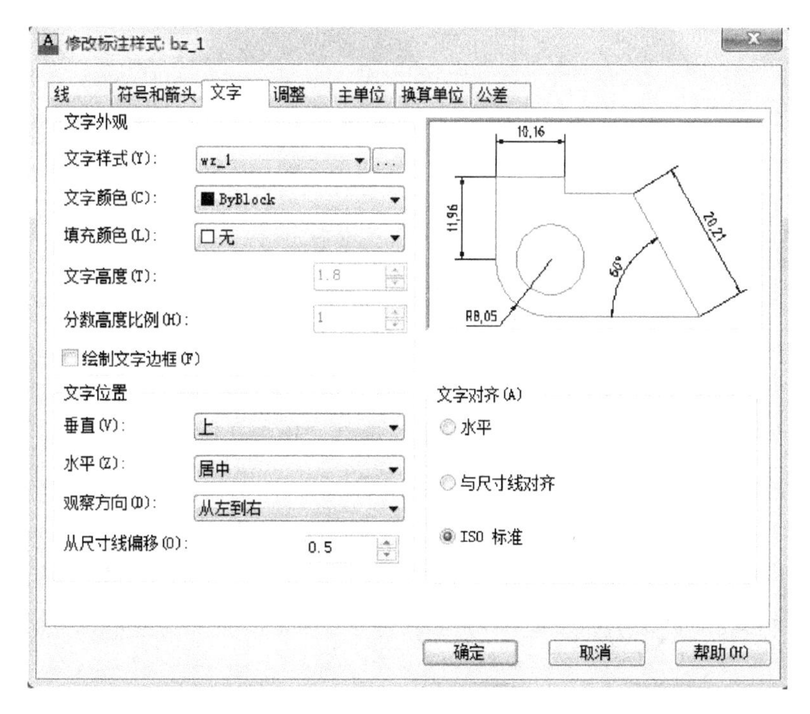

图 5-32　“文字”选项卡

● 在“文字外观”框内设置合适的文字格式，包含“文字样式”“文字颜色”“填充颜色”“文字高度”“分数高度比例”等。

● 在“文字位置”框内设置标注文字相对于尺寸标注线、标注界限的位置，包含“垂直”“水平”“观察方向”“从尺寸线偏移”等。

● 在“文字对齐”框内设置合适的文字对齐格式，包含“水平”“与尺寸线对齐”“ISO 标准”。

⑥ 如图 5-33 所示，在“调整”选项卡设置标注文字格式。

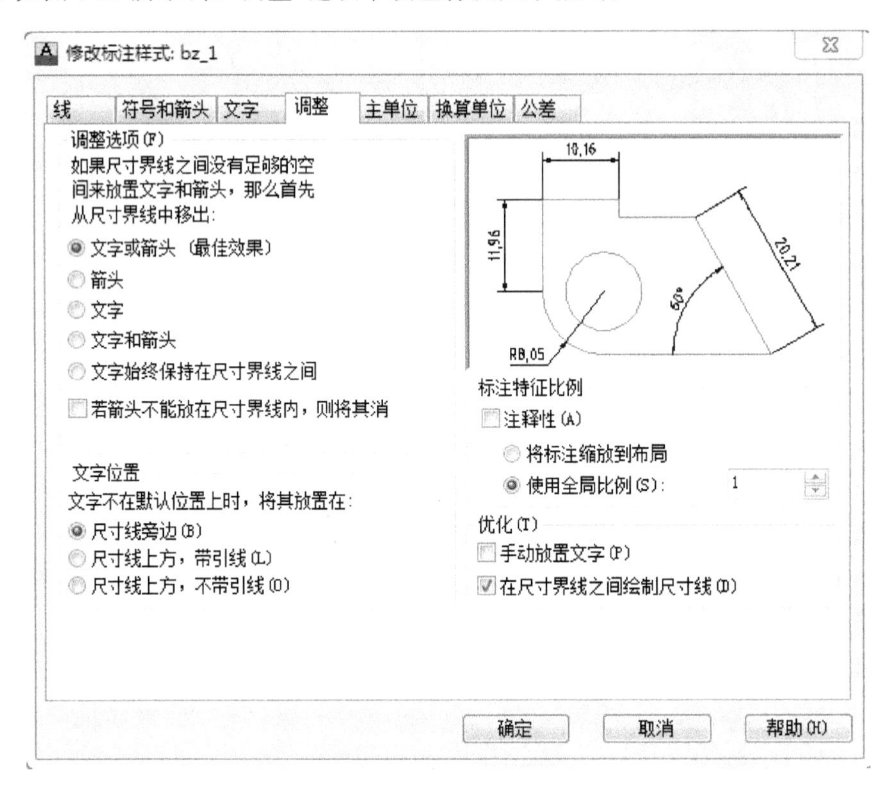

图 5-33 “调整”选项卡

⑦ 如图 5-34 所示，在“主单位”选项卡设置标注尺寸单位。

在“线性标注”框内设置“单位格式”“精度”“分数格式”“小数分隔符”“舍入”“前缀”“后缀”；在“测量单位比例”框内设置“比例因子”等等。

⑧ 单击“确定”，返回“标准样式管理器”对话框，选中“bz_1”，单击“置为当前”，单击“关闭”，如图 5-35 所示。

步骤 5 完成高度标注。

① 单击“图层”→打开“图层特性管理器”，将“bz”设置为当前图层，单击“关闭”，如图 5-36 所示。

② 单击“标注”→打开“线性标注”，或在命令行输入“dli”，如图 5-37 所示。

③ 依次选中图 5-38 所示的两点，拖动光标到放置高度标注“6”的位置，单击“确定”，如图 5-38、图 5-39、图 5-40 所示。

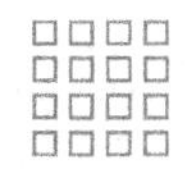

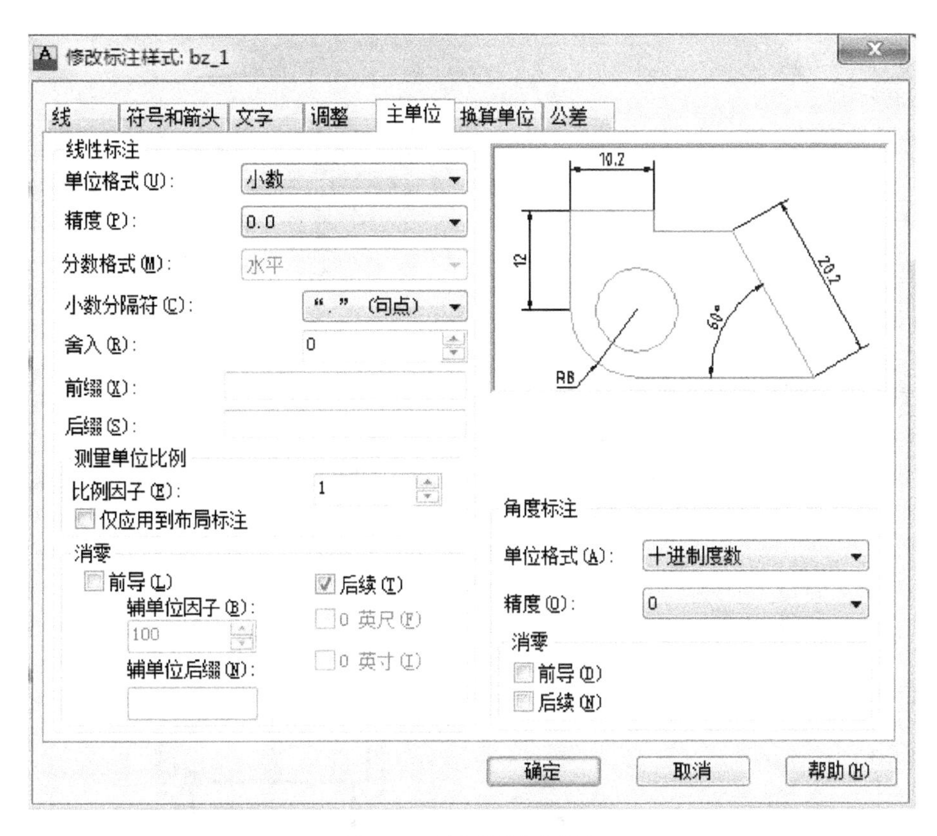

图 5-34　“主单位”选项卡

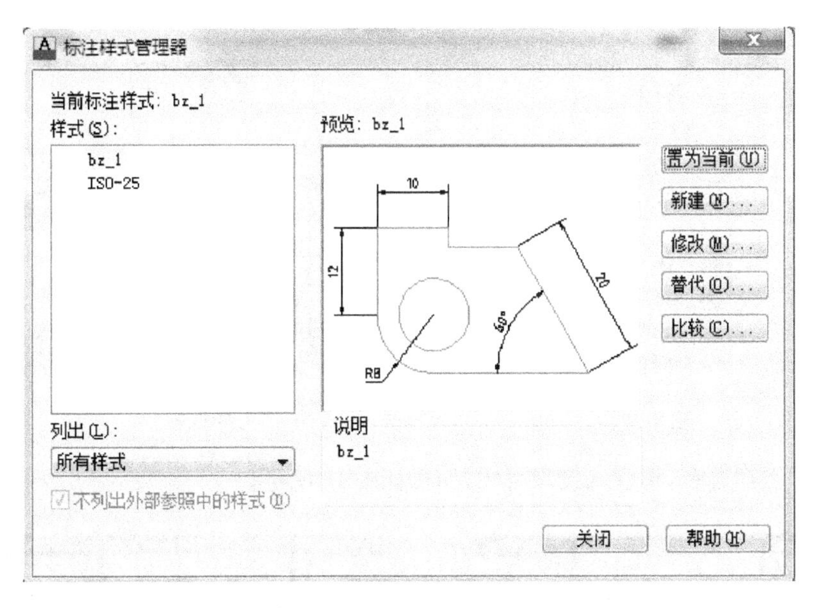

图 5-35　“标注样式管理器”对话框

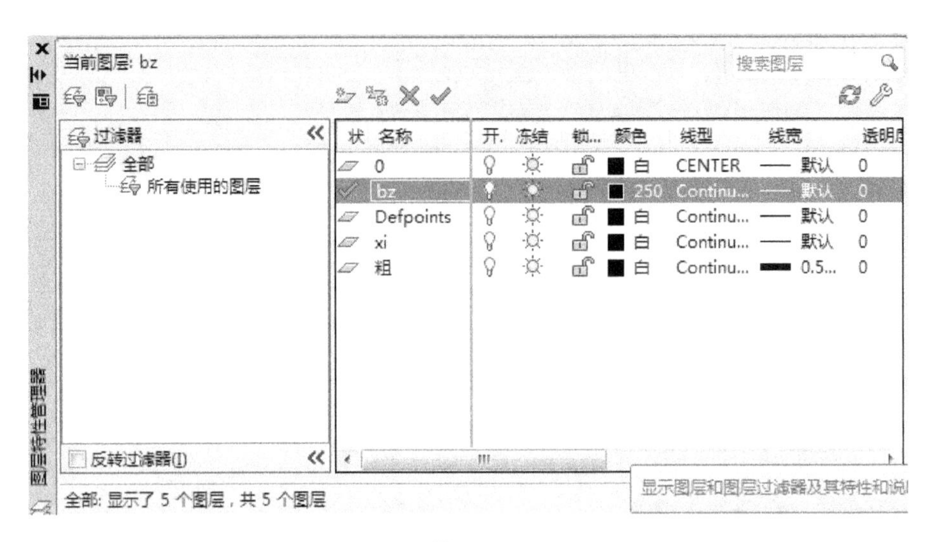

图 5-36

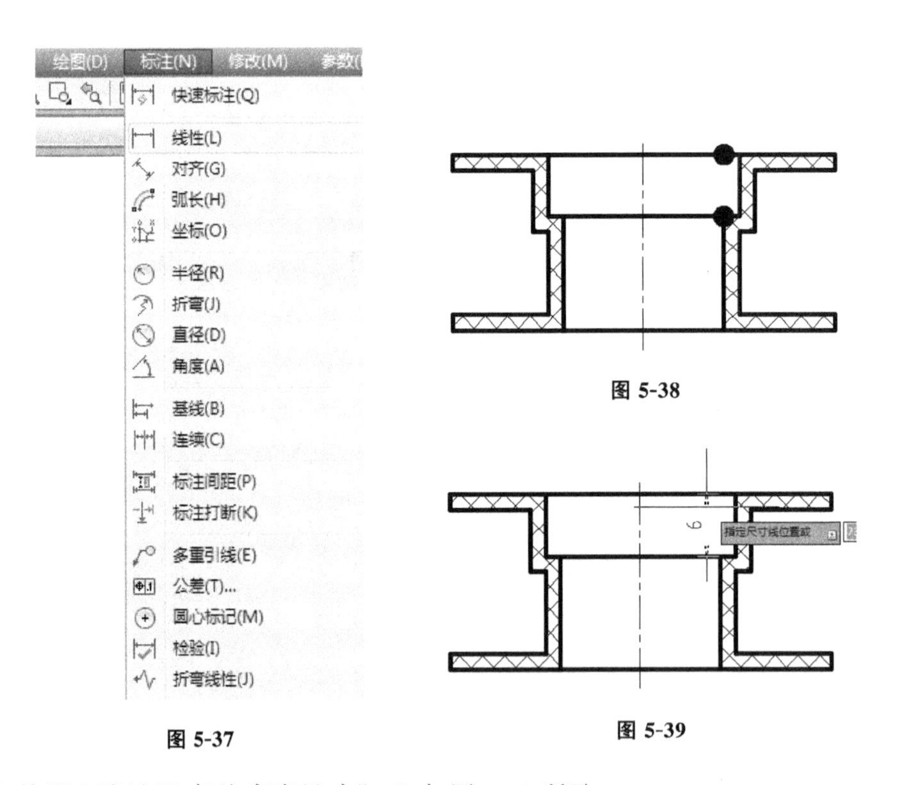

图 5-37

图 5-38

图 5-39

④ 按照上述过程，标注高度尺寸“17”，如图 5-41 所示。

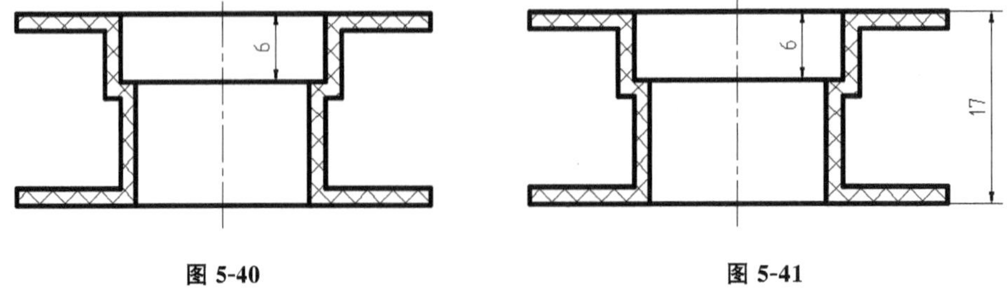

图 5-40

图 5-41

步骤 6 完成厚度标注。

① 按照高度标注的步骤标注尺寸“1.5”。

② 在命令行输入“ed”按“回车”键，光标显示“选择注释对象或”，用于选择需要修改的标注，如图 5-42 所示。

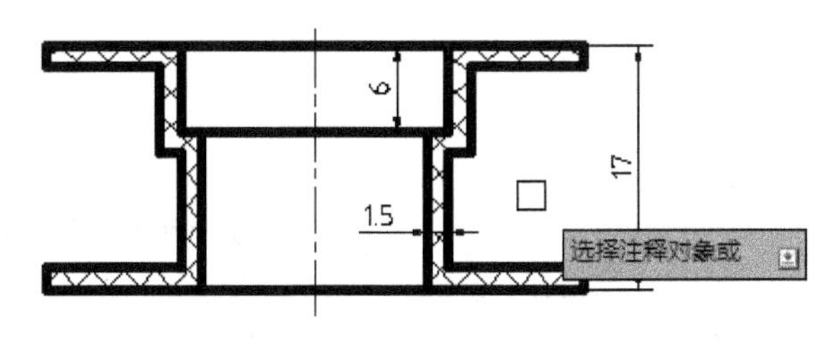

图 5-42

③ 选中“1.5”，显示“文字格式”编辑对话框，如图 5-43 所示。

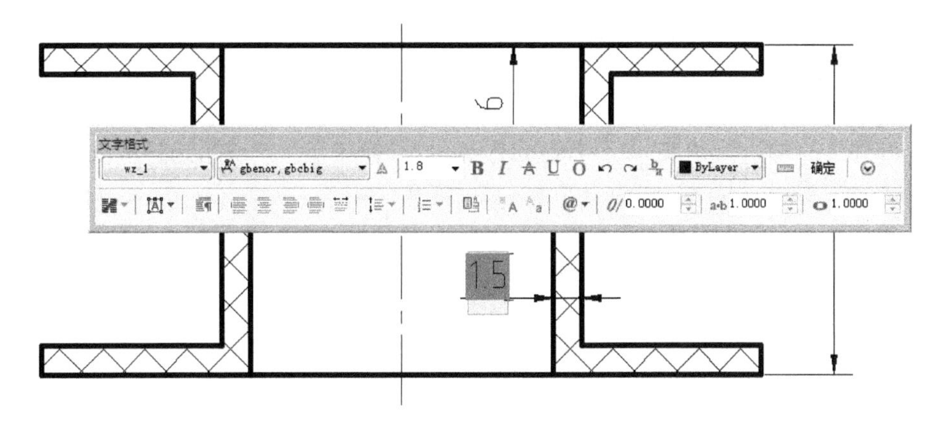

图 5-43

④ 将光标移至“1.5”右侧，按照 Windows 文字编辑模式输入“(全部壁厚)”，单击“确定”退出“文字格式”对话框，再次按“回车”键退出文字编辑命令，如图 5-44 所示。

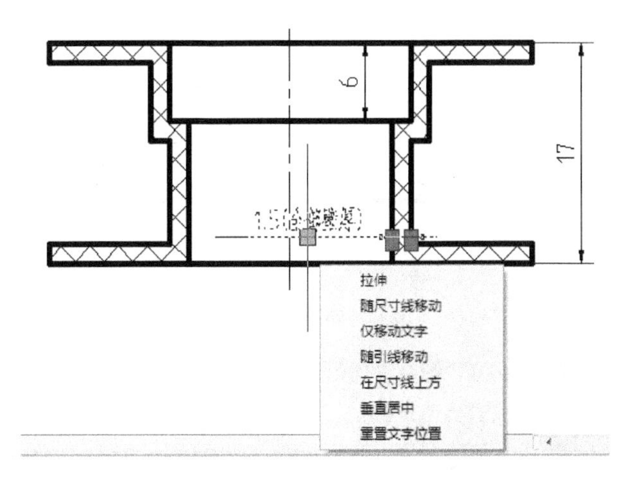

图 5-44

⑤ 选中“1.5(全部壁厚)”,拖动光标,将标注放置在合适的位置,如图 5-45 所示。

步骤 7 完成直径标注。

① 单击“标注”→“线性”,打开线性标注。

注意:此处待标注尺寸为线性长度,不能直接使用“直径标注”。

② 按照上述线性标注方式,标注三个直径数据,如图 5-46 所示。

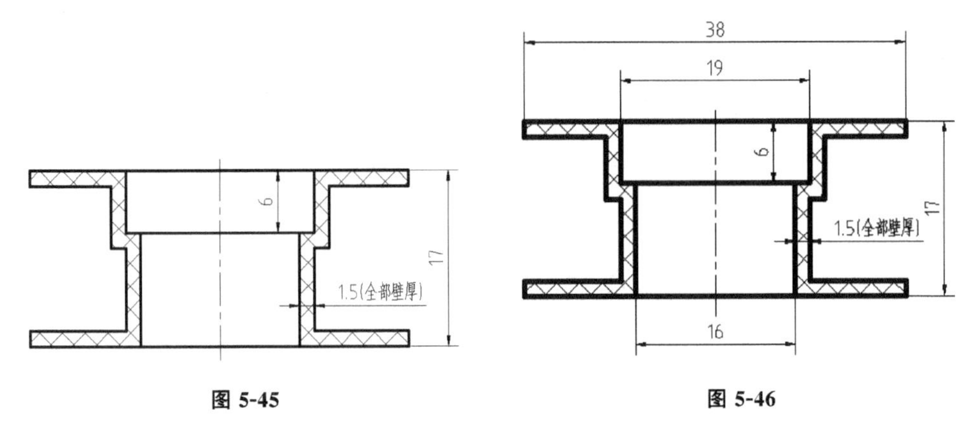

图 5-45　　图 5-46

③ 在命令行输入“ed”按“回车”键,光标显示“选择注释对象或”,选择修改的直径值后标注“38”。

④ 确定光标在“38”左侧,输入“%%c”,标注文字显示为“ϕ38”,单击“确定”,如图 5-47 所示。选择下一个需要修改的直径标注。

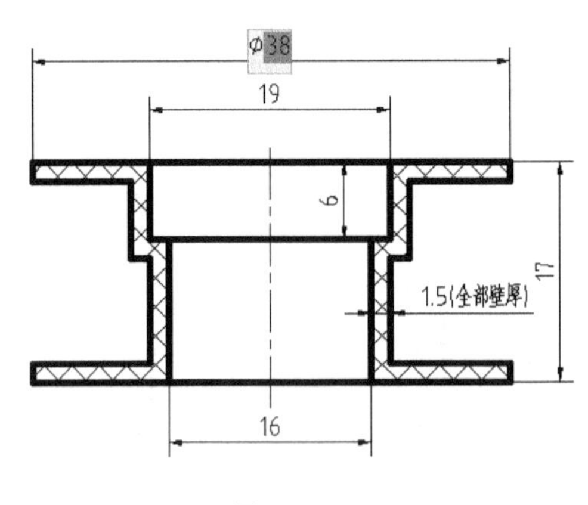

图 5-47

⑤ 按照上述方式完成“ϕ19”“ϕ16”的标注,如图 5-48 所示。

知识点 1　标注样式设置

在 AutoCAD 中,标注的文字、尺寸线、尺寸界线、箭头等必须遵守工程制图的相关要求。这里具体介绍标注样式的格式设置。

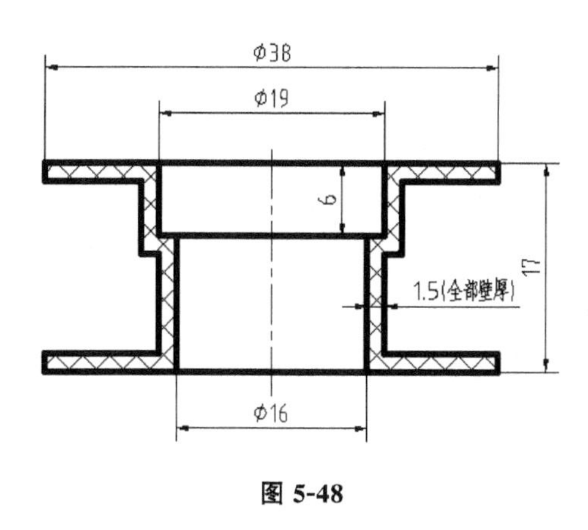

图 5-48

1. 新建标注样式格式

操作步骤如下。

步骤 1　单击菜单栏“格式”→“标注样式”→打开“标注样式管理器”对话框，如图 5-49 所示。

或在命令行输入“d”，按“回车”键。

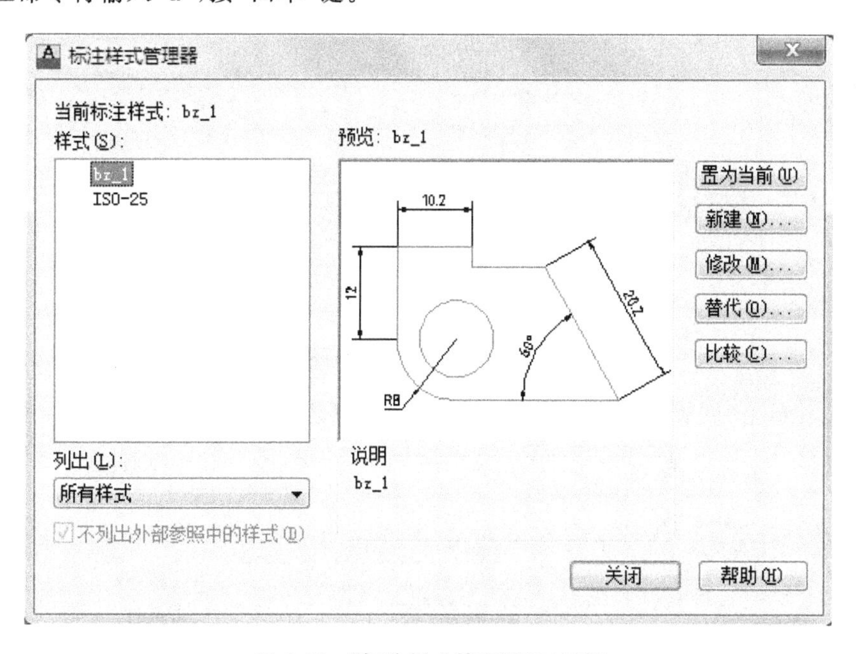

图 5-49　“标注样式管理器”对话框

步骤 2　单击“新建”→打开“创建新标注样式”对话框，如图 5-50 所示。

步骤 3　输入“新样式名”。

步骤 4　选择合适的“基础样式”，新建的标注样式将保留基础样式的标注格式设置。

步骤 5　设置该标注样式的使用范围。

步骤 6　单击“继续”进入该标注样式的格式设置对话框。

2. 修改已有的标注样式

步骤如下。

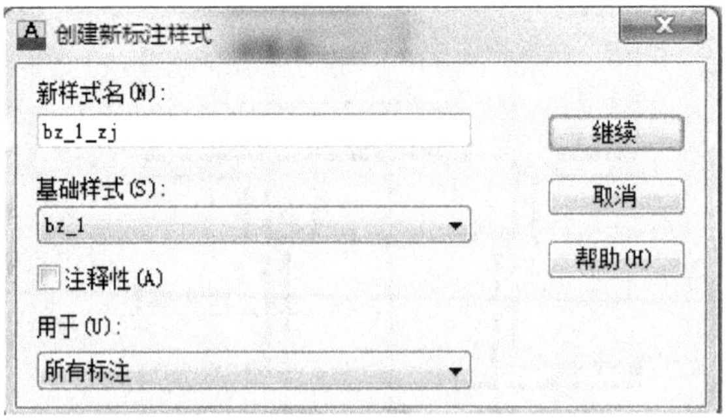

创建新标注样式
新样式名(N):
bz_1_zj
继续
基础样式(S):
bz_1
取消
注释性(A)
帮助(H)
用于(U):
所有标注

图 5-50 “创建新标注样式”对话框

步骤 1 选中待修改的标注样式名称，如图 5-51 所示。

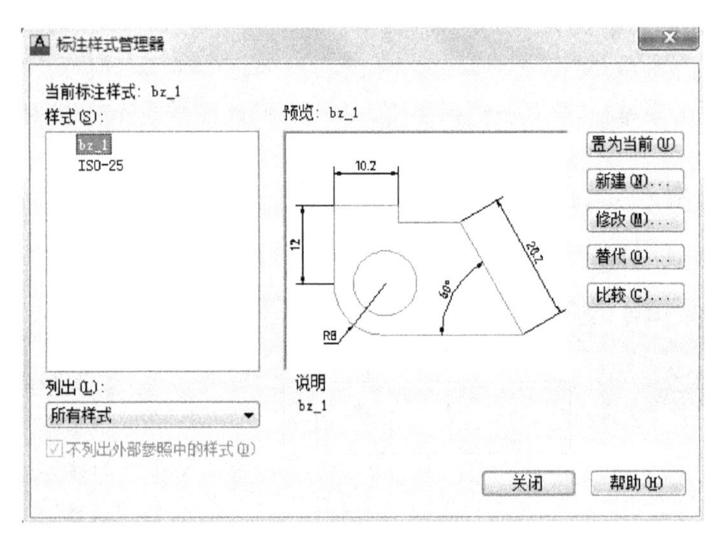

图 5-51 “标注样式管理器”对话框

步骤 2 单击“修改”进入该“标注样式管理器”对话框，如图 5-52 所示。

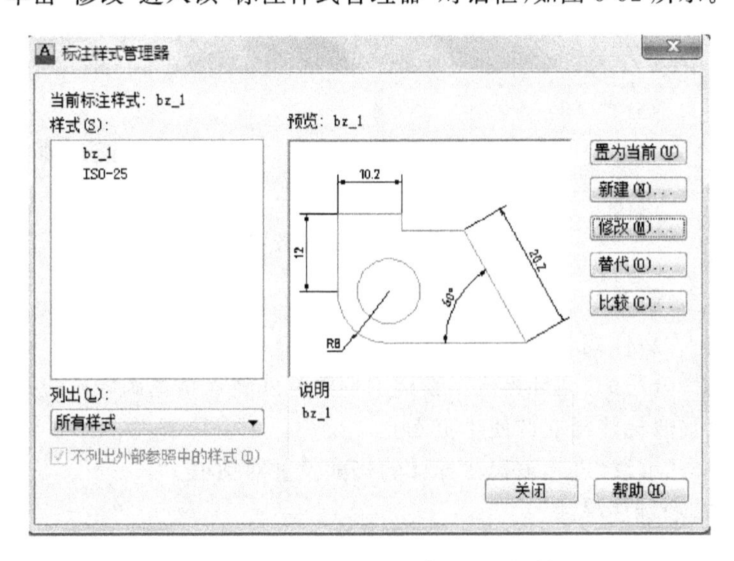

图 5-52 bz_1“标注样式管理器”对话框

3. 将待选标注样式设置为当前样式

步骤如下。

步骤 1　选中待修改的标注样式名称，如图 5-53 所示。

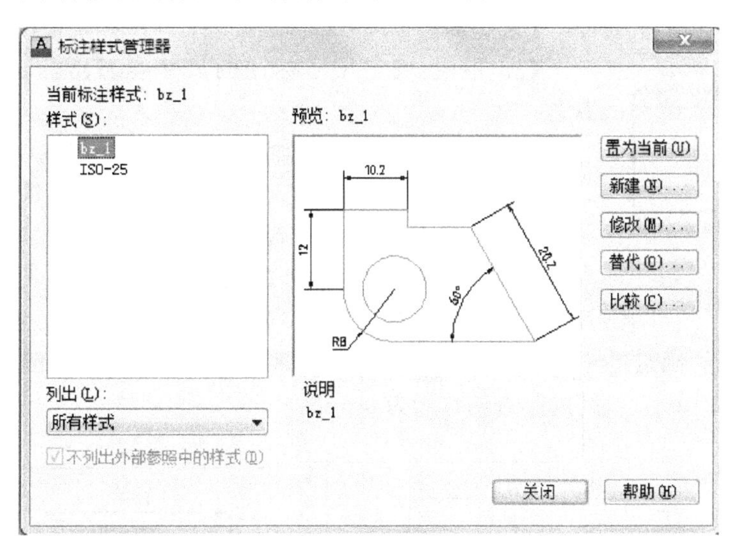

图 5-53　“标注样式管理器”对话框

步骤 2　单击“置为当前”，将选中的标注样式设置为尺寸标注格式。

4. 标注样式的格式设置的含义

说明如下。

（1）“线”选项卡如图 5-54 所示。

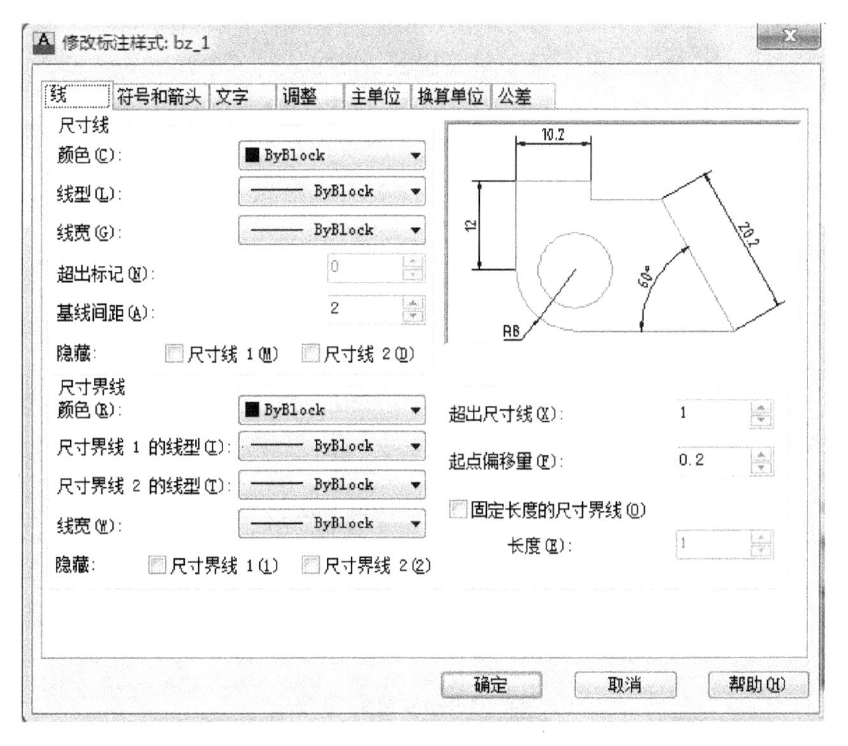

图 5-54　“线”选项卡

①“尺寸线”框用确定尺寸标注的尺寸线格式。

颜色：确定尺寸标注的尺寸线颜色。

线型：确定尺寸标注的尺寸线线型，一般细实线居多。

线宽：确定尺寸标注的尺寸线宽度。

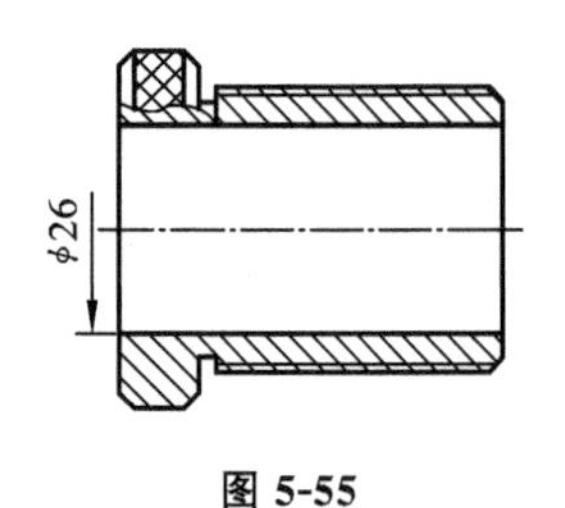

图 5-55

超出标记：确定尺寸标注的尺寸线超出标记的距离，一般灰色。

基线间距：确定尺寸标注的尺寸线相对于基线的距离。

隐藏：确定是否隐藏尺寸标注的尺寸线，如图 5-55 所示。

②“尺寸界线”框用于设置尺寸界线的格式。

超出尺寸线：确定尺寸界线超出尺寸线的长度。如图 5-56 所示，“ϕ38”为超出尺寸线 3 mm；“ϕ19”为超出尺寸线 0 mm。

起点偏移量：确定尺寸界线起点相对于标注轮廓线的距离。如图 5-57 所示，“ϕ38”的起点偏移量为 1 mm；“ϕ19”的起点偏移量为 0 mm。

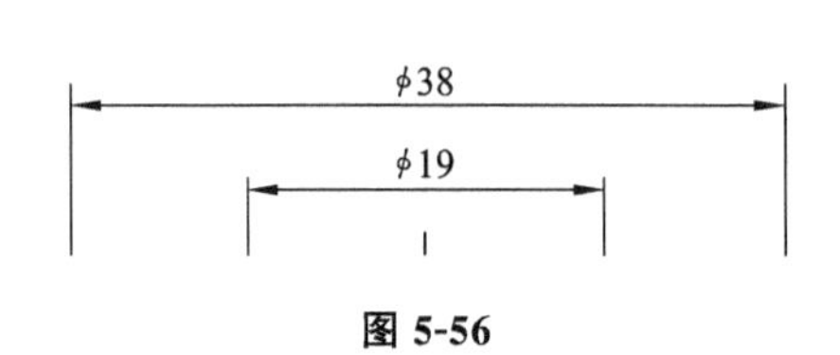

图 5-56

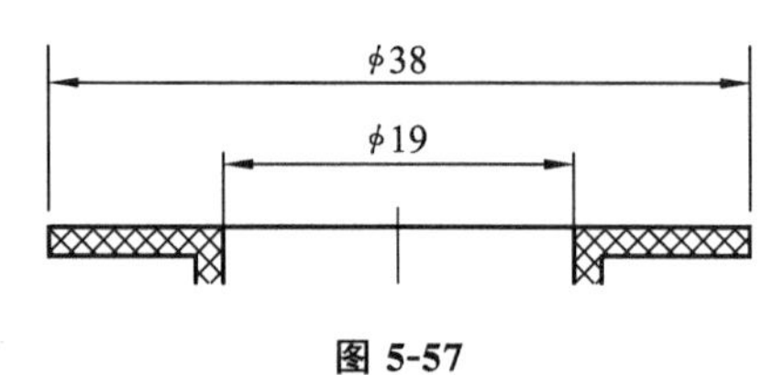

图 5-57

固定长度的尺寸界线：确定尺寸界线的长度。

(2)“符号和箭头”选项卡如图 5-58 所示。

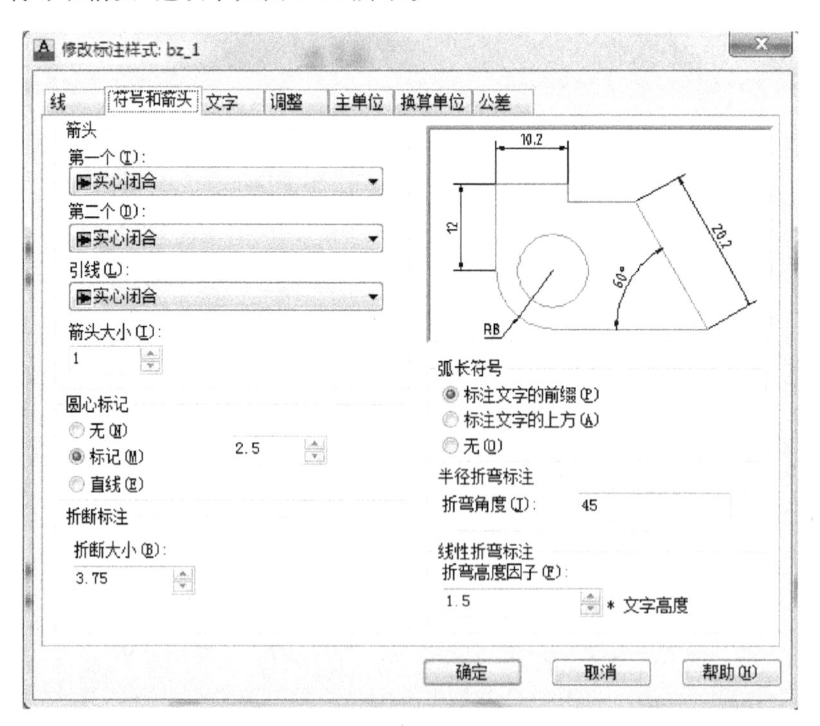

图 5-58 “符号和箭头”选项卡

① “箭头”框用于设置尺寸标注的两端箭头型号、引线箭头型号和箭头大小。如图5-59所示，左右箭头分别为实心、空心箭头。

② “圆心标记”框用于对圆的圆心标记的进行设置，如图5-60所示。

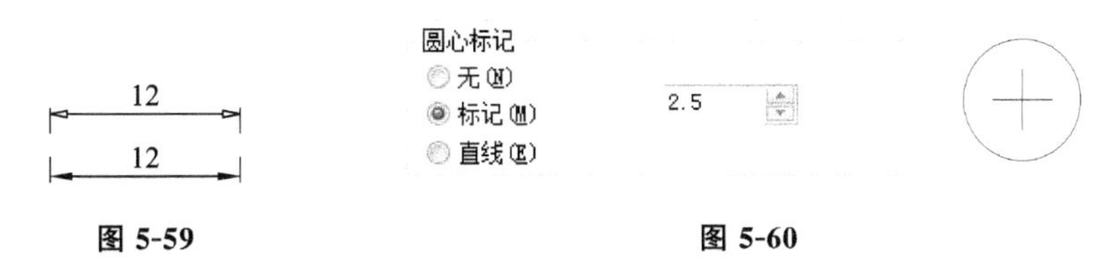

图 5-59　　　　图 5-60

③ “折断标注”框用于确定折断标注的折断大小。

④ “弧长符号”框用于确定标注弧长的符号位置，如图5-61所示。

⑤ “半径折弯标注”框用于确定圆、圆弧半径尺寸的标注折弯角度。

⑥ “线性折弯标注”框用于确定线性尺寸折弯标注相对于标注文字的高度。

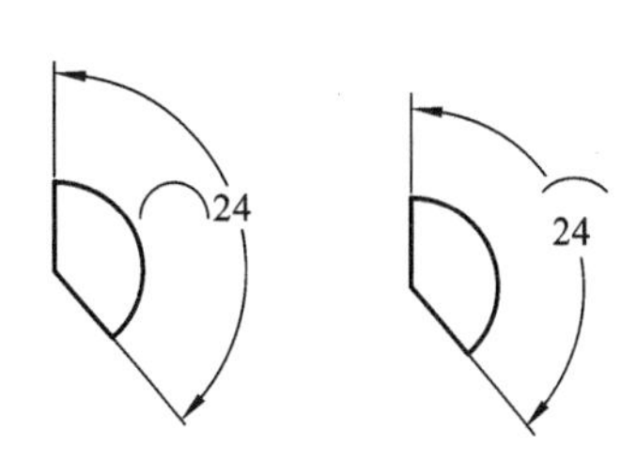

图 5-61

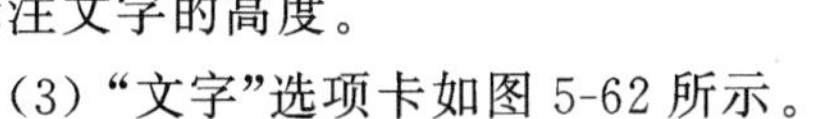

(3) “文字”选项卡如图5-62所示。

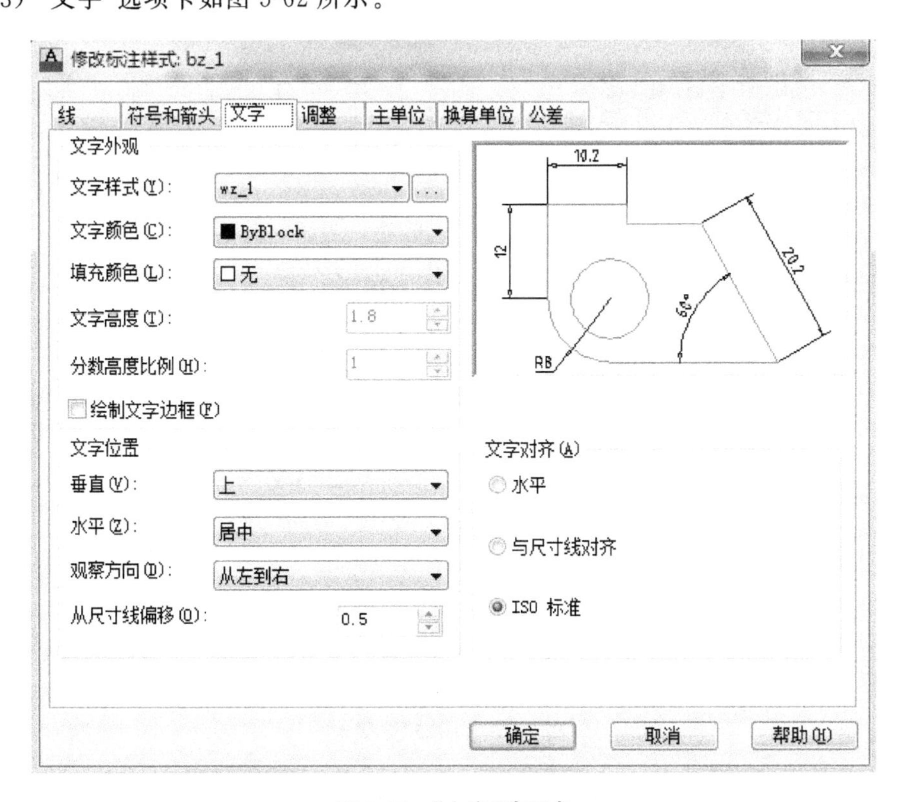

图 5-62　“文字”选项卡

① “文字外观”框用于设置标注尺寸的文字样式、颜色、填充颜色、文字高度、分数高度比例，以及是否设置文字边框，如图5-63所示。

② “文字位置”框用于确定文字的水平、垂直位置，观察方向和文字相对尺寸线的距

离，如图 5-64 所示。

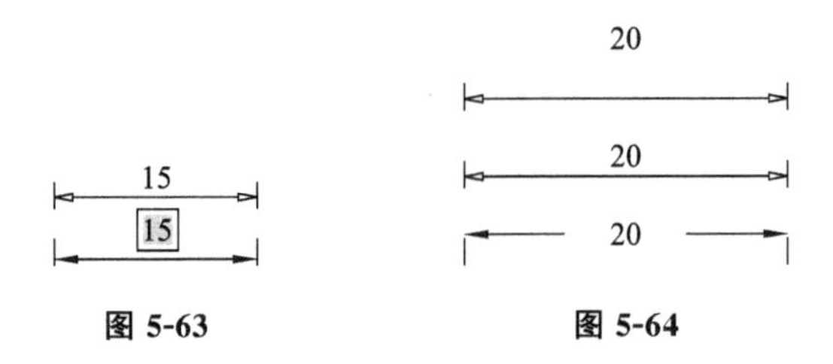

图 5-63　　　　图 5-64

③“文字对齐”框用于确定标注文字和尺寸线的对齐方式。图 5-65 所示为“水平”“与尺寸线对齐”“ISO 标准”的标注示例。

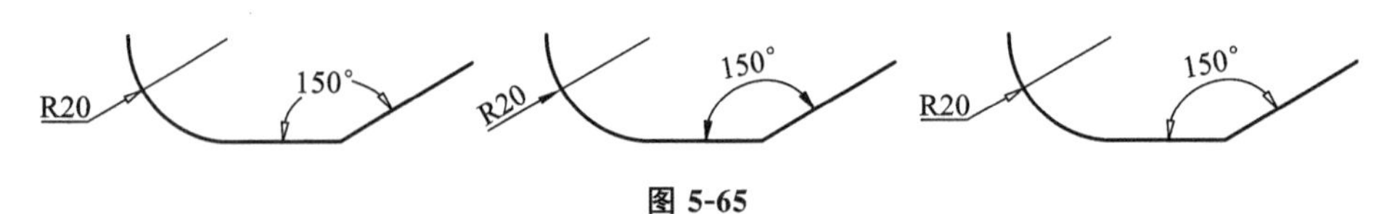

图 5-65

(4)“调整”选项卡如图 5-66 所示。

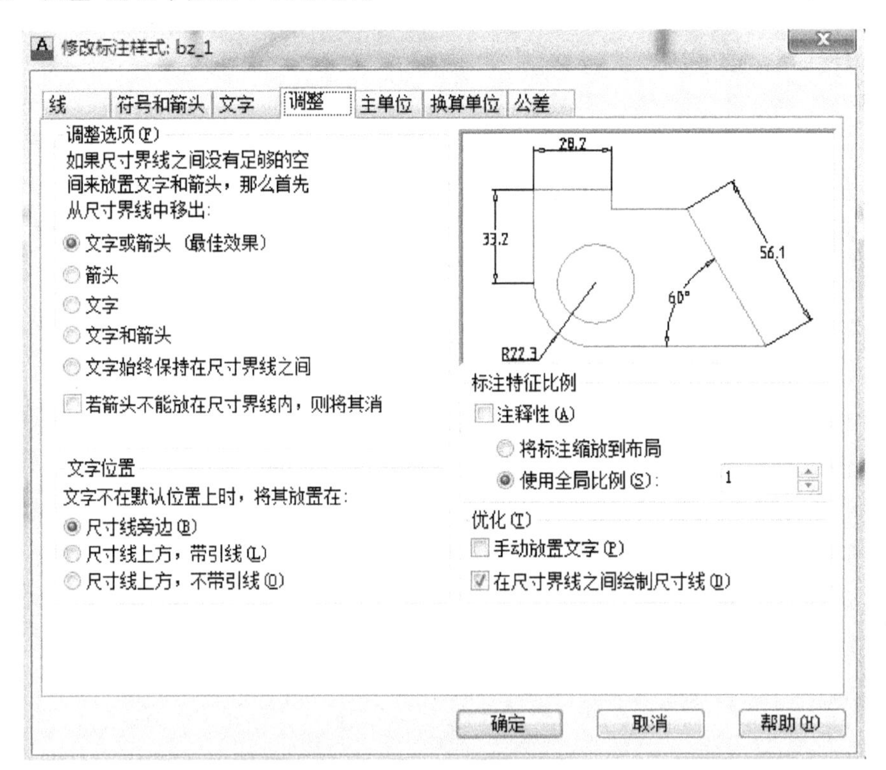

图 5-66　“调整”选项卡

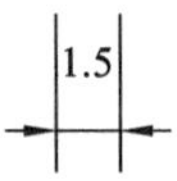

①“调整选项”框标注小尺寸时，由于尺寸数字与箭头无法放在尺寸界线之间，可选择相应方式调整。图 5-67 所示为箭头放在尺寸界线外的标注。

1.5

图 5-67

②“文字位置”框用于确定文字的实际放置位置。

③“标注特征比例”框用于确定标注的注释性、缩放和比例。

④“优化”框用于对尺寸标注的文字、尺寸线进行格式设置。

(5)“主单位”选项卡如图 5-68 所示。

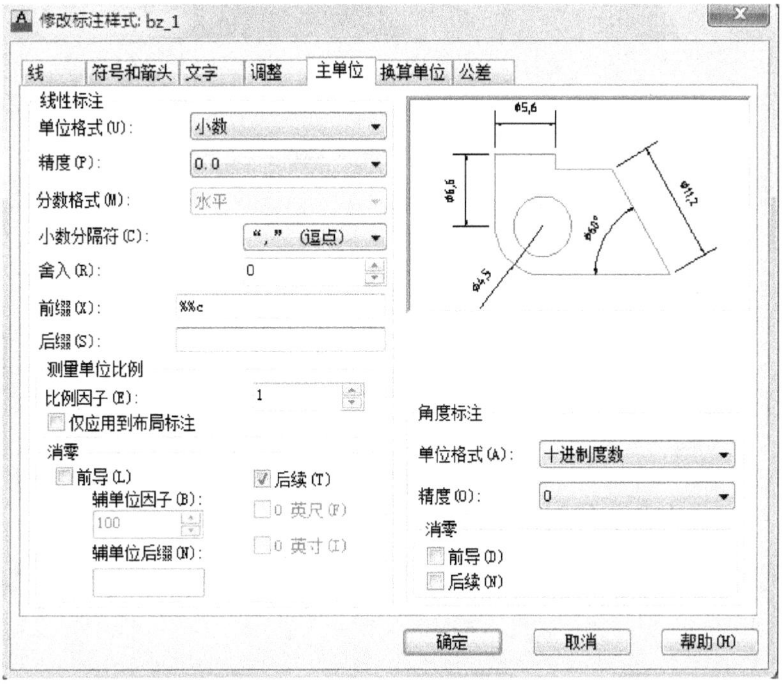

修改标注样式: bz_1

线 | 符号和箭头 | 文字 | 调整 | 主单位 | 换算单位 | 公差

线性标注
单位格式(U): 小数
精度(P): 0.0
分数格式(M): 水平
小数分隔符(C): “,” (逗点)
舍入(R): 0
前缀(X): %%c
后缀(S):
测量单位比例
比例因子(E): 1
仅应用到布局标注
消零
前导(L)　后续(T)
辅单位因子(B): 100　0 英尺(F)
辅单位后缀(N):　0 英寸(I)

ϕ5,6　ϕ6,6　ϕ11,2　ϕ60°　ϕ4,5

角度标注
单位格式(A): 十进制度数
精度(O): 0
消零
前导(D)
后续(N)

确定　取消　帮助(H)

图 5-68 “主单位”选项卡

①“线性标注”框用于设置尺寸标注的单位格式、精度、分数格式、小数分隔符、舍入、前缀、后缀、比例因子等。

注意:对线性尺寸需要标注直径符号的,可采用设置标注格式为带前缀“%%c”,对应标注均显示为“ϕ 尺寸大小”。

测量单位比例:设置绘图与标注比例。

若绘图比例为 1∶1,则绘制图形大小为实际大小,此处比例因子输入“1”,标注显示实际尺寸大小;图 5-69 所示的“ϕ6”的圆按照 1∶1 绘图,比例因子输入“1”。

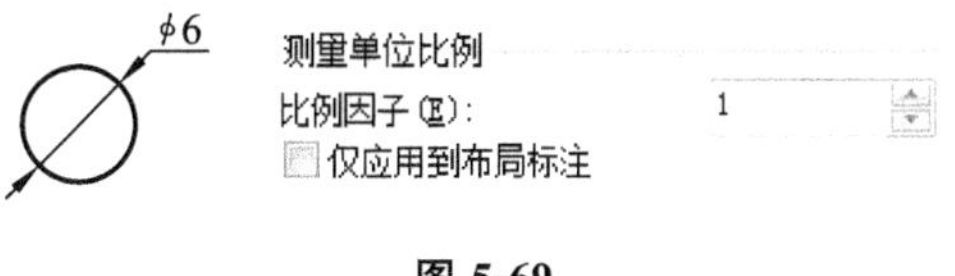

图 5-69

若绘图比例为 2∶1,则绘制图形需放大两倍,此处输入“0.5”,标注显示实际尺寸大小;图 5-70 所示为按比例 2∶1 绘制“ϕ6”的圆,左边图形比例因子为“1”,右边图形比例因子为“0.5”。

②“消零”框用于确定尺寸标准的文字前后是否去掉零位。

如主单位精度为“0.00”,图 5-71(a)所示为不选“后续”,图 5-71(b)所示为选择“后续”。

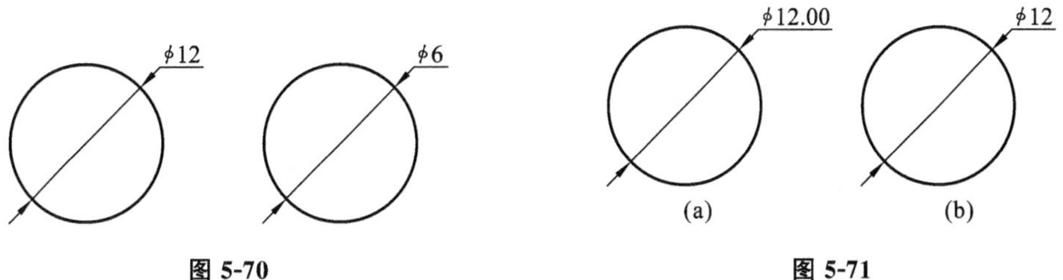

图 5-70　　**图 5-71**

③ “角度标注”用于设置角度标准的单位格式、精度等参数。

(6) “换算单位”选项卡：如勾选“显示换算单位”，则标注尺寸显示毫米、英寸两种尺寸，如图 5-72 所示。

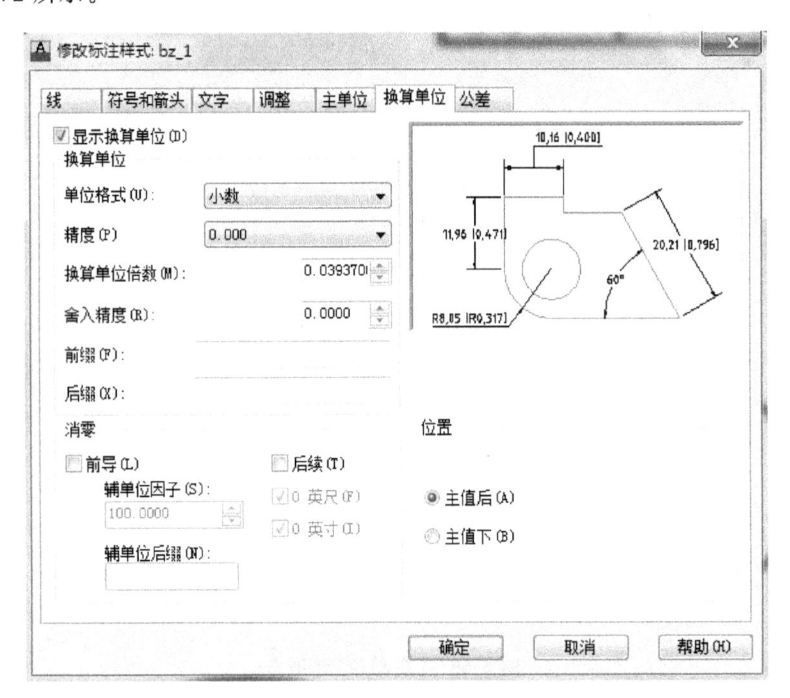

图 5-72

(7) “公差”选项卡用于确定尺寸标注的公差。

① 设置标注公差为对称公差，如图 5-73、图 5-74 所示。

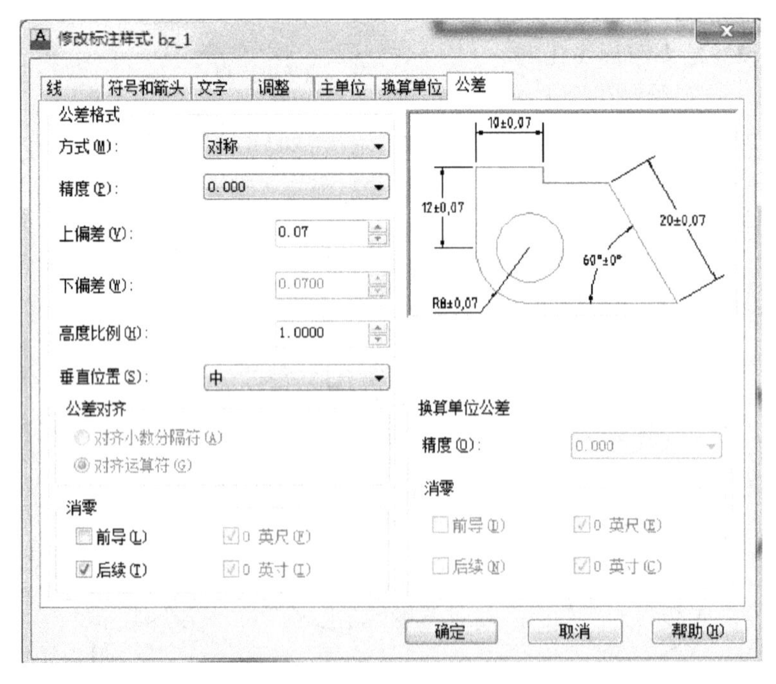

图 5-73

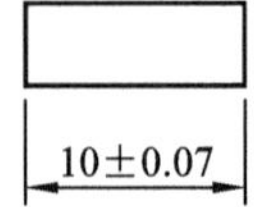

图 5-74

② 设置标注公差为极限偏差，如图 5-75、图 5-76 所示。

修改标注样式：bz_1

线 | 符号和箭头 | 文字 | 调整 | 主单位 | 换算单位 | 公差

公差格式

方式(M)：极限偏差

精度(P)：0.000

上偏差(V)：0.0210

下偏差(W)：0.0000

高度比例(H)：0.6000

垂直位置(S)：中

公差对齐

○ 对齐小数分隔符(A)

◉ 对齐运算符(G)

消零

☐ 前导(L) ☑ 0 英尺(F)

☑ 后续(T) ☑ 0 英寸(I)

换算单位公差

精度(O)：0.000

消零

☐ 前导(D) ☑ 0 英尺(E)

☐ 后续(N) ☑ 0 英寸(C)

确定 取消 帮助(H)

图 5-75

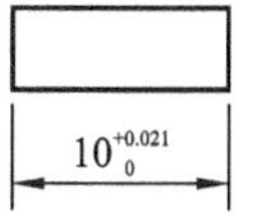

图 5-76

知识点 2 线性标注与对齐标注

1. 线性标注

线性标注主要用于标注选定两点间的水平、垂直距离。

单击“标注”→“线性标注”，或在命令行输入“dli”，按“回车”键。

操作方法：依次选中图 5-77 中的两点，拖动光标到放置标注的位置，单击“确定”即可。

2. 对齐标注

对齐标注主要用于标注选定两点间的连线距离。单击“标注”→“对齐标注”，或在命令行输入“dal”，按“回车”键。

操作方法：依次选中图 5-78 中的两点，拖动光标到放置标注的位置，单击“确定”即可。

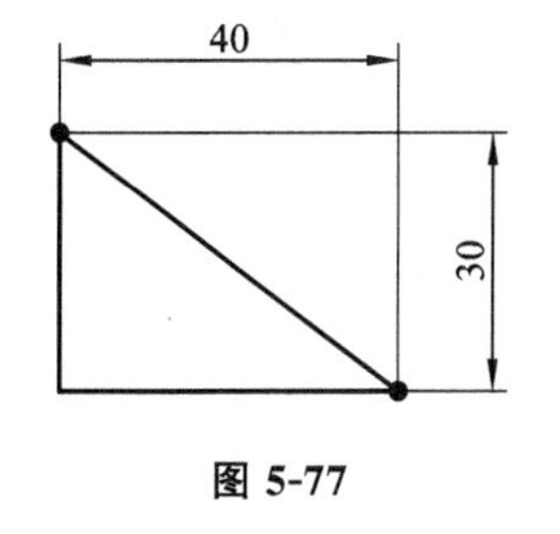

图 5-77

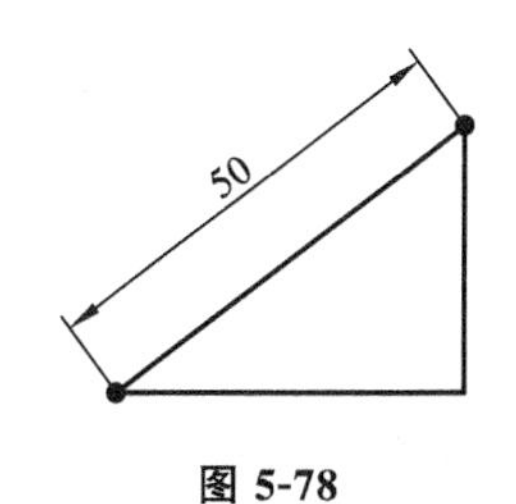

图 5-78

知识点3　直径与半径标注

1. 半径标注

半径标注主要用于标注圆、圆弧的半径。单击“标注”→“半径”，或在命令行输入“dra”按“回车”键，如图 5-79 所示。

操作方法：调出命令，选中待标注的圆、圆弧，拖动光标到放置标注的位置，单击“确定”，如图 5-80 所示。

2. 直径标注

直径标注主要用于标注圆、圆弧的直径。单击“标注”→“直径标注”，或在命令行输入“ddi”，按“回车”键。

操作方法：调出命令，选中待标注的圆、圆弧，拖动光标到放置标注的位置，单击“确定”，如图 5-81 所示。

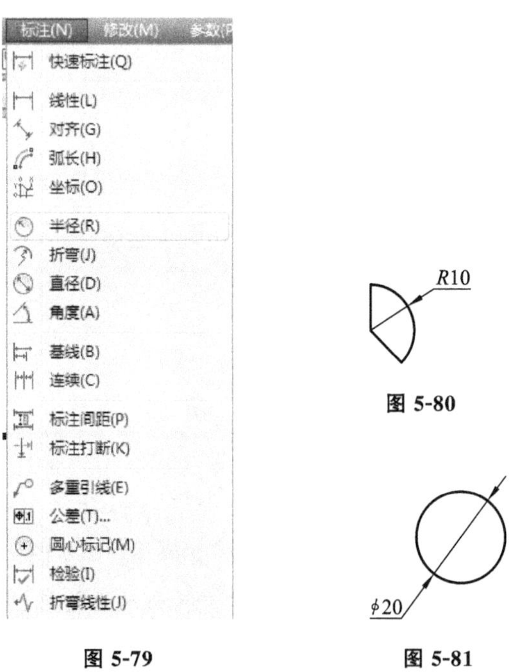

图 5-80

图 5-79　　图 5-81

知识点4　角度标注

角度标注主要用于标注圆弧、直线与直线的角度。单击“标注”→“角度”，或在命令行输入“dan”，按“回车”键，如图 5-82 所示。

1. 圆弧角度标注操作方法

调出命令，选中待标注的圆弧，拖动光标到放置标注的位置，单击“确定”，如图 5-83 所示。

2. 直线间角度标注操作方法

调出命令，依次选中待标注的直线，拖动光标到放置标注的位置，单击“确定”，如图 5-84 所示。

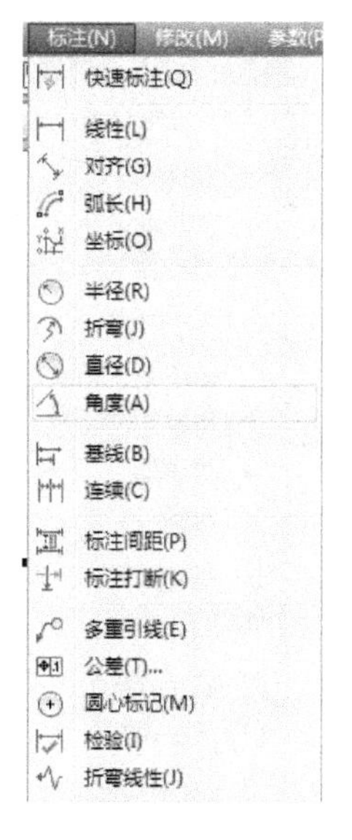

图 5-82

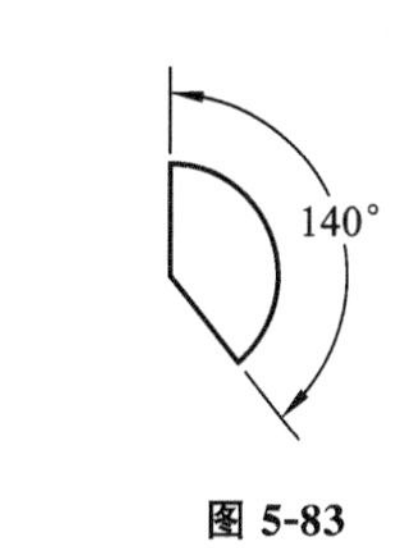

图 5-83

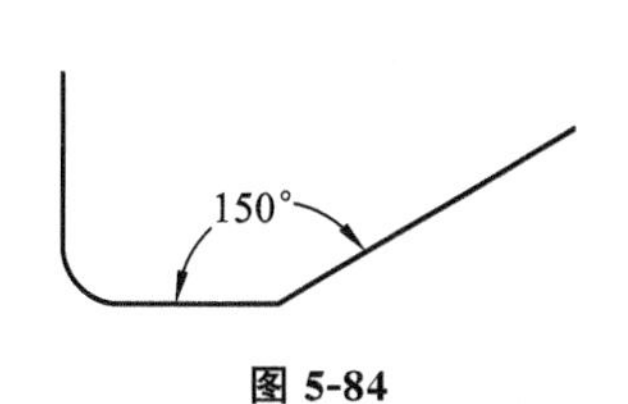

图 5-84

知识点 5　基线与连续标注

1. 基线标注

基线标注主要用于在同一方向有很多线性尺寸，且从同一基点开始标注的场合。单击“标注”→“基线”，或在命令行输入“dba”，按“回车”键，如图 5-85 所示。

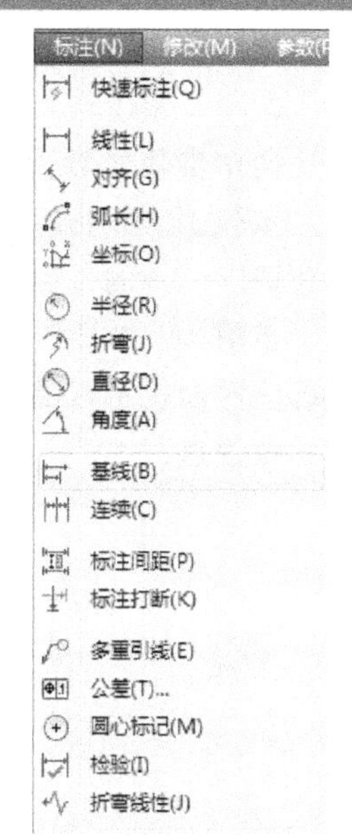

图 5-85

操作方法步骤如下。

步骤 1　如图 5-86 所示，采用“线性标注”标注第一个长度尺寸。标注时请注意线性标注两点选择的先后次序，第一点为后续基线标注的“基点”。

步骤 2　选择“基线”，单击待标注的第二点；第一点默认为前一线性标注的第一点，即“基点”，如图 5-87 所示。

步骤 3　按照上述步骤完成余下标注，如图 5-88 所示。

2. 连续标注

连续标注主要用于在同一方向有很多线性尺寸需要标注，且各标注连续的场合。单击“标注”→“连续”，或在命令行输入“dco”，按“回车”键，如图 5-89 所示。

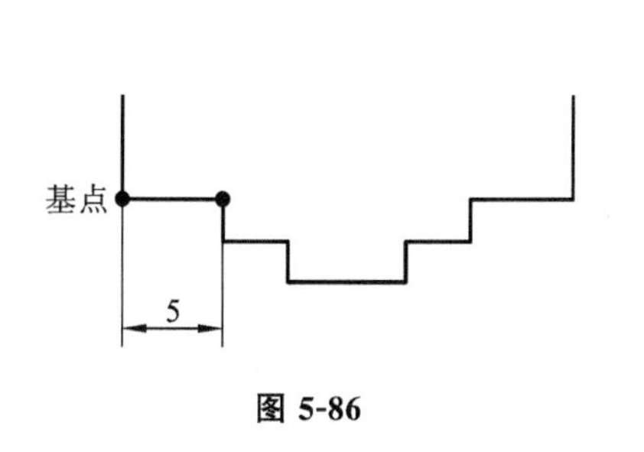

图 5-86

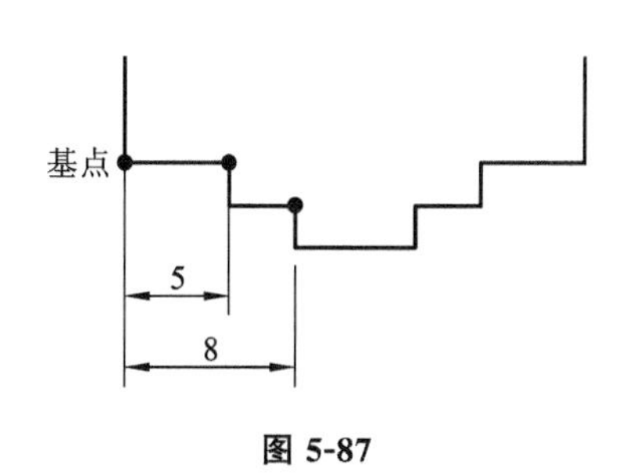

图 5-87

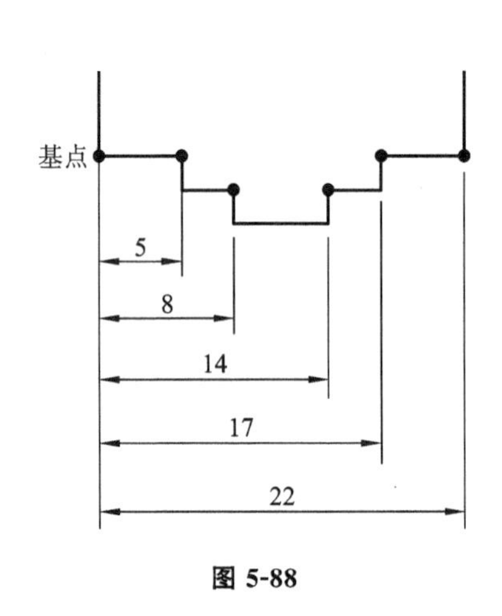

图 5-88

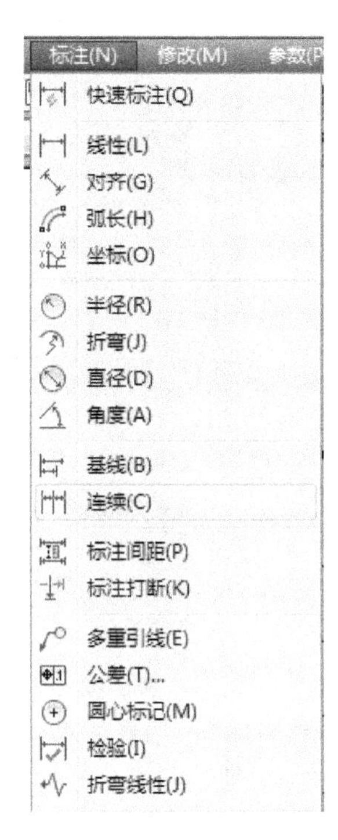

图 5-89

操作步骤如下。

步骤 1　如图 5-90 所示，采用“线性标注”标注第一个长度尺寸。标注时请注意线性标注两点选择的先后次序，第二点为后续连续标注的起始位置点。

步骤 2　如图 5-91、图 5-92 所示，采用“连续”标注第二个长度尺寸。标注时请注意连续标注时会提示以哪个标注为基础，此时选择前一线性标注的第二点为后续连续标注的起始位置点。

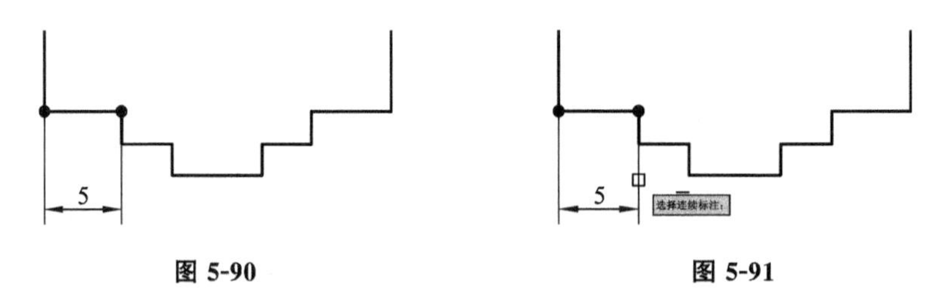

图 5-90　　图 5-91

步骤 3　按照上述步骤完成余下连续标注，如图 5-93 所示。

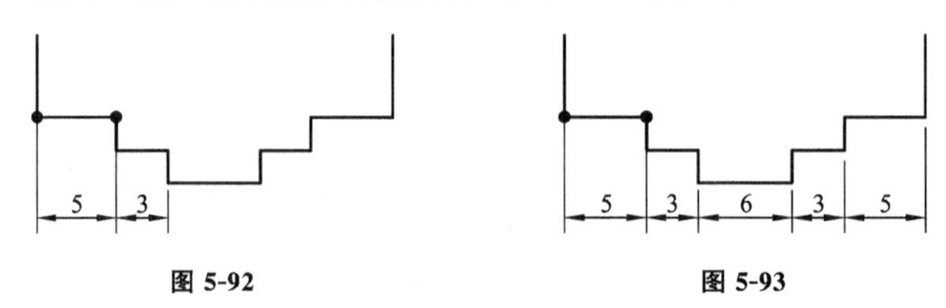

图 5-92　　图 5-93

项目总结

掌握文字样式的设置方法，能书写、编辑单行、多行文字，能对文字进行编辑、修改，能编辑特殊文字；熟记文字样式设置、单行、多行文字、文字注释等命令的快捷键，尽量少用鼠标单击功能面板、工具条、下拉菜单等命令。

掌握标注样式的设置方法，能进行长度线性、对齐尺寸、直径、半径尺寸、角度尺寸、基线、连续尺寸标注；熟记各命令的快捷键，尽量少用鼠标单击功能面板、工具条、下拉菜单等命令。

注意文字样式、标注样式的灵活使用，能对文字格式、标准具体要求进行设置，以满足各项文字、标准要求，提高绘图速度。

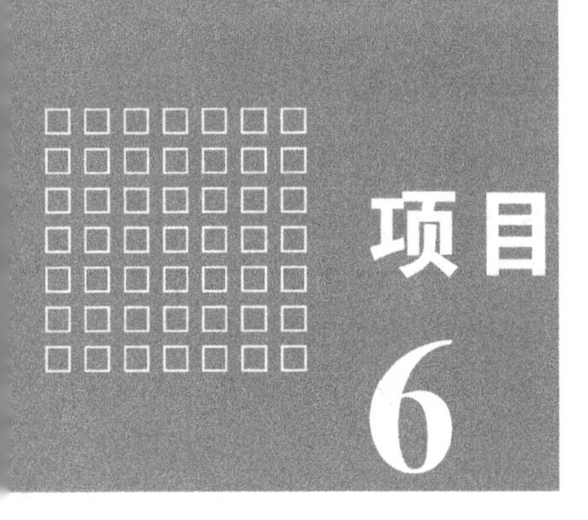

项目6 零件图的绘制

【知识目标】

- 掌握创建块、插入块的操作。
- 熟悉多重引线的使用方法。
- 掌握尺寸公差、形位公差的标注及编辑。
- 掌握零件图绘制的方法。

【能力目标】

- 能根据需要标注、编辑尺寸公差及形位公差。
- 能绘制中等复杂程度的零件图。

零件图是表达零件结构形状、大小及技术要求的图样，是制造和检验零件的主要依据。一张完整的零件图包括以下四项内容：一组视图、完整的尺寸、技术要求和标题栏。

用 AutoCAD 绘制零件图，首先必须参照机械制图的国家标准，其次必须掌握零件的各个视图的投影关系，还需要熟练地应用各种命令和所掌握的各种作图技巧，通过反复练习逐步提高作图能力。本项目主要介绍绘制零件图时所涉及的引线标注、块及其属性、尺寸公差及形位公差标注等命令和作图技巧，并以典型零件的画法给出示范。

任务1 引线标注和公差标注及块的使用

通过图 6-1 所示图形的绘制及标注，介绍“创建块”“插入块”“引线样式”“引线标注”“公差标注”等命令。

操作步骤如下。

步骤 1 新建“粗实线”“细实线”“中心线”“尺寸线”图层。

步骤 2 新建“尺寸”文字样式。

步骤 3 新建“线性”“直径”“螺纹”标注样式（为了保证标注样式的统一性，在新建其他标注样式的时候，可以选择“线性”标注样式作为基础样式，然后在“新建标注样式”对话框的“主单位”选项卡中将“前缀”分别设为“%%c”和“m”，即可得到“直径”和“螺纹”标注样式）。

步骤 4 新建“线性-公差”标注样式。

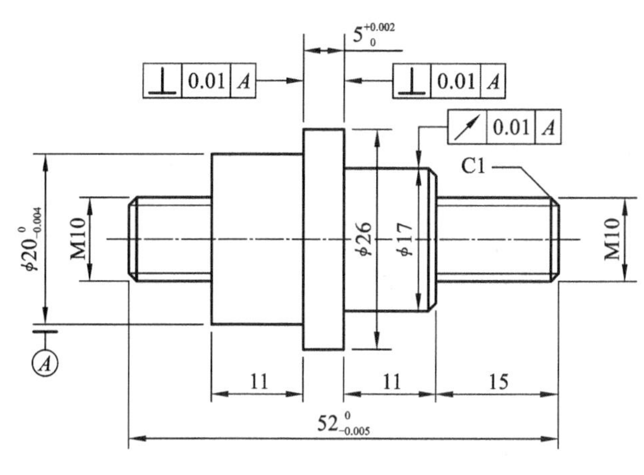

图 6-1

● 单击“格式”→“标注样式”，弹出“标注样式管理器”对话框。

● 单击“新建”按钮，弹出“创建新标注样式”对话框。在“基础样式”下拉列表中选择“线性”，在“新样式名”中输入“线性-公差”，单击“继续”，弹出“新建标注样式”对话框。

● 切换到“公差”选项卡。“方式”设为“极限偏差”；“精度”设为“0.000”；“上偏差”设为“0.002”；“高度比例”设为“0.7”；选中“消零”选区的“后续”复选框。单击“确定”按钮完成设置，单击“关闭”关闭对话框。

步骤 5 新建“直径-公差”标注样式。

● 单击“格式”→“标注样式”，弹出“标注样式管理器”对话框。

● 单击“新建”按钮，弹出“创建新标注样式”对话框。在“基础样式”下拉列表中选择“直径”，在“新样式名”中输入“直径-公差”，单击“继续”，弹出“新建标注样式”对话框。

● 切换到“公差”选项卡。“方式”设为“极限偏差”；“精度”设为“0.000”；“下偏差”设为“0.004”；“高度比例”设为“0.7”；选中“消零”选区的“后续”复选框。单击“确定”按钮完成设置，单击“关闭”关闭对话框。

步骤 6 新建“斜角”多重引线样式。

● 单击“格式”→“多重引线样式”，在弹出的“多重引线样式管理器”对话框中单击“新建”按钮，在“新样式名”中输入“斜角”，单击“继续”按钮，弹出“修改多重引线样式”对话框。

● 切换到“引线格式”选项卡，将“箭头”区中的“符号”设置为“无”。

● 切换到“内容”选项卡，将“文字样式”设为“尺寸”；将“文字高度”设为“2.5”。

● 单击“确定”，完成“斜角”多重引线样式设置；单击“关闭”，完成设置。

步骤 7 新建“公差”多重引线样式。

● 单击“格式”→“多重引线样式”，在弹出的“多重引线样式管理器”对话框中单击“新建”按钮；弹出“创建新多重引线样式”对话框，在“基础样式”下拉列表中选择“制造业(公制)”，在“新样式名”文本框中输入“公差”，单击“继续”按钮，弹出“修改多重引线样式”对话框。

● 切换到“引线格式”选项卡，将“箭头”区中的“大小”设置为“2”。

● 切换到“内容”选项卡，将“多重引线类型”设为“无”。

● 单击“确定”，完成“公差”多重引线样式设置；单击“关闭”，完成设置。

步骤 8 创建“轴段”块。

● 绘制“1×1”的单位矩形

● 单击“绘图”→“块”→“创建”，弹出“块定义”对话框。

● 在“名称”文本框中输入块名为“轴段”。

● 单击“拾取点”按钮，对话框暂时关闭并在命令行提示

_block 指定插入基点：选择矩形左侧中点。

● 选择矩形右侧中点（作为块插入时的基点），并重新弹出“块定义”对话框。

● 单击“选择对象”按钮，对话框再次临时关闭并提示

选择对象：框选整个矩形。

选择对象：按“Enter”键，结束选择。

● 在“块定义”对话框中选中“删除”复选框，单击“确定”按钮，完成“轴段”块的创建。

步骤 9 将“粗实线”层设置为当前图层，并显示粗实线。

步骤 10 绘制“芯轴”第一段轮廓线。

● 单击“插入”→“块”，弹出“插入”对话框。

● 单击“名称”右侧下拉箭头选择“轴段”，单击“确定”按钮，对话框关闭并在命令行提示

指定插入点或［基点(B)/比例(S)/X/Y/Z/旋转(R)］：在绘图区域任意单击一点作为块插入点。

输入 X 比例因子，指定对角点，或［角点(C)/XYZ(XYZ)］<1>：“15”。

输入 Y 比例因子或<使用 X 比例因子>：“10”。

完成“芯轴”第一段轮廓线的绘制，如图 6-2 所示。

步骤 11 绘制“芯轴”第二段轮廓线。

● 单击“插入”→“块”，弹出“插入”对话框。

● 单击“名称”右侧下拉箭头选择“轴段”，单击“确定”按钮，对话框关闭并在命令行提示

指定插入点或［基点(B)/比例(S)/X/Y/Z/旋转(R)］：选择 *A* 点作为块插入点。

输入 X 比例因子，指定对角点，或［角点(C)/XYZ(XYZ)］<1>：“11”。

输入 Y 比例因子或<使用 X 比例因子>：“17”。

完成“芯轴”第一段轮廓线的绘制，如图 6-3 所示。

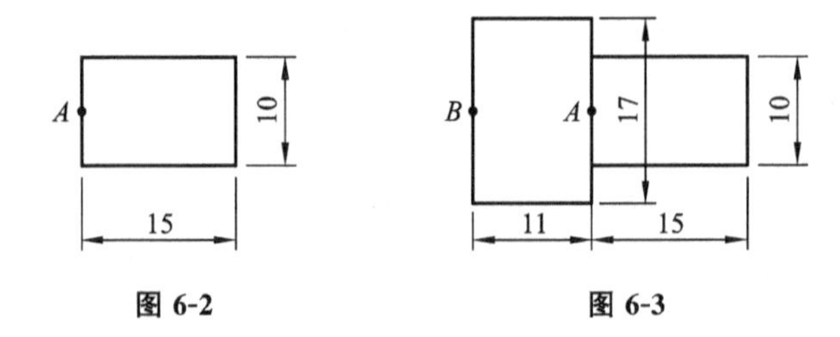

图 6-2　　**图 6-3**

步骤 12 绘制“芯轴”第三段轮廓线。

● 单击“插入”→“块”，弹出“插入”对话框。

● 单击“名称”右侧下拉箭头选择“轴段”，单击“确定”按钮，对话框关闭并在命令行

提示

指定插入点或[基点(B)/比例(S)/X/Y/Z/旋转(R)]:选择 *B* 点作为块插入点。

输入 X 比例因子,指定对角点,或[角点(C)/XYZ(XYZ)] <1>:“5”。

输入 Y 比例因子或<使用 X 比例因子>:“26”。

完成“芯轴”第三段轮廓线的绘制,如图 6-4 所示。

步骤 13 绘制“芯轴”第四段轮廓线。

- 单击“插入”→“块”,弹出“插入”对话框。
- 单击“名称”右侧下拉箭头选择“轴段”,单击“确定”按钮,对话框关闭并在命令行提示

指定插入点或[基点(B)/比例(S)/X/Y/Z/旋转(R)]:选择 *C* 点作为块插入点。

输入 X 比例因子,指定对角点,或[角点(C)/XYZ(XYZ)]<1>:“11”。

输入 Y 比例因子或<使用 X 比例因子>:“20”。

完成“芯轴”第四段轮廓线的绘制,如图 6-5 所示。

步骤 14 绘制“芯轴”第五段轮廓线。

- 单击“插入”→“块”,弹出“插入”对话框。
- 单击“名称”右侧下拉箭头选择“轴段”,单击“确定”按钮,对话框关闭并在命令行提示

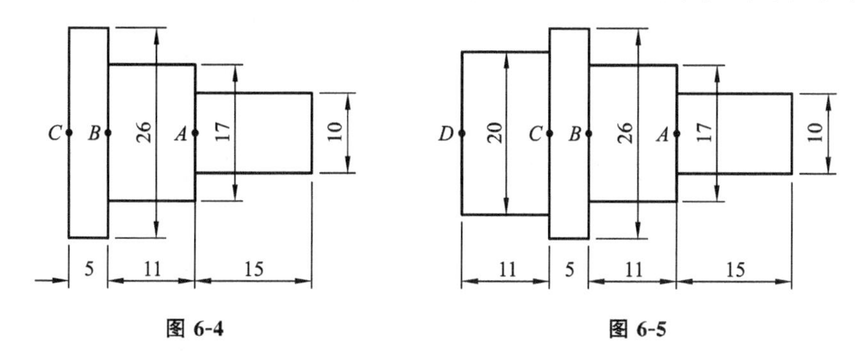

图 6-4　　**图 6-5**

指定插入点或[基点(B)/比例(S)/X/Y/Z/旋转(R)]:选择 *D* 点作为块插入点。

输入 X 比例因子,指定对角点,或[角点(C)/XYZ(XYZ)]<1>:“10”。

输入 Y 比例因子或<使用 X 比例因子>:“10”。

完成“芯轴”第五段轮廓线的绘制,如图 6-6 所示。

步骤 15 将所有的图块分解,并清理重复线段。绘制 *C*1 工艺倒角及 M10 的螺纹,如图 6-7 所示。

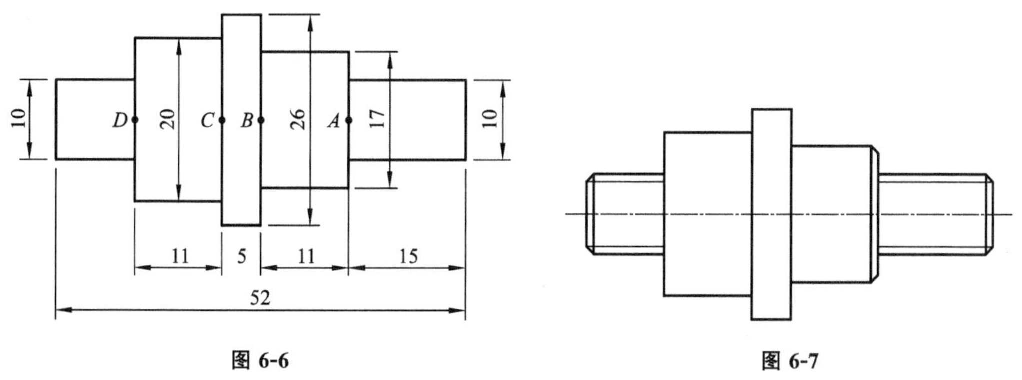

图 6-6　　**图 6-7**

步骤 16　将“线性”标注样式设置为当前标注样式，标注线性尺寸，如图 6-8 所示。

步骤 17　将“螺纹”标注样式设置为当前标注样式，标注螺纹尺寸，如图 6-9 所示。

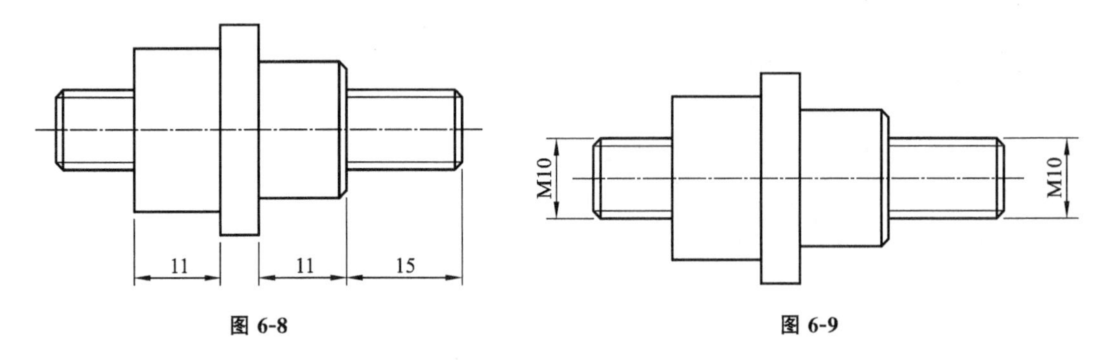

图 6-8　　**图 6-9**

步骤 18　将“直径”标注样式设置为当前标注样式，标注直径尺寸，如图 6-10 所示。

步骤 19　将“线性-公差”标注样式设置为当前标注样式，标注线性尺寸，如图 6-11 所示。

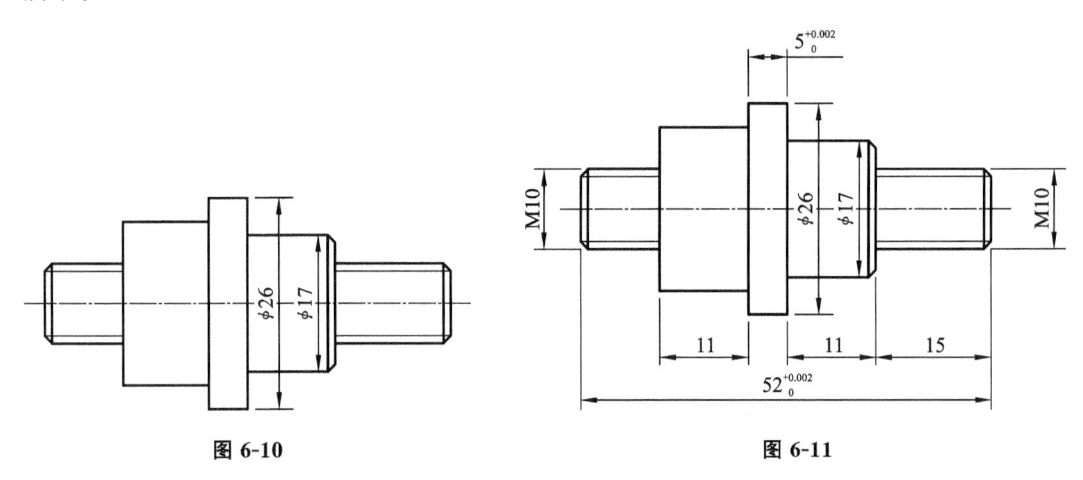

图 6-10　　**图 6-11**

步骤 20　将“直径-公差”标注样式设置为当前标注样式，标注直径尺寸，如图 6-12 所示。

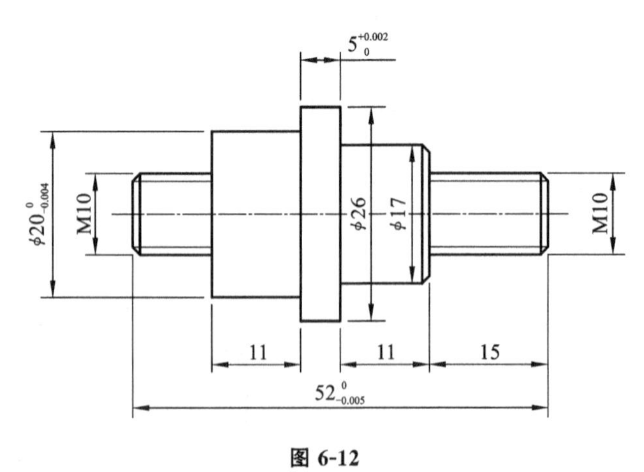

图 6-12

步骤 21　利用“特性”修改尺寸公差。

● 单击“修改”→“特性”，弹出图 6-13 所示的“特性”卷展栏。

● 选择“52”线性尺寸，在“特性”卷展栏中找到“公差”栏。将“公差下...”设为“0.005”，“公差上...”设为“0”，如图 6-14 所示。

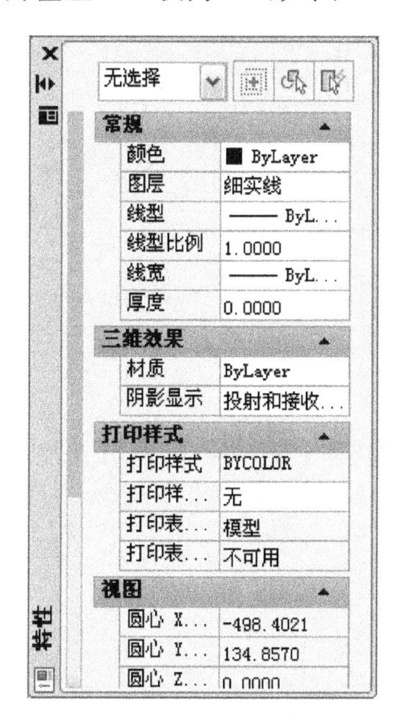

图 6-13 “特性”卷展栏

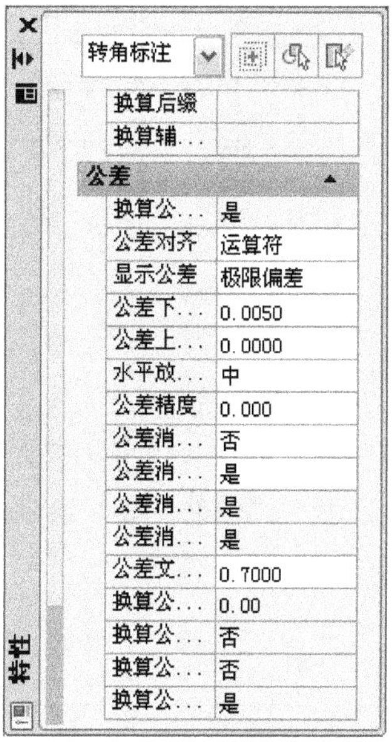

转角标注	
换算后缀	
换算辅...	
公差	
换算公...	是
公差对齐	运算符
显示公差	极限偏差
公差下...	0.0050
公差上...	0.0000
水平放...	中
公差精度	0.000
公差消...	否
公差消...	是
公差消...	是
公差消...	是
公差文...	0.7000
换算公...	0.00
换算公...	否
换算公...	否
换算公...	是

图 6-14 “特性”卷展栏—公差

步骤 22 多重引线标注倒角，如图 6-15 所示。

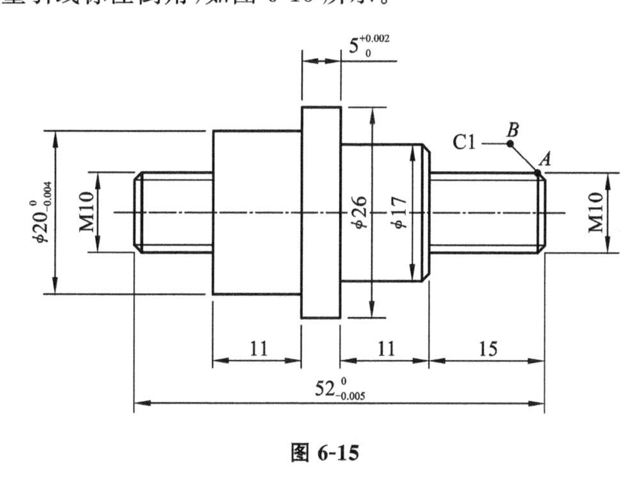

图 6-15

● 单击“样式”工具栏中“多重引线样式控制”下拉箭头，选择“斜角”为当前多重引线样式。

● 单击“标注”→“多重引线”，命令行提示

指定引线箭头的位置或[引线基线优先(L)/内容优先(C)/选项(O)]<选项>：选择 A 点为引线箭头位置。

指定引线基线的位置：选择 B 点引线基线位置。

● 弹出的“文字格式”工具，在文本框中输入“C1”，单击“确定”按钮，完成多重引线标注。

步骤 23 在 $\phi20$ 的尺寸上添加轴基准 A，如图 6-16 所示。

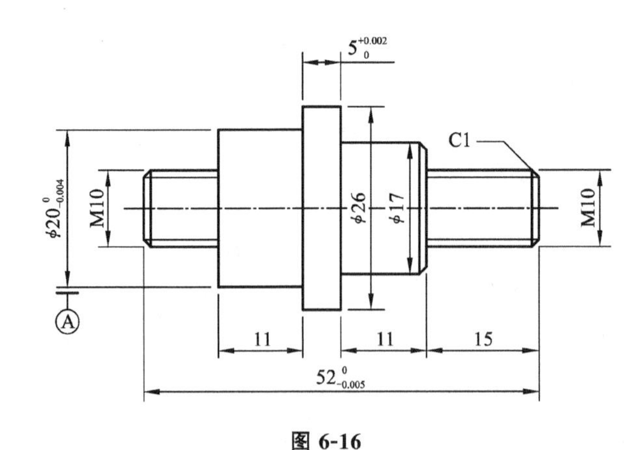

图 6-16

步骤 24 标注形位公差。

- 单击“样式”工具栏中“多重引线样式控制”下拉箭头，选择“公差”为当前多重引线样式。
- 单击“标注”→“多重引线”，绘制多重引线，如图 6-17 所示。

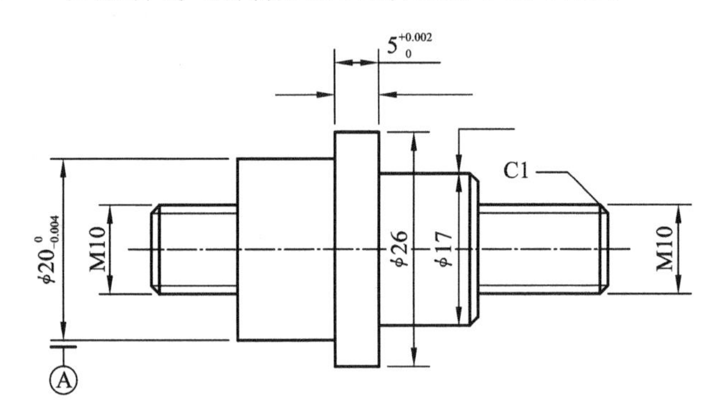

图 6-17

单击“标注”→“公差”，弹出“形位公差”对话框。单击“符号”下的小黑框，弹出“特征符号”对话框，选择“⊥”符号；在“公差 1”下的文本框中输入“0.01”；在“基准 1”下的文本框中输入“A”，单击“确定”按钮，形位公差框格出现在“十”字光标中心，在绘图区单击，以放置公差框格。

- 用“移动”命令将公差放置在合适位置，完成公差标注，如图 6-18 所示。

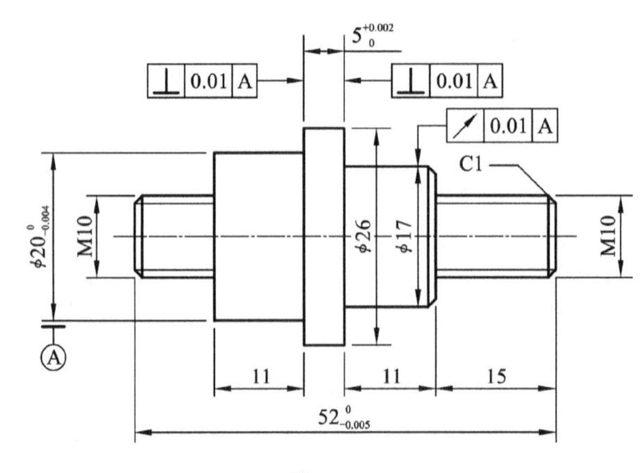

图 6-18

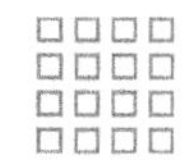

步骤 25 整理尺寸位置，完成作图，如图 6-19 所示。

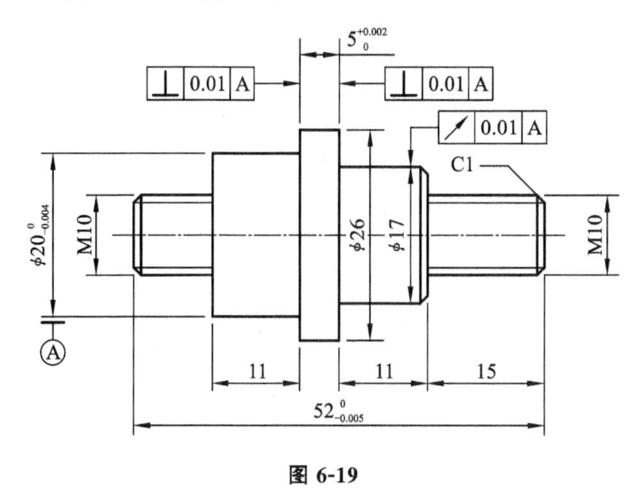

图 6-19

知识点 1 引线标注

AutoCAD 中用引线或快速引线标注一些说明或解释，常用于标注序号、倒角、形位公差、尺寸旁注等。多重引线是由箭头、水平基线、引线或曲线和多行文字对象或块组成的标注。

1. 多重引线样式的设置

1）功能

多重引线样式可以指定箭头、水平基线、引线或曲线和多行文字对象或块的格式，用以控制多重引线的外观。

2）调用命令的方法

方法 1 工具栏：单击“格式”→ 。

方法 2 菜单命令：单击“格式”→“多重引线样式”。

方法 3 键盘命令：输入“mleaderstyle”。

3）操作过程

执行上述命令后，弹出“多重引线样式管理器”对话框，如图 6-20 所示。该对话框可以新建多重引线样式或修改、删除已有的多重引线样式。

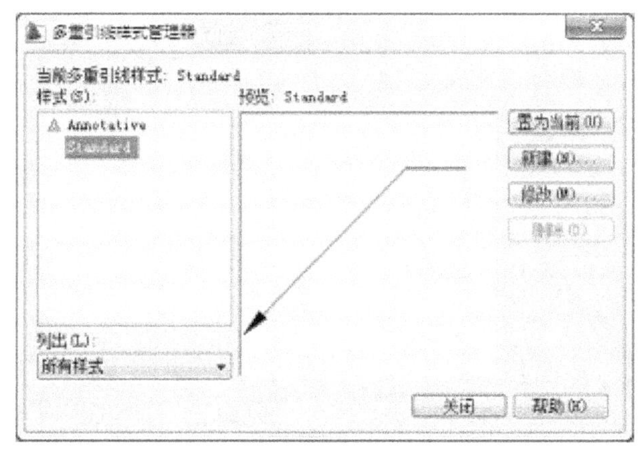

图 6-20 “多重引线样式管理器”对话框

单击“多重引线样式管理器”对话框的“新建”按钮，可以新建多重引线标注样式；单击“创建新多重引线样式”的“继续”按钮，弹出“修改多重引线样式”对话框。“修改多重引线样式”对话框包含“引线格式”“引线结构”和“内容”三个选项卡，通过这三个选项卡，可以设置多重引线标注样式。

4）对话框主要选项的含义

（1）“引线格式”选项卡如图 6-21 所示。

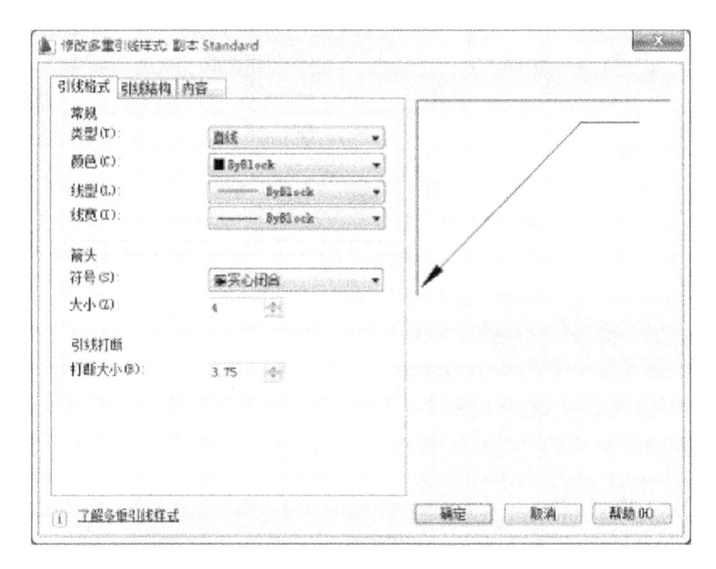

图 6-21 “引线格式”选项卡

● “常规”选项区：用于设置引线的类型（可以选择直线、样条曲线或无引线）、颜色、线型和线宽。

● “箭头”选项区：用于设置多重引线箭头的形状和大小。

● “引线打断”选项区：用于设置将折断标注添加到多重引线。

（2）“引线结构”选项卡如图 6-22 所示。

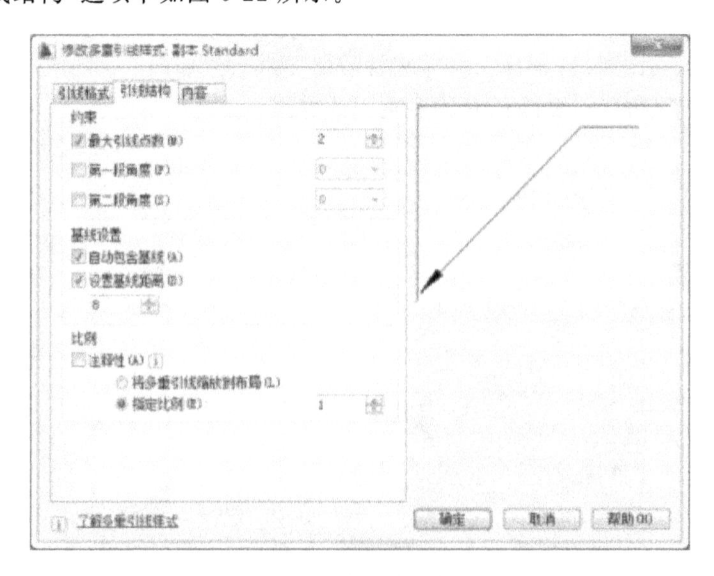

图 6-22 “引线结构”选项卡

- “最大引线点数”框：用来设置引线的段数。
- “第一段角度”框和“第二段角度”框：分别控制第一段和第二段引线的角度。
- “基线设置”选项区：用于设置多重引线的基线，可以设定多重引线基线距离，并将水平基线附着到多重引线。
- “比例”选项区：用于设置多重引线标注对象的缩放比例。可以根据模型空间视口和图样空间视口中的缩放比例确定多重引线的比例因子，还可以直接指定多重引线的缩放比例。

(3) “内容”选项卡如图 6-23 所示。

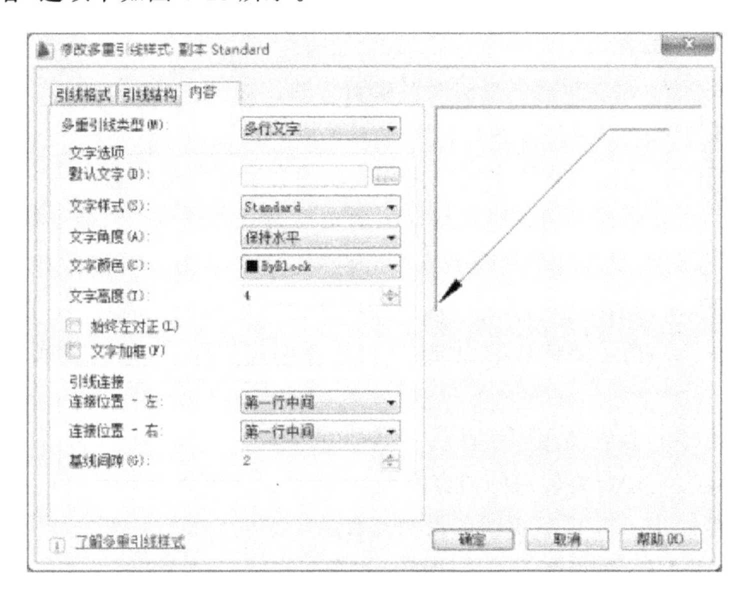

图 6-23 “内容”选项卡

① “多重引线类型”框：用于设置多重引线末端的注释内容的类型，是包含文字还是包含块。如果选择多行文字，则下列选项可以设置。

- “默认文字”框：用于为多重引线内容设置默认文字。
- “文字样式”框：用于设置属性文字的预定义样式。
- “文字角度”框：用于设置多重引线文字的旋转角度。
- “文字颜色”框：用于设置多重引线文字的颜色。
- “文字高度”框：用于设置多重引线文字的高度。
- “始终左对正”框：用于设置多重引线文字始终左对齐。
- “文字加框”框：用于使用文本框对多重引线文字内容加框。

② “引线连接”选项框。

- “连接位置-左”框：用于设置文字位于引线左侧时基线连接到多重引线文字的方式。
- “连接位置-右”框：用来设置文字位于引线右侧时基线连接到多重引线文字的方式。
- “基线间隙”框：用来设置基线和多重引线文字之间的距离。

2. 多重引线标注

利用“多重引线”命令可以按当前多重引线样式创建引线标注对象，也可以重新指定引线的某些特性。

1）调用命令的方法

菜单命令：单击“标注”→“多重引线”。

键盘命令：输入“mleader”。

多重引线可创建为引线箭头优先、引线基线优先或内容优先。

2）操作过程

命令：输入“mleader”。执行多重引线命令后，命令行提示

指定文字的第一个角点或[引线箭头优先(H)/引线基线优先(L)/内容优先(C)/选项(O)]<选项>：

3）各命令选项的含义

- 引线箭头优先(H)：指定多重引线对象箭头的位置。
- 引线基线优先(L)：指定多重引线对象的基线的位置。
- 内容优先(C)：指定与多重引线对象相关联的文字或块的位置。
- 选项(O)：指定用于放置多重引线对象的选项，选择此选项后，命令行提示

输入选项[引线类型(L)/引线基线(A)/内容类型(C)/最大节点数(M)/第一个角度(F)/第二个角度(S)/退出选项(X)]<退出选项>：

- 引线类型(L)：指定要使用的引线类型；选择指定直线、样条曲线或无引线，更改水平基线的距离。
- 引线基线(A)：是否使用引线基线。
- 内容类型(C)：指定要使用的内容类型。
- 最大节点数(M)：指定新引线的最大点数。
- 第一个角度(F)：约束新引线中的第一个角度。
- 第二个角度(S)：约束新引线中的第二个角度。
- 退出选项(X)：返回第一个命令提示。

知识点2 块的创建和插入

在使用AutoCAD绘图时，如果某个图形经常重复使用且形式固定，就可以将其定义为块。通过建立块，可以将多个对象作为一个整体来进行操作，可以根据作图需要将这组对象插入到零件图或装配图中任意指定位置，而且还可以按不同的比例和旋转角度插入。

在AutoCAD中，使用块可以提高绘图速度、节省存储空间、便于更新图形。

1. 创建块

1）调用命令的方法

方法1 工具栏：单击“绘图”→[图标]。

方法2 菜单命令：单击“绘图”→“块”→“创建”。

方法3 键盘命令：输入“block”或“b”。

2）操作过程

执行该命令后，弹出“块定义”对话框，如图6-24所示，可以将已绘制的对象创建为块。

各选项内容包括：定义图块名称、选择定义块的对象、指定基点（即块的插入基准点）位置、指定块的设置方式、确定是否启动块编辑器。

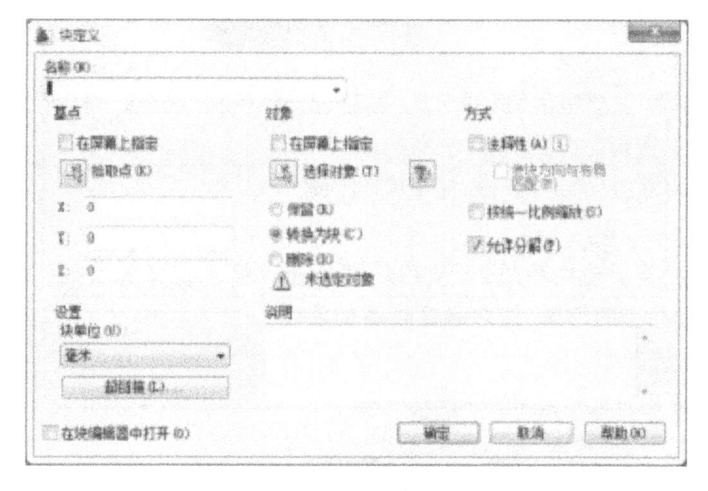

图 6-24 “块定义”对话框

3）选项框各选项的含义

（1）“名称”文本框：用于输入块的名称。用户定义的每一个块都要有一个块名，以便管理和调用。

（2）“基点”选项区的“拾取点”按钮：用于指定块的基点。单击该按钮，此时对话框暂时关闭，在绘图区中的块图形中指定插入块时用于定位的点。

（3）“对象”选项区的“选择对象”按钮：用于选择对象。单击该按钮，此时对话框暂时关闭，在绘图区中选择构成块的图形对象和属性定义。该选项组还有以下三个选项。

● “保留”单选按钮：选择此项后，在完成块定义操作后图形中仍保留构成块的对象。

● “转换为块”单选按钮：选择此项后，在完成块定义操作后，构成块的对象转换成一个块。

● “删除”单选按钮：选择此项后，在完成块定义操作后，构成块的对象被删除。

以上三个选项可根据实际需要灵活选择。

（4）对话框中的其他选项。

● “按统一比例缩放”复选框：选中此项，则在插入块时将强制在 X、Y、Z 三个方向上采用相同的比例缩放。一般不选中此项。

● “允许分解”复选框：指定插入的块是否允许被分解。一般应选中此项。

● “说明”文本框：输入块定义的说明。此说明可在设计中心中显示。

● “块单位”下拉列表框：把块插入到图形中的单位，默认为“毫米”。

● “超链接”按钮：打开“插入超链接”对话框，可将某个超链接与块定义相关联。

4）创建块的操作步骤

（1）画出块定义所需的图形。

（2）调用“block”命令，弹出“定义块”对话框。

（3）在“名称”文本框中输入块的名称。

（4）通过“基点”选项组指定块基点。

① 单击“拾取点”按钮，在绘图区上指定块的基点。

② 在文字框中输入基点的 X、Y、Z 坐标。

(5) 单击“选择对象”按钮,从绘图区选择构成块的图形对象,选择对象完成后按“回车”键,返回对话框。

(6) 单击“对象”选项组的“选择对象”按钮,选择“保留”“删除”“转换为块”方式中的一种作为对构成块的图形对象的处理方式。

(7) 单击对话框的“确定”按钮,完成块的创建。

2. 插入块

当绘图过程中需要使用块时,可使用块插入命令将已定义的块插入到当前图形中的指定位置,并进行相应的编辑,使之满足绘图的需要。

1) 调用命令的方法

方法 1 工具栏:单击“绘图”→[icon]。

方法 2 菜单命令:单击“插入”→“块”。

方法 3 键盘命令:输入“insert”或“i”。

2) 操作过程

执行该命令后,弹出“插入”对话框,如图 6-25 所示。用户可以利用它在图形中插入块或其他图形,并且在插入块的同时改变所插入块或图形的比例与旋转角度。

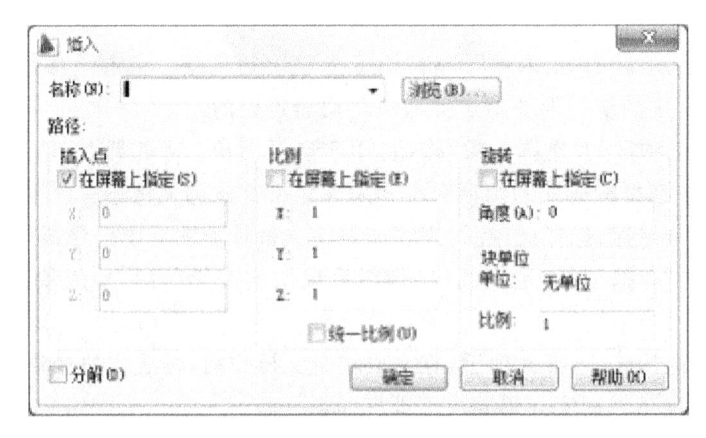

图 6-25 “插入”对话框

3) 对话框中各选项的含义

(1) “名称”下拉列表框:用于选择块或图形的名称。

(2) “插入点”选项区:用于设置块的插入点位置。用户可直接在“X”“Y”“Z”文本框中输入点的坐标;也可通过选中“在屏幕上指定”复选框,直接指定插入点的位置。

(3) “比例”选项区:用于控制块的插入比例。

(4) “旋转”选项区:用于设置块插入时的旋转角度。可直接在“角度”文本框中输入角度值,也可以选中“在屏幕上指定”复选框,在显示界面上指定旋转角度。

(5) “分解”复选项:用于将插入的块分解成组成块的各个基本对象。

4) 插入块的操作步骤

步骤 1 调用“插入块”命令。

步骤 2 在“名称”下拉列表框中选择要插入的块名,或单击“浏览”按钮,在弹出的“选择文件”对话框中选择要插入的块或其他图形文件。

步骤 3 指定插入点,确定插入块的缩放比例和旋转角度。

步骤 4 单击对话框的“确定”按钮，完成块的插入。

3. 块的存盘和调用

1）块的存盘

用“block”命令定义的块只能由块所在的图形使用，如果要使当前主图形中定义的块能被其他图形调用，应该将其存盘。在 AutoCAD 中，可以用“wblock”命令将对象或图块保存到一个图形文件中，需要时可方便调用。

（1）调用命令的方法。

键盘命令：输入“wblock”或“w”。

执行 wblock 命令将打开“写块”对话框，如图 6-26 所示。

图 6-26 “写块”对话框

（2）对话框中各选项的含义。

①“源”选项区：用户可利用该选项区指定要存盘的对象或图块的插入基点。在对话框的“源”选项区中，有以下三个单选项。

- “块”：在右侧下拉列表框中选择已定义的块，可将选择的块存储到磁盘中。“基点”和“对象”选项区都不可用。
- “整个图形”：可将整个当前图形作为一个块存盘。这时“块”右边的下拉列表和“基点”“对象”选项区都不可用。
- “对象”：可从当前主图形中选择图形作为块存盘。选择此项后，这时“块”右边的下拉列表不可用，“基点”和“对象”选项区都可用。

②“目标”选项区：用于指定输出文件的名称和存储路径及文件的单位。

“插入单位”的下拉列表框用于设置块插入时的单位。

2）块的调用

有经验的设计人员通常会建立自己的图形库，按照不同的用途分类，采用存储块的方法将常用图形存储于相应的目录，需要时采用插入块的方法即可方便地调用。

操作方法：在绘图中需要用到某一图块时，激活插入命令“insert”后，AutoCAD 弹出“插入”对话框，首次在此图形文件中使用该图块时，在“名称”下拉列表中是找不到该图块的，这时可单击该栏右侧的“浏览”按钮，打开“选择文件”对话框，找到图形库中存储该图块的目录，从中选择该图块，单击“打开”按钮，返回“插入”对话框，设置比例和角度等相关选项后单击“确定”按钮，即可将该图块插入到图形中。

知识点 3 尺寸公差及几何公差标注

1. 尺寸公差标注

在机械设计中，公差和配合将决定零部件能否正确装配，所以，尺寸公差及几何公差的标注是零件图的一个重要组成部分。

下面以图 6-27 所示的机械制图中常用的三种尺寸公差标注为例，说明AutoCAD标注尺寸公差的方法。

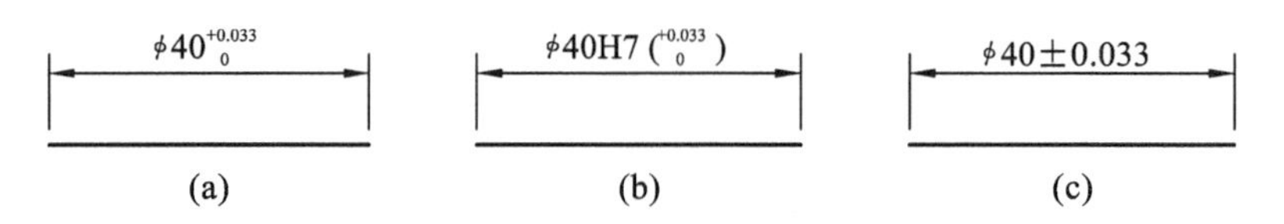

图 6-27　尺寸公差标注实例

(a)标注极限偏差　(b)标注尺寸公差　(c)标注对称偏差

1）极限偏差的标注

(1）建立替代样式。

打开"标注样式管理器"对话框，单击"替代"按钮，进入"替代当前样式"对话框，选择"公差"选项卡，按图 6-28 所示设置各选项。再选择"主单位"选项卡，在"前缀"文本框中输入"%%c"，如果图形是采用非 1∶1 绘制的，还要在"测量单位比例"中输入图形比例的系数。然后单击"确定"并关闭"标注样式管理器"对话框，完成公差替代样式设置。

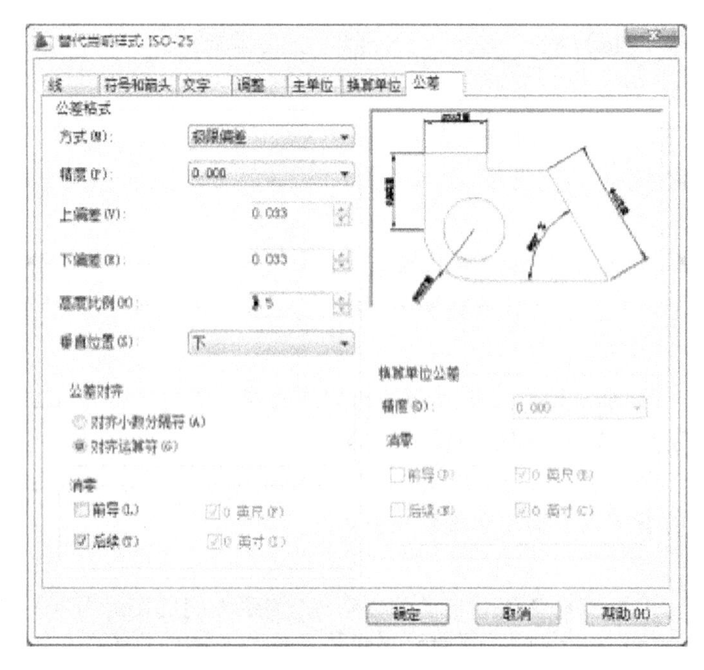

图 6-28　"公差"选项卡

(2）建立带公差的尺寸。

输入线性标注命令，标注过程同普通线性尺寸标注一样，即可得到图 6-27(a)所示的尺寸公差。

2）同时表示配合代号和极限偏差

标注图 6-27(b)所示的尺寸公差时，首先标注出图 6-27(a)所示的极限偏差，再用分解命令"explode"将尺寸分解，用文字编辑命令"ddedit"对尺寸文字进行修改，添加公差代号 H7 和极限偏差两侧的小括号即可。

3）对称偏差标注

标注图 6-27(c)所示的对称偏差时不需要创建替代样式，只要在线性标注的命令行，即

指定尺寸线位置或

[多行文字(M)/文字(T)/角度(A)/水平(H)/垂直(V)/旋转(R)]:键入“t”(即选择“文字”选项),然后在命令行中输入“%%c40%%p0.033”即可。

提示:

(1) 如果图中带有相同公差的尺寸较多,应单独设置一种公差标注样式,以提高绘图速度;

(2) 如果图中带有相同公差的尺寸较少,这时可以:

① 用“标注样式管理器”的“替代”按钮,建立临时的标注样式;

② 直接用标注命令“多行文字”选项,打开“多行文字编辑器”标注尺寸公差。

2. 几何公差标注

几何公差(原为“形位公差”)标注用于在图形上标注形状公差和位置公差。标注必须在“形位公差”对话框设定后才可以标注。

1) 调用命令的方法

方法 1 工具栏:单击“标注”→[图标]。

方法 2 菜单命令:单击“标注”→“公差”。

方法 3 键盘命令:输入“tolerance”。

2) 操作过程

执行公差标注命令后,系统将弹出“形位公差”对话框,如图 6-29 所示。

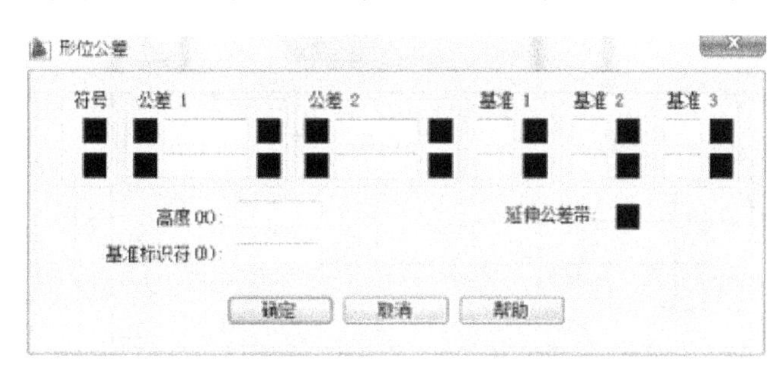

图 6-29 “形位公差”对话框

3) 对话框中各选项的含义

(1) “符号”区:用于设置形位公差符号。单击小黑框,弹出“特征符号”对话框,如图 6-30 所示。单击其中任意一个符号或空白框可关闭此对话框。此操作可重复进行。

(2) “公差 1”“公差 2”区:用于输入第 1 个、第 2 个公差值。单击公差值前面的小黑框可以设定是否加入直径符号。单击公差值后面的小黑框,弹出“附加符号”对话框,用于设定被测要素的包容条件,如图 6-31 所示。

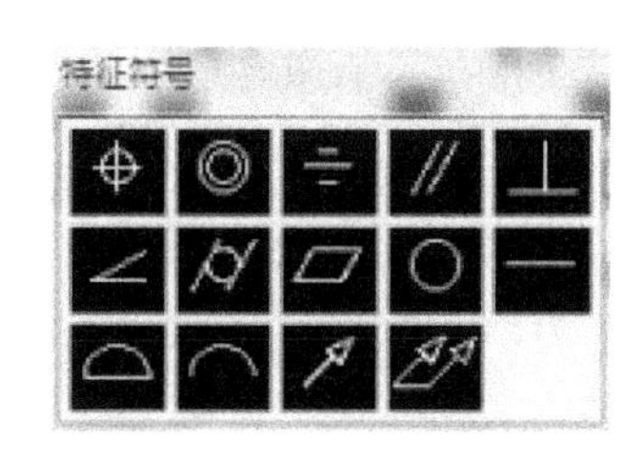

图 6-30 “特征符号”对话框

图 6-31 “附加符号”对话框

(3)“基准1”“基准2”“基准3”区:用于设置公差基准的相关参数。单击右侧的小黑框,弹出“附加符号”对话框,可以进行选择。

(4)“高度”“延伸公差带”“基准标识符”在我国公差标准中不用。

设置结束后,单击“确定”按钮,“形位公差”框格将出现在“十”字光标中心,确定公差标注位置后,即完成“形位公差”的标注。

任务2　块及其属性

本任务通过图6-32所示标题栏的绘制,介绍“属性定义”“写块”“增强属性编辑器”等命令。

<table>
<tr><td colspan="3" rowspan="2">轴承座</td><td>比例</td><td>1∶1</td><td rowspan="2"></td></tr>
<tr><td>材料</td><td>HT150</td></tr>
<tr><td>制图</td><td>张三</td><td>10-9-5</td><td colspan="3" rowspan="2">职业学院GB001班</td></tr>
<tr><td>审图</td><td>李四</td><td>10-9-5</td></tr>
</table>

图 6-32

操作步骤如下。

步骤1　新建“标题”文字样式。

步骤2　用基本命令绘制标题栏框格,如图6-33所示。

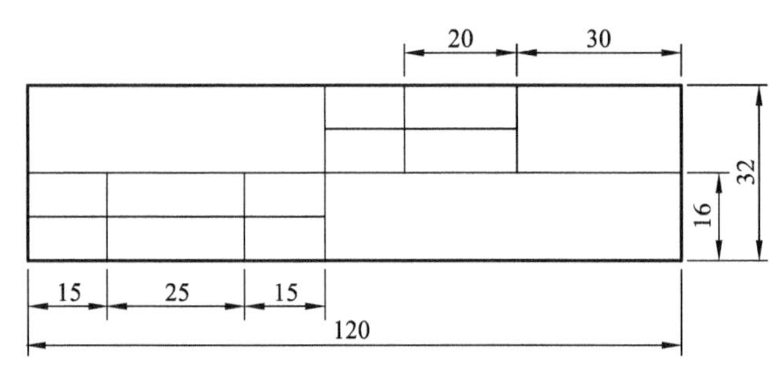

图 6-33

步骤3　填写标题栏中的文字。

● 单击“绘图”→“文字”→“多行文字”,命令行提示

指定第一角点:选取 A 点。

指定对角点或[高度(H)/对正(J)/行距(L)/旋转(R)/样式(S)/宽度(W)/栏(C)]:选取 B 点。

在弹出的“文字格式”工具栏中将 (多行文字对正)设为“正中”;文字对齐设为“ ”(居中);在文本框中输入“制图”,单击“确定”完成文字输入。如图6-34所示。

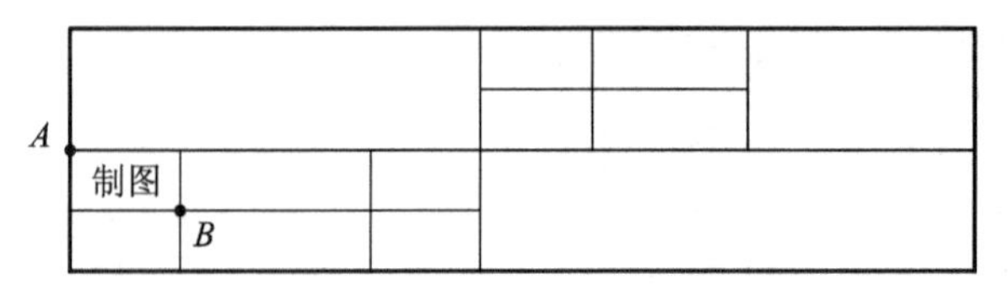

图 6-34

● 用“复制”命令将文字复制对应的其他位置，如图 6-35 所示。

			制图		
			制图		
制图					
制图					

图 6-35

● 用“ddedit”命令编辑文字。编辑后的文字如图 6-36 所示。

			比例		
			材料		
制图					
审图					

图 6-36

步骤 4 绘制视角标志，并放在合适位置，如图 6-37 所示。

			比例		
			材料		
制图					
审图					

图 6-37

步骤 5 用“直线”命令为框格作对角线，图中点为对角线中点(为带属性的文字放置做准备)。如图 6-38 所示。

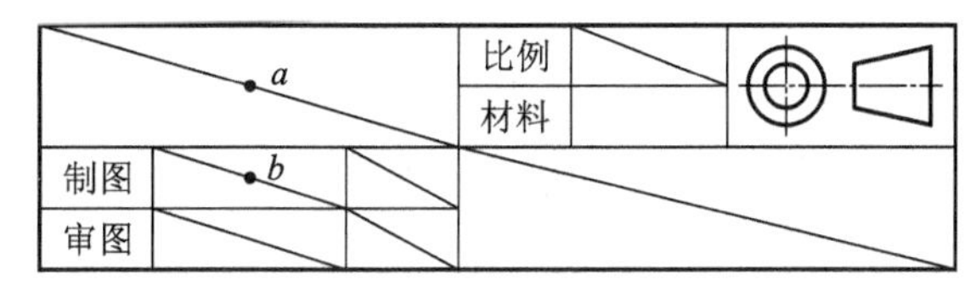

图 6-38

步骤 6 用“attdef”命令创建“零件名称”属性定义。

● 启用“attdef”命令，显示“属性定义”对话框。

● 在“标记”文本框中输入“零件名称”；在“提示”文本框中输入“请输入零件名称”；在“默认”文本框中输入“轴承座”；在“对正”下拉列表中选择“正中”；在“文字样式”下拉列表中选择“Standard”；在“文字高度”文本框中输入“7”。

● 单击“确定”按钮，命令行提示

指定起点：选择 a 点作为文本的放置点。

即完成“零件名称”的属性定义，如图 6-39 所示。

步骤 7 用“attdef”命令创建“制图人姓名”属性定义。

● 启用“attdef”命令，显示“属性定义”对话框。

● 在“标记”文本框中输入“制图人姓名”；在“提示”文本框中输入“请输入制图人姓

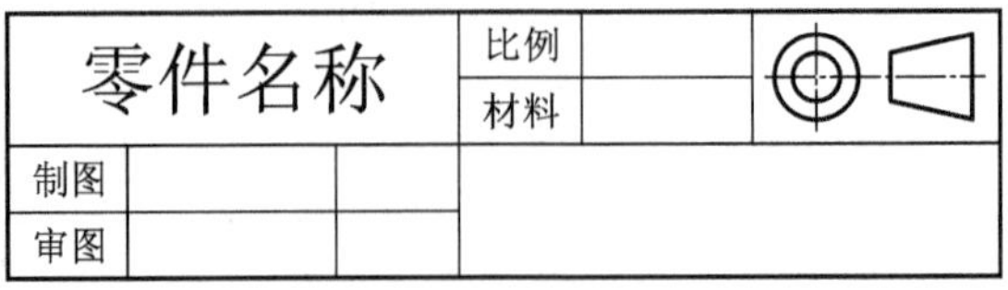

零件名称			比例		
			材料		
制图					
审图					

图 6-39

名”；在“默认”文本框中输入“张三”；在“对正”下拉列表中选择“正中”；在“文字样式”下拉列表中选择“Standard”；在“文字高度”文本框中输入“3”。

- 单击“确定”按钮，命令行提示

指定起点：选择 b 点作为文本的放置点。

即完成“制图人姓名”的属性定义，如图 6-40 所示。

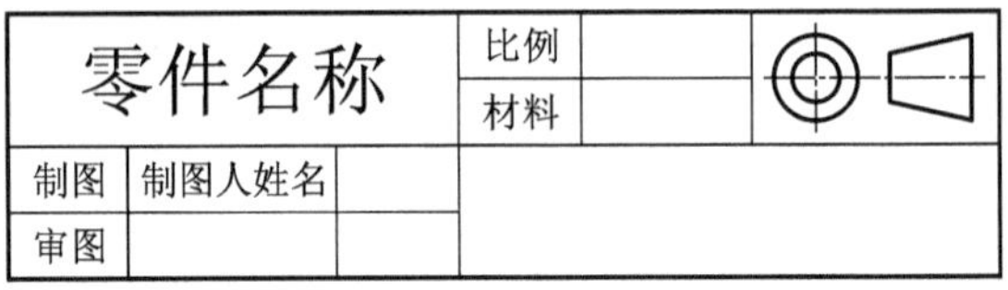

零件名称			比例		
			材料		
制图	制图人姓名				
审图					

图 6-40

步骤 8 用复制的方法完成剩余属性定义，如图 6-41 所示。

零件名称			比例	制图人姓名	
			材料	制图人姓名	
制图	制图人姓名	制图人姓名	零件名称		
审图	制图人姓名	制图人姓名			

图 6-41

- 用“复制”命令将“零件名称”“制图人姓名”复制多份。
- 选中复制的文字的正中夹点，将其移动到对应的对角线中点上。

步骤 9 用“ddedit”命令编辑复制出来的文字属性的“标记”“提示”及“默认值”。编辑后的属性标记如图 6-42 所示。

零件名称			比例	绘图比例	
			材料	零件材质	
制图	制图人姓名	日期	单位名称		
审图	审图人姓名	日期			

图 6-42

步骤 10 用“wblock”命令创建块。

- 启用“wblock”命令，弹出“写块”对话框。
- 单击“拾取点”，命令行提示

指定插入基点：指定标题栏右下角点为插入基点。

单击“选择对象”，命令行提示

选择对象：框选除右、下边框线以外的标题栏对象。

● 在“文件名和路径”文本框中输入“D:\标题栏”作为保存路径和名称，单击“确定”按钮完成写块。此时打开D盘发现已经创建“标题栏”块。

步骤11　用“insert”命令插入块。插入后的标题栏块如图6-43所示。

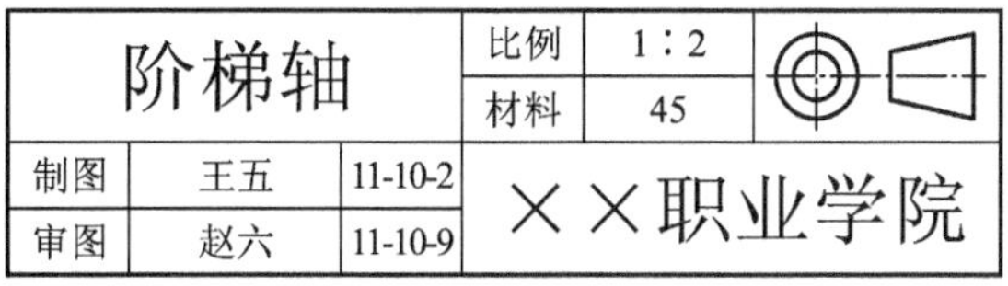

<table>
<tr><td colspan="3" rowspan="2">阶梯轴</td><td>比例</td><td>1∶2</td><td rowspan="2"></td></tr>
<tr><td>材料</td><td>45</td></tr>
<tr><td>制图</td><td>王五</td><td>11-10-2</td><td colspan="3" rowspan="2">××职业学院</td></tr>
<tr><td>审图</td><td>赵六</td><td>11-10-9</td></tr>
</table>

图6-43

● 启用“insert”命令，弹出“插入”对话框。

● 在“名称”下拉列表中选择“标题栏”，单击“确定”按钮，命令行提示

指定插入点或[基点(B)/比例(S)/X/Y/Z/旋转(R)]：在绘图区任意单击。

输入X比例因子，指定对角点，或[角点(C)/XYZ(XYZ)]＜1＞：按“回车”键。

输入Y比例因子或＜使用X比例因子＞：按“Enter”键。

请输入零件材质＜HT150＞：“45”(输入零件材质)。

请输入绘图比例＜1∶1＞：“1∶2”(输入绘图比例)。

请输入审图日期＜10-9-5＞：11-10-9(输入审图日期)。

请输入制图日期＜10-9-5＞：11-10-2(输入制图日期)。

请输入审图人姓名＜李四＞：赵六(输入审图人姓名)。

请输入您的单位＜××职业学院＞：(按“Enter”键)。

请输入制图人姓名＜张三＞：王五(输入制图人姓名)。

请输入零件名称＜轴承座＞：阶梯轴(输入零件名称)。

知识点1　创建并使用带有属性的块

块属性是指描述块的非图形信息，如机件材料、型号等，是块的组成部分，可包含在块定义中的文字对象。在定义一个块时，属性必须先定义而后选定。

1) 调用命令的方法

方法1　菜单命令：单击“绘图”→“块”→“属性定义”。

方法2　键盘命令：输入“attdef”或“att”。

2) 操作过程

执行该命令后，弹出“属性定义”对话框创建块属性，如图6-44所示。

各选项内容包括“模式”“属性”“插入点”“文字设置”选项区和“在上一个属性定义下对齐”复选框。

3) 各选项的含义

(1) “模式”选项区。

● “不可见”：使属性值在块插入完成后不被显示和打印出来。

● “固定”：在插入块时给属性赋予固定值。

● “验证”：在插入块时，将提示验证属性值，可更改为用户所需的属性值。

● “预设”：在插入包含预设属性值的块时，将属性设置为默认值 。

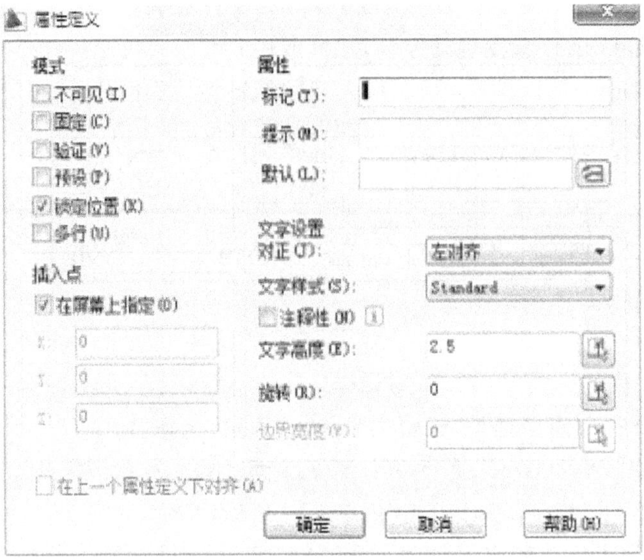

图 6-44 “属性定义”对话框

- “锁定位置”：锁定块参照中属性的位置。
- “多行”：指定属性值可以包含多行文字。

(2)“属性”选项区。

- “标记”文本框：标识图形中每次出现的属性。在定义带属性的块时，属性标记作为属性标识和其他对象一起构成块的被选对象。当同一个块中包含多个属性时，每个属性都必须有唯一的标记，不能重名。插入带属性的块后，属性标记被属性值取代。
- “提示”文本框：指定在插入包含该属性定义的块时显示的提示信息。如果不输入提示，系统将自动以属性标记用作提示。
- “默认”文本框：为属性指定默认值。

(3)“文字设置”选项区：设置属性文字的对齐、样式、注释性、文字高度、旋转方式等。

(4)“插入点”选项区：为属性指定位置，一般选择“在屏幕上指定”方式，同时在退出该对话框后用光标在图形上指定属性文字的插入点。在指定插入点时，应注意与属性文字的对正方式相适应。

(5)“在上一个属性定义下对齐”复选框：将属性标记直接放置在已定义的上一个属性的下面。如果之前没有预先创建属性定义，则此选项不可用。

知识点 2 修改块属性

已插入块后，为满足绘图的需要，可利用“编辑属性”命令对其属性名、提示内容等进行修改。

1. 编辑单个属性

1) 调用命令的方法

方法 1 菜单命令：单击“修改”→“对象”→“属性”→“单个”。

方法 2 键盘命令：输入“eattedit”。

2）操作过程

选择了需要编辑的块对象后，系统将打开“增强属性编辑器”对话框，如图 6-45 所示。

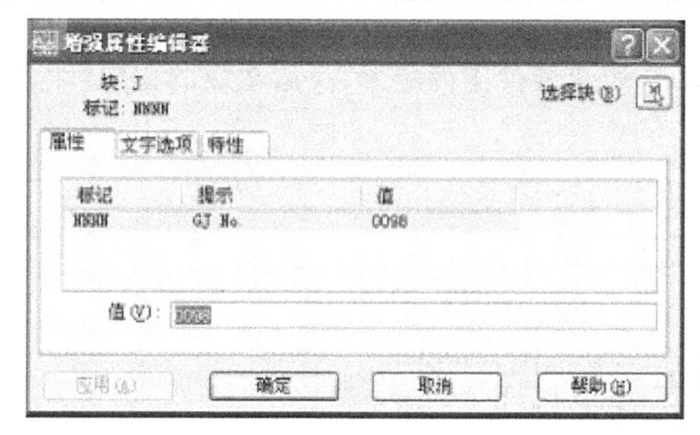

图 6-45　“增强属性编辑器”对话框

直接双击带有属性定义的块，同样会弹出“增强属性编辑器”对话框。

对话框中有“属性”“文字选项”和“特性”选项卡，各选项卡中均列出该块中的所有属性。

3）对话框中各选项卡的含义

（1）“属性”选项卡：显示当前属性的标记、提示和值。在“值”编辑框中可对属性值进行修改。

（2）“文字选项”选项卡：修改属性文字的文字样式、显示方式。

（3）“特性”选项卡：修改属性文字的图层、线型、颜色等对象特性。

完成属性修改后，单击对话框的“确定”按钮，关闭对话框，结束修改属性命令。

2. 块属性编辑器

1）功能

编辑当前图形中所有属性块的属性定义。

2）调用命令的方法

方法 1　菜单命令：单击“修改”→“对象”→“属性”→“块属性编辑器”。

方法 2　键盘命令：输入“battman”。

3）操作过程

打开“块属性编辑器”对话框，可在其中编辑块的属性，如图 6-46 所示。

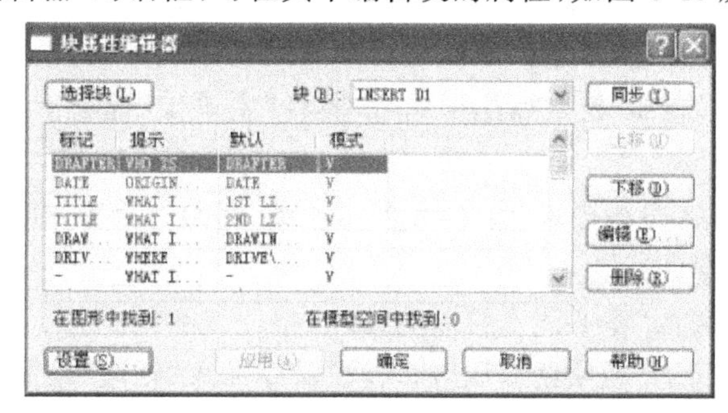

图 6-46　“块属性编辑器”对话框

任务3　零件图的绘制

本任务通过图6-47所示零件图的绘制，介绍在AutoCAD中绘制零件图的步骤和方法。

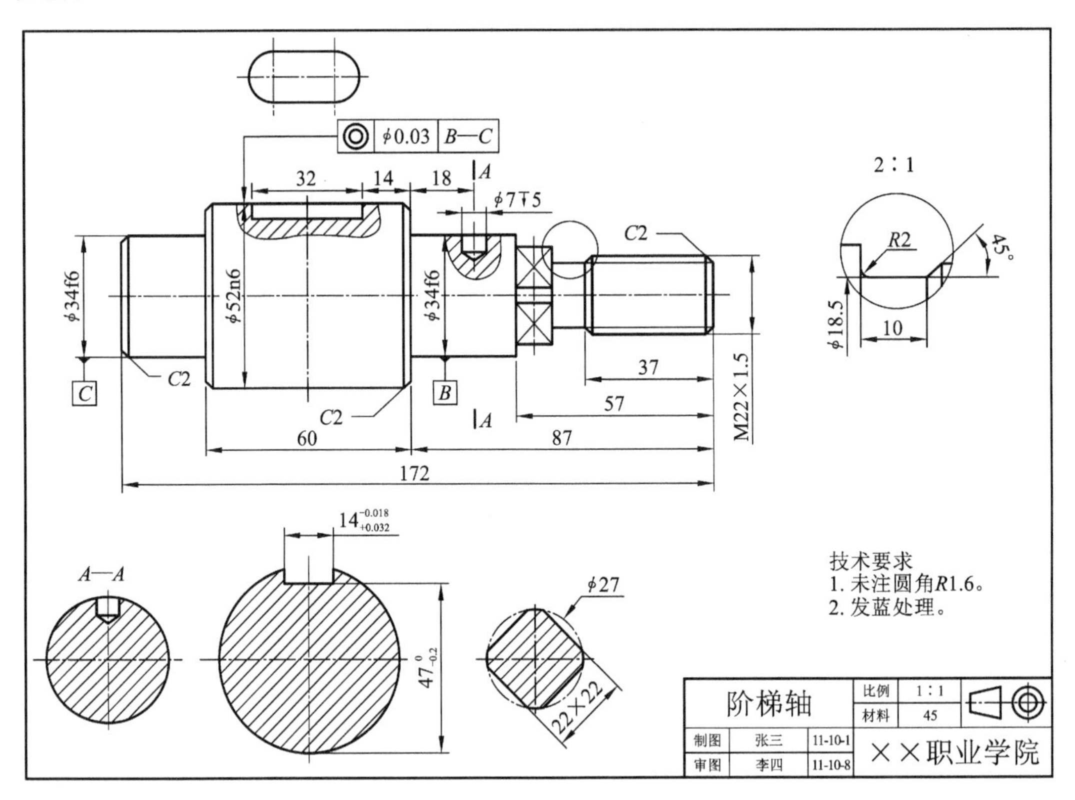

图6-47

操作步骤如下。

步骤1　利用“图层”命令，创建绘图常用的“粗实线”“细实线”“中心线”“虚线”“尺寸线”等图层。

步骤2　利用“文字样式”命令，创建常用的“标题”“尺寸”等文字样式。

步骤3　利用“标注样式”命令，创建常用的“线性”“直径”“螺纹”“局部”“线性-公差”等标注样式。“局部”标注样式是用来标注局部放大视图尺寸的，由于布局放大视图放大了n∶1倍，故在创建“局部”放大标注样式时，要将“主单位”选项卡下的“比例因子”设为“1∶n”。

步骤4　利用“多重引线样式”命令，创建常用的“斜角”“公差”标注样式。

步骤5　绘制图形。

● 将当前图层设置为“中心线”，绘制轴线。

● 将当前图层设置为“粗实线”，用“插入块”命令插入“轴段”绘制轴的轮廓，分解整理后如图6-48所示。

● 利用“倒角”等命令绘制倒角、螺纹等细节特征，如图6-49所示。

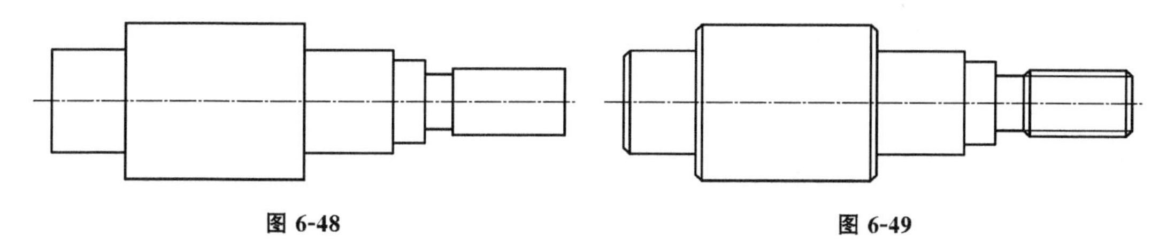

图 6-48　　　　图 6-49

● 利用“偏移”“修剪”“样条曲线”“填充”“文字”等命令，绘制局部剖视图、断面图和向视图。如图 6-50 所示。

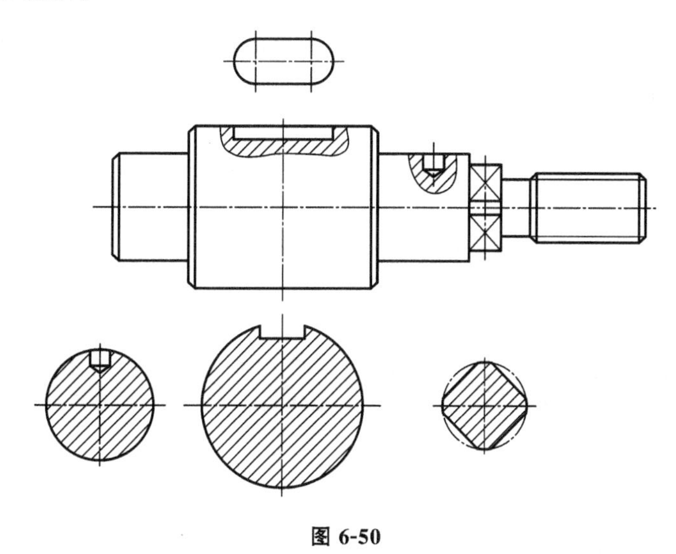

图 6-50

● 利用“复制”“修剪”“缩放”“文字”等命令绘制局部放大视图，如图 6-51 所示。

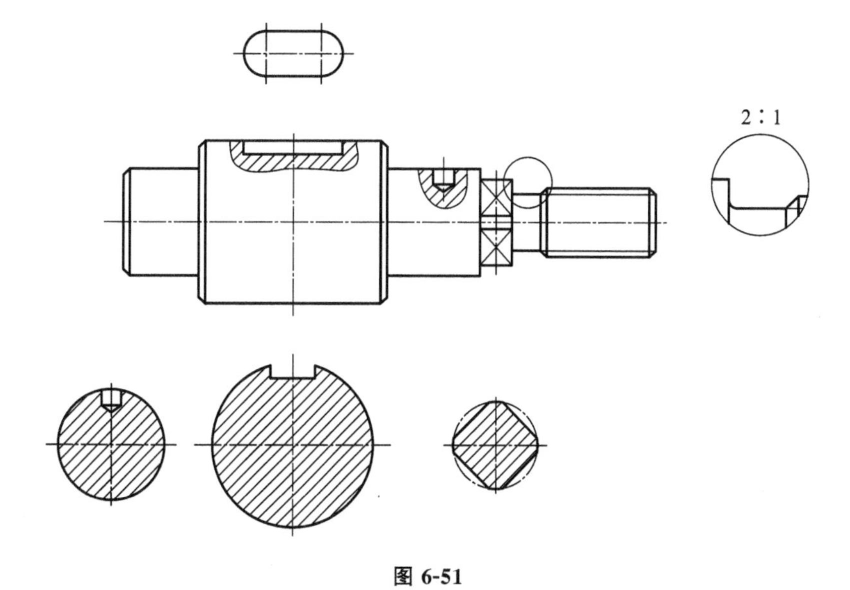

图 6-51

步骤 6　标注尺寸和公差。用对应的标注样式，依次标注尺寸、尺寸公差、形位公差、倒角等。

步骤 7　标注剖切符号、基准代号。

步骤 8 用“矩形”命令绘制 A4 图纸边框。

步骤 9 用“插入块”命令插入标题栏，并输入对应的属性值。

步骤 10 用“单行文字”或“多行文字”命令注写技术要求。

步骤 11 检查、编辑、整理并清理图形。

步骤 12 保存图形文件。

项目总结

零件图上的尺寸标注，除了要正确、完整、清晰外，还要考虑合理性，既要满足设计要求，又要便于加工和测量。

学会经常使用块操作，节约绘图时间。

熟练掌握零件上常见孔的尺寸标注法、表面粗糙度的标注、公差及配合尺寸的标注和几何公差的标注。

注意图层的灵活使用，能对零件的线型、尺寸标注、表面粗糙度标注、技术要求等全面控制。

思考与上机操作

抄绘图 6-52 至图 6-55 所示零件图。

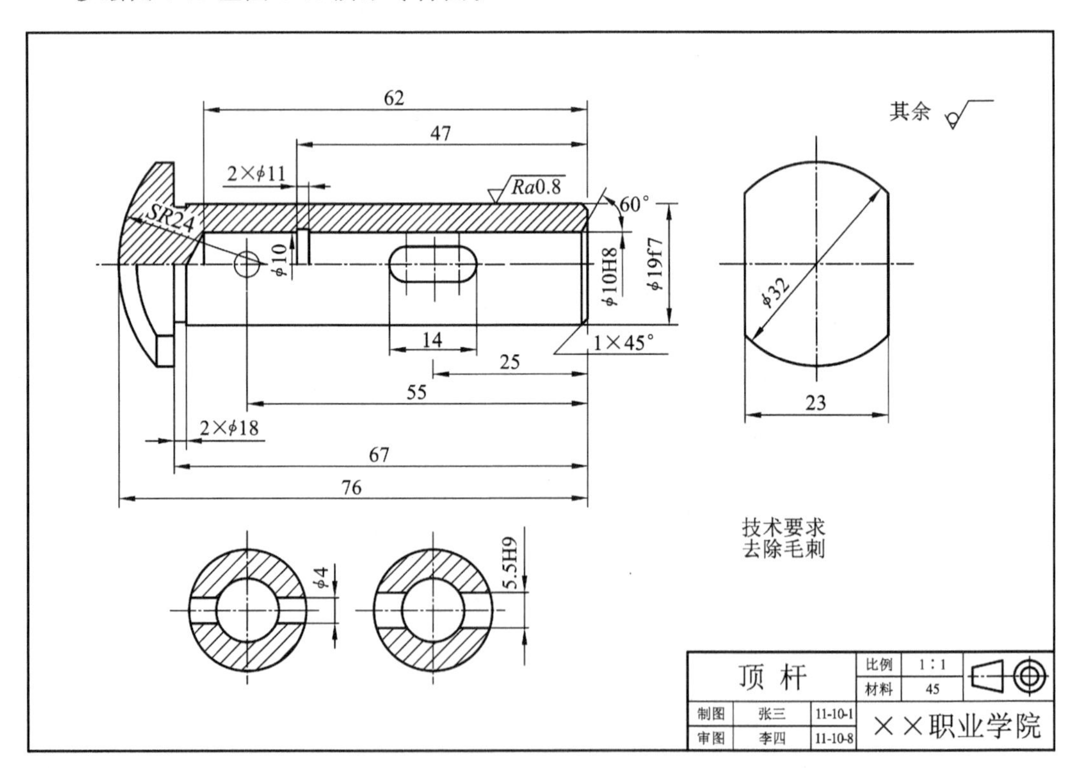

图 6-52

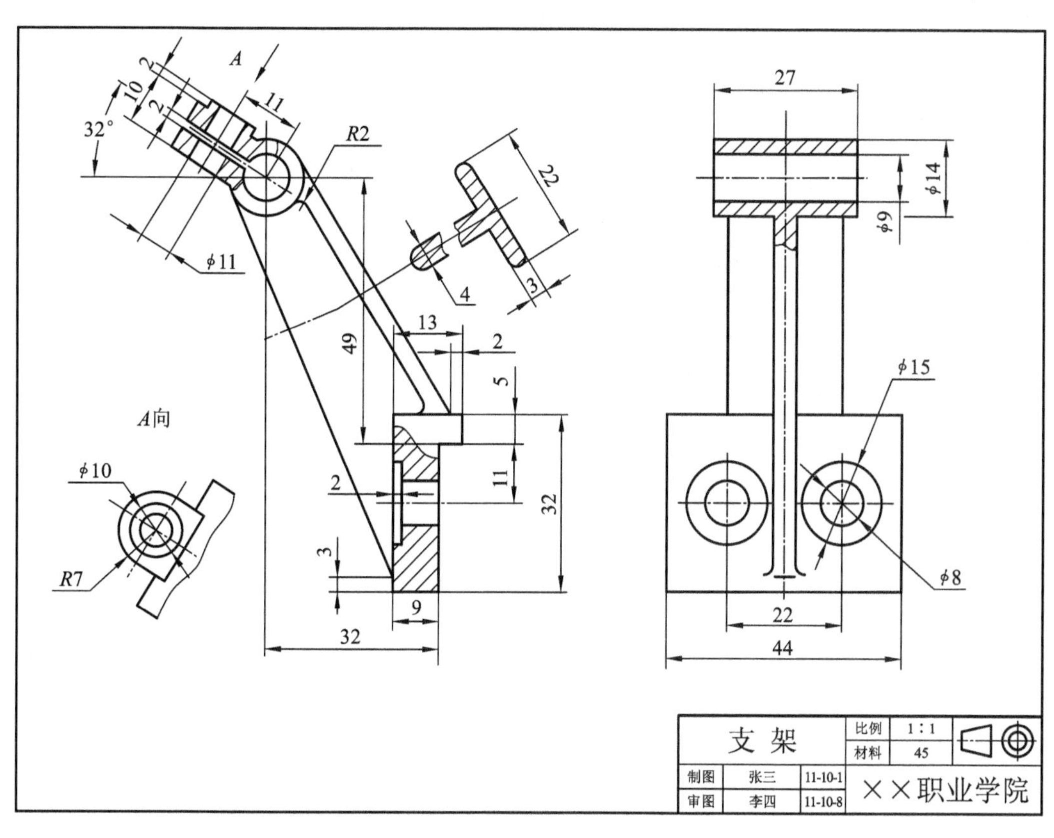
A
32°
10
2
2
11
R2
22
ϕ11
4
3
13
2
49
5
A向
ϕ10
R7
2
11
32
3
9
32
27
ϕ14
ϕ9
ϕ15
ϕ8
22
44
支 架
比例
1∶1
材料
45
制图
张三
11-10-1
审图
李四
11-10-8
××职业学院

图 6-53

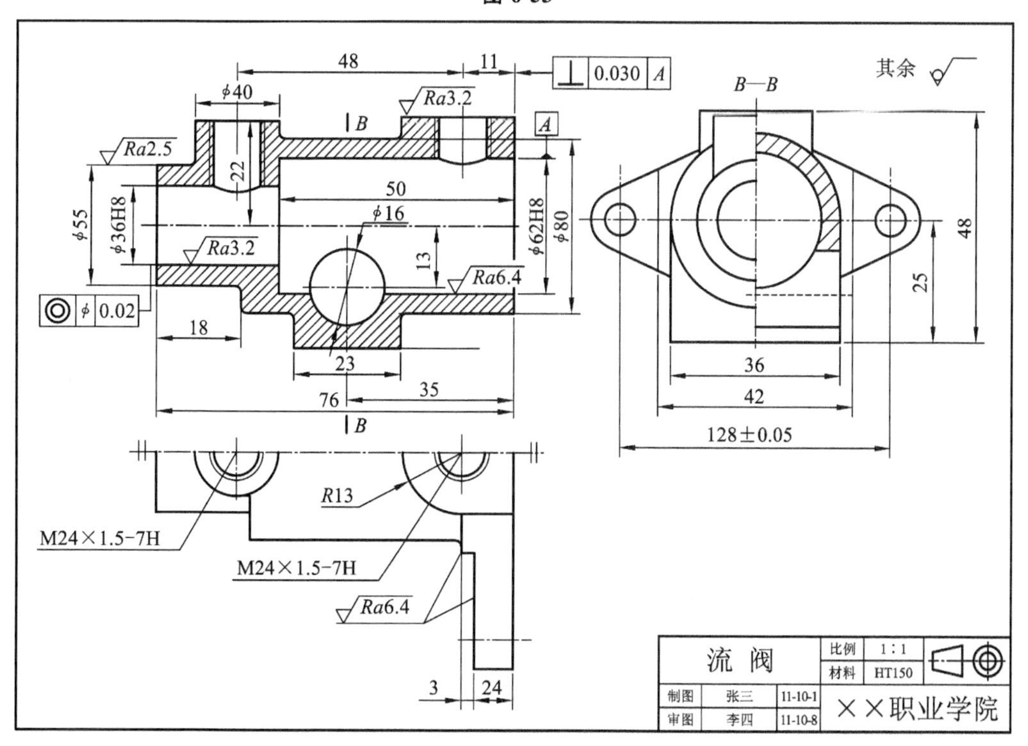
48
11
0.030
A
ϕ40
Ra3.2
B
Ra2.5
22
ϕ55
ϕ36H8
50
ϕ16
Ra3.2
13
Ra6.4
ϕ62H8
ϕ80
ϕ 0.02
18
23
76
35
B
B—B
其余
48
25
36
42
128±0.05
R13
M24×1.5-7H
M24×1.5-7H
Ra6.4
3
24
流 阀
比例
1∶1
材料
HT150
制图
张三
11-10-1
审图
李四
11-10-8
××职业学院

图 6-54

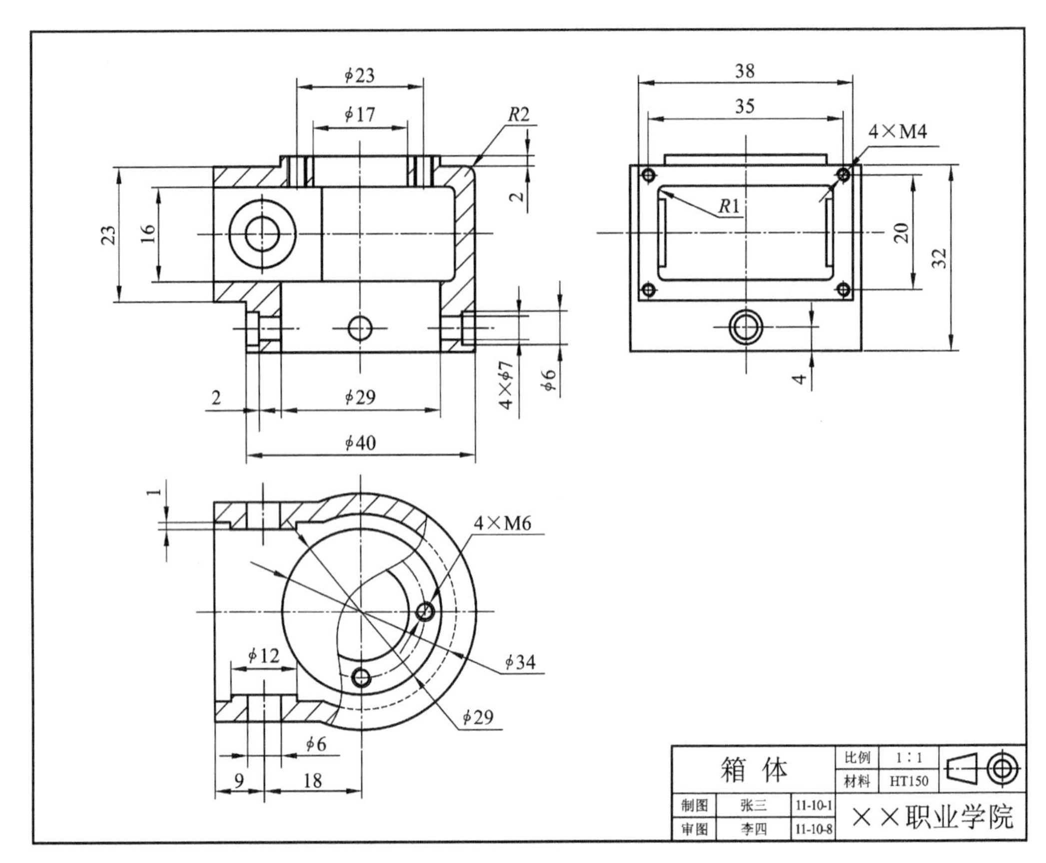
φ23
φ17
R2
2
23
16
2
φ29
φ40
4×φ7
φ6
38
35
4×M4
R1
20
32
4
1
4×M6
φ12
φ34
φ29
φ6
9
18
箱 体
比例
1∶1
材料
HT150
制图
张三
11-10-1
审图
李四
11-10-8
××职业学院

图 6-55

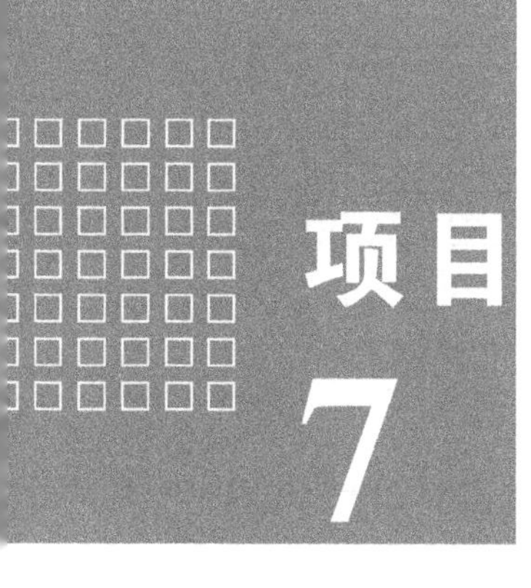

装配图的绘制

【知识目标】

- 掌握创建表格的方法。
- 掌握设计中心的使用。
- 掌握机械样板文件的创建和调用方法。
- 掌握装配图的绘制方法。

【能力目标】

- 能建立符合机械制图国家标准的机械样板文件。
- 能由已有的零件图拼画装配图。
- 能正确运用表格绘制和填写标题栏及明细栏。

装配图是用来表达机器或部件的工作原理、结构性能和零件间装配连接关系等内容的图样，是制定装配工艺规程和进行装配、检验、安装及维修的技术文件。设计新产品时先画装配图，再由装配图拆画零件图；测绘机器时先拆画零件图，再由零件图来拼画装配图。

装配图包含以下内容：一组视图、必要的尺寸、技术要求、零(组)件序号、标题栏和明细表。

在 AutoCAD 中装配图的绘制方法主要包括：零件图块插入、零件图形文件插入、利用设计中心拼绘装配图等。

任务1 创建和填写标题栏

本任务以创建和填写图 7-1 所示的标题栏为例，介绍“表格样式”“插入表格”等命令。操作步骤如下。

步骤1 创建装配图标题栏的表格样式。

- 单击“格式”→“表格样式”，弹出“表格样式”对话框。
- 单击“新建”按钮，打开“创建新的表格样式”对话框，在“新样式名”文本框中输入“装配图标题栏”。

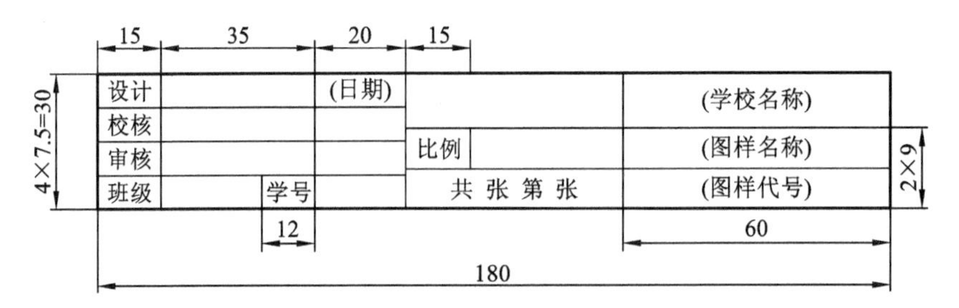

图 7-1　装配图标题栏

● 单击“继续”按钮，系统打开“新建表格样式：装配图标题栏”对话框，在“单元样式”下拉列表框中选择“数据”，设置装配图标题栏数据的特性。

● 在“表格方向”下拉列表框中选择“向下”，则装配图标题栏的数据由上向下填写。

● 在“常规”选项卡的“对齐”下拉列表框中选择“正中”，指定明细栏的数据书写在表格的正中间；在“页边距”的“垂直”“水平”文本框中均输入“0.1”，指定单元格中的文字与上下左右单元边线之间的距离，如图 7-2 所示。

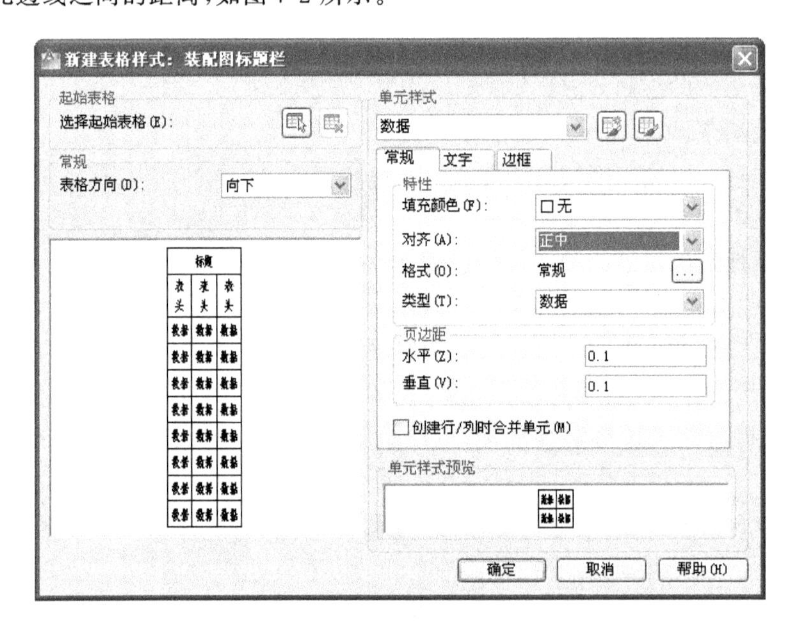

图 7-2　“常规”选项卡

● 单击“文字”，在“文字样式”下拉列表框中选择“长仿宋字”，在“文字高度”文本框中输入“3.5”，确定数据行中文字的样式及高度。

● 单击“边框”，在“线宽”下拉列表框中选择“0.50”，再单击“左边框”和“右边框”设置数据行中的垂直线为粗实线，单击内部线框，设置粗细为“0.25”。

● 单击“确定”，返回到“表格样式”对话框，单击“置为当前”，将“装配图标题栏”表格样式置为当前表格样式。

● 单击“关闭”，完成表格样式的创建。

步骤 2　插入并修改表格。

● 单击“绘图”→“表格”，弹出“表格样式”对话框，在下拉列表框中选择“装配图标题

栏”，将“插入方式”选择为“指定插入点”，并按图 7-3 所示设置各参数。

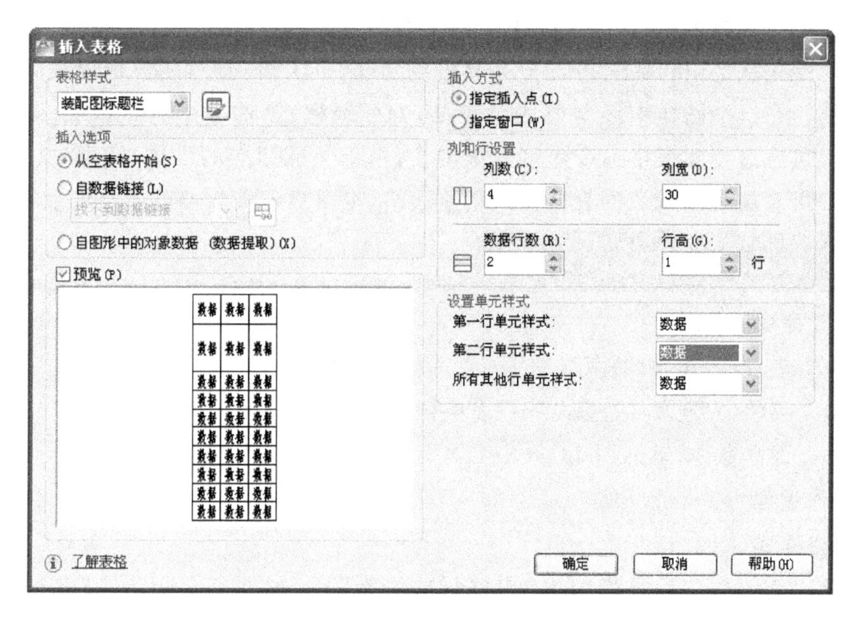

图 7-3　“插入表格”对话框

- 单击“确定”后，在绘图区适当位置单击，指定表格的插入点。
- 在弹出的“文字格式”对话框中单击“确定”，完成装配图左半部分的插入。
- 单击“修改”→“特性”，弹出“特性”选项板。
- 选择第 1 列的单元格，在“特性”选项板的“单元宽度”中输入“15”，按“回车”键。
- 再选择第 2 列的单元格，在“特性”选项板的“单元宽度”中输入“23”，按“回车”键。同样设置第 3、4 列宽度分别为“12”“20”。所有表格的单元格高度均为“7.5”。
- 将表格的第 1、2、3 行的第 2、3 两列合并单元格。
- 单击“绘图”“表格”，弹出“表格样式”对话框，在下拉列表框中选择“装配图标题栏”，在“插入方式”选择“指定插入点”，按图 7-3 所示设置各参数，不同的是数据行数取为“3”，列数取“3”。
- 单击“确定”，在第 1 个表格的右上角顶点处单击，指定表格的插入点。
- 单击“确定”，完成装配图右半部分的插入。
- 依次在每一列单元格内单击，在“特性”选项板的“单元格”中输入其宽度值 10、40、50 和高度值 10。
- 将右半部分的第 1 行和第 3 行的第 1、2 两列合并单元格。
- 单击左面表格的右边框和右面表格的左边框，修改边框的线宽为“0.25”，按“Esc”键退出选择，完成表格的修改，如图 7-4 所示。

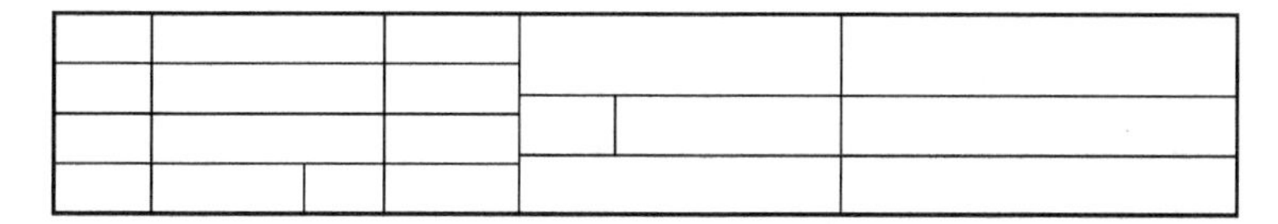

图 7-4　修改后的表格

步骤3 填写装配图标题栏。

在“数据”单元格内双击，自上而下填写明细栏内容。

表格功能是从AutoCAD 2005开始新增的功能，有了该功能，用户可以很方便地插入需要的表格。在机械图样中经常要用到表格，如标题栏、零件图中的参数表、装配图中的明细表等。可通过创建表格命令来创建数据表，用于保证标准的字体、颜色、文本、高度和行距。用户可直接利用默认的表格样式创建表格，也可自定义或修改已有的表格样式。

知识点1 新建表格样式

1. 启动命令的方法

方法1 工具栏：单击“样式”。

方法2 菜单命令：单击“格式”→“表格样式”。

方法3 键盘命令：输入“tablestyle”。

2. 操作过程

1）表格样式

执行上述命令后，系统将弹出“表格样式”对话框，如图7-5所示，其各选项的功能如下。

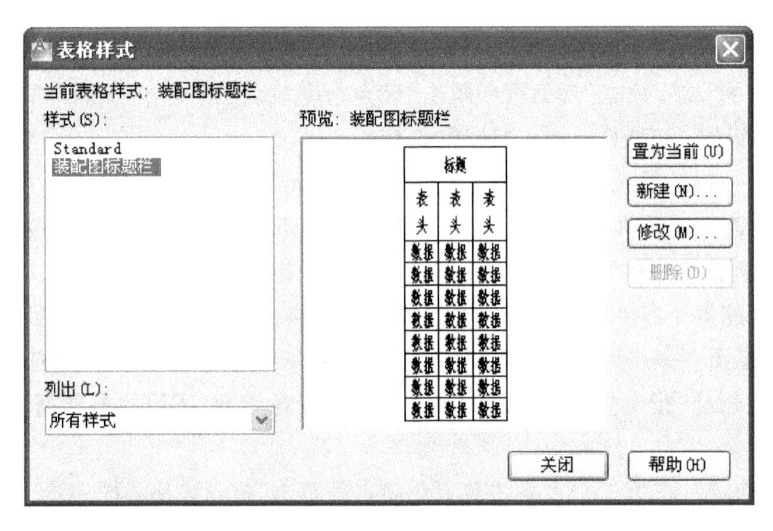

图7-5 “表格样式”对话框

（1）“当前表格样式”：显示当前的表格样式，系统默认的表格样式为“Standard”。

（2）“置为当前”按钮：将左边样式对话框中的样式设置为当前样式。

（3）“新建”按钮：用于新建表格样式。

（4）“修改”按钮：用于对左边样式列表中选中的样式进行修改。

2）新建表格样式

单击“表格样式”对话框中的“新建”按钮，系统打开“创建新的表格样式”对话框，如图7-6所示，在“新样式名”文本框中输入新建的表格样式名后，单击“继续”按钮，系统打开“新建表格样式”对话框，如图7-7所示。

“新建表格样式”对话框中各选项的含义如下。

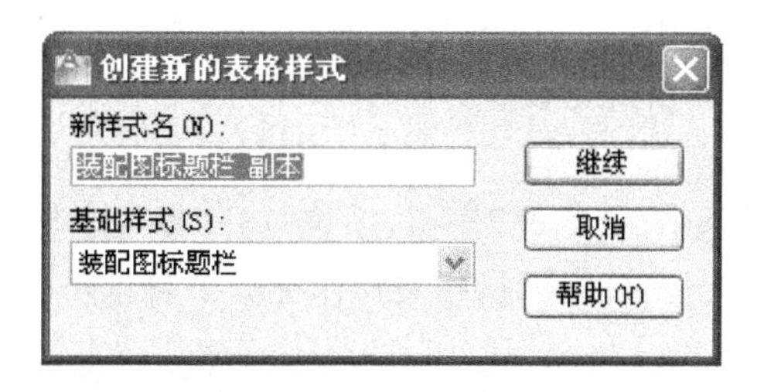

图 7-6 “创建新的表格样式”对话框

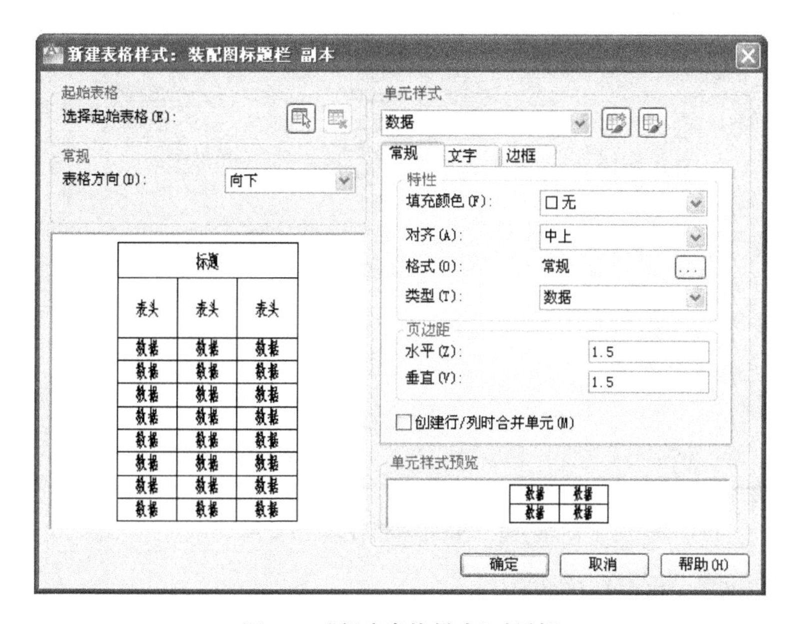

图 7-7 “新建表格样式”对话框

(1)“起始表格”可以在图形中指定一个表格用做样例来设置此表格样式的格式，若图形中没有表格可不选。

(2)“常规”用于设置表格方向，有“向上”和“向下”两个选项，“向上”是指创建由下至上读取的表格，标题行和列标题行在表格的底部；“向下”则相反。

(3)“单元样式”用于确定新的单元样式或修改现有的单元样式，有“标题”“表头”“数据”三个选项，可分别用于设置表格的标题、表头和数据单元的样式。三个选项中均包含“常规”“文字”和“边框”三个选项卡。

(4)“数据”选项下的“常规”选项卡“特性”选项框用于设置单元的填充颜色、对齐、格式和类型等；“页边距”选项框用于设置单元边界与单元内容之间的间距。

(5)“数据”选项下的“文字”选项卡可设置当前单元样式的文字样式、文字高度、文字颜色和文字角度。

(6)“数据”选项下的“边框”选项卡可设置表格边框线的形式，包括线宽、线型、颜色、是否双线、边框线有无等选项。例如，在“线宽”下拉列表中选择“0.25”；在“线型”下拉列表框中选择“continuous”；单击“内边框”按钮，可将设置应用于内边框线；再在“线宽”下拉列表框中选择 0.50；在“线型”下拉列表框中选择“continuous”；单击“外边框”按钮，可将设置应用于外边框线。

“标题”和“表头”选项的内容及设置方法同上。标题栏表格不包含标题和表头，所以可不必对“标题”和“表头”选项进行设置。

3）修改表格样式

单击“表格样式”对话框中的“修改”按钮，系统打开“修改表格样式”对话框，如图 7-8 所示。用户可以通过它来改变原来的设置，相关操作类似于新建表格样式。

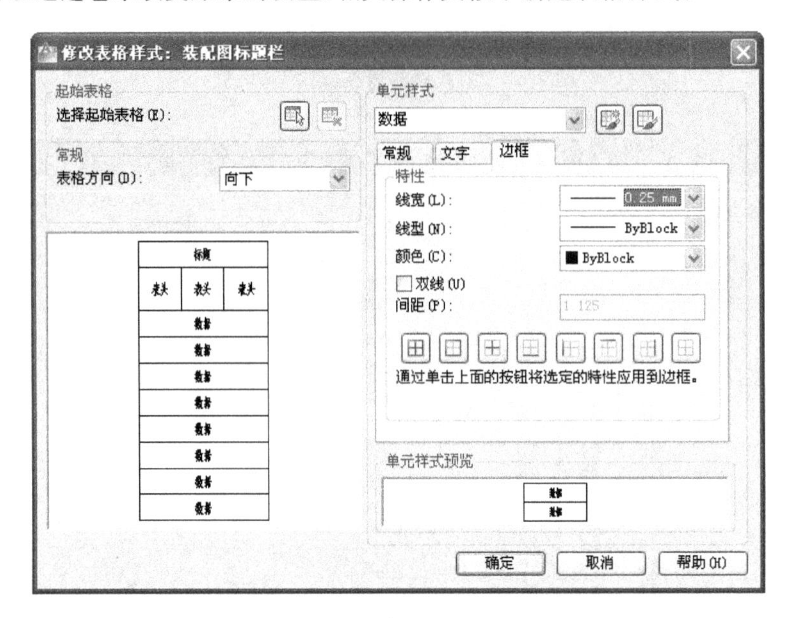

图 7-8 “修改表格样式”对话框

知识点 2 插入表格

设置好表格样式后，可以利用“表格”命令在图形中插入一个表格，然后在表格的单元中添加内容。

1. 启动命令的方法

方法 1 工具栏：单击“绘图”绘图工具栏中的按钮。

方法 2 菜单：单击“绘图”→“表格”。

方法 3 键盘命令：输入“table”。

执行“表格”命令后，系统打开“插入表格”对话框，如图 7-9 所示。

2. 插入表格的步骤

步骤 1 选择或创建表格样式。

在“表格样式”选项框的“表格样式名称”中选择已定义的表格样式。单击“表格样式名称”左侧的按钮，打开“表格样式”对话框，可以创建新的表格样式。

步骤 2 选择表格插入方式。

- “指定插入点”：指定表格左上角或左下角的位置来确定表格位置。
- “指定窗口”：指定表格的大小和位置。选定此项时，表格的行数、列数、列宽和行高取决于窗口的大小及列和行的设置。

步骤 3 设置表格的行和列。

“列和行设置”设置插入表格的行和列的数目及大小。

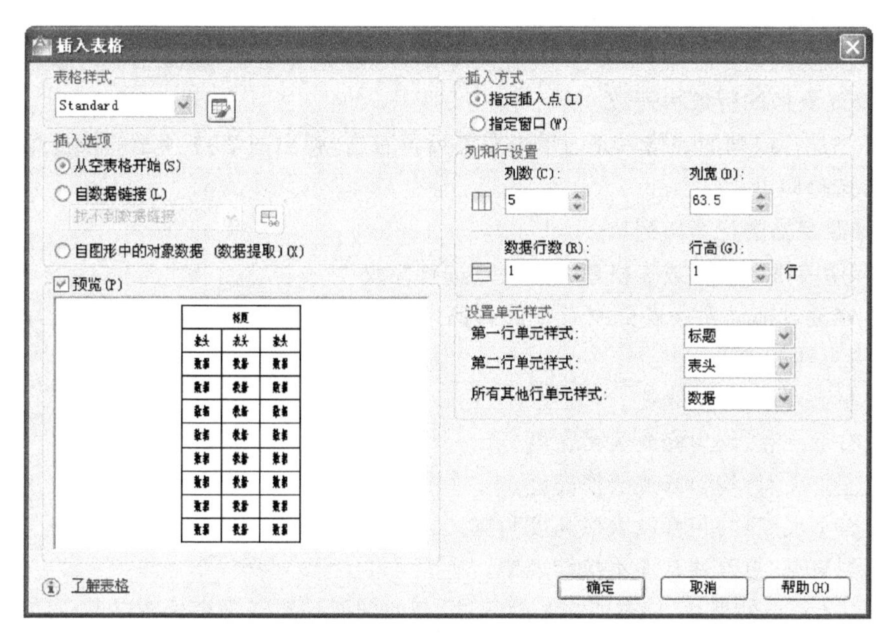

图 7-9　“插入表格”对话框

步骤 4　设置单元样式。

● “第一行单元样式”：指定表格中第 1 行的单元样式，默认为“标题”单元样式。

● “第二行单元样式”：指定表格中第 2 行的单元样式，默认为“表头”单元样式。

● “所有其他行单元样式”：指定表格中其他所有行的单元样式，默认为“数据”单元样式。

设置完所有选项后，单击“确定”按钮，关闭“插入表格”对话框。此时系统弹出表格，如果在“插入表格”对话框中选择了“指定插入点”，则系统要求指定插入点；如果选择了“指定窗口”选项，则系统要求指定第 1 个角点和第 2 个角点。

在指定位置处插入一个设定的空表格，并显示“文字格式”编辑器，如图 7-10 所示。要移动到下一个单元，可按“Tab”键，或使用方向键向左、向右、向上和向下移动，用户可在单元格内输入相应的文字或数据，完成表格数据的输入。单击“确定”按钮，退出“文字格式”编辑器，完成表格的插入。

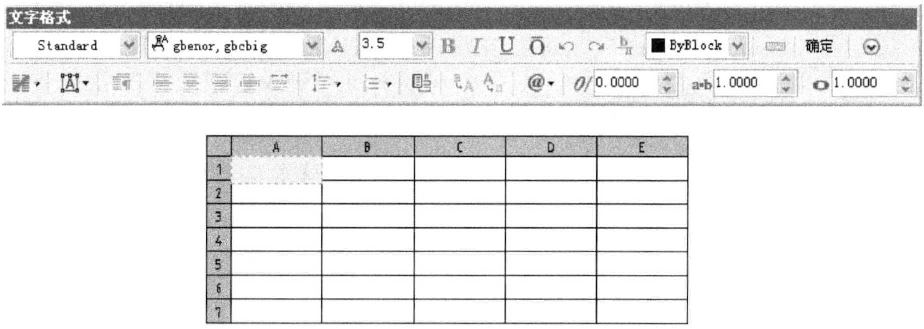

图 7-10　空表格和“文字格式”编辑器

知识点3　表格的编辑与修改

1. 修改表格的行数和列数

在要添加行或列的表格单元内单击左键后再右击，弹出图7-11所示的快捷菜单，根据需要进行选择即可。

2. 修改表格的行高与列宽

1）利用表格的夹点或表格单元的夹点进行修改

该方式通过拖动夹点来更改表格的行高与列宽。单击表格的任意网格线，出现表格夹点，各夹点功能如下。

（1）左上夹点：移动表格。

（2）右上夹点：均匀修改表格宽度。

（3）左下夹点：均匀修改表格高度。

（4）右下夹点：均匀修改表格高度和宽。

（5）列夹点：更改列宽而不拉伸表格。

（6）"Ctrl"+列夹点：加宽或缩小相邻列，与此同时加宽或缩小表格以适应此修改。

单击表格的单元格出现单元格夹点，功能类似于表格的夹点。

2）使用"特性"选项板进行修改

选中表格单击右键，在右键菜单中选择"特性"，弹出该表格的特性对话框，如图7-12所示，在窗口中可修改表格宽度和高度。

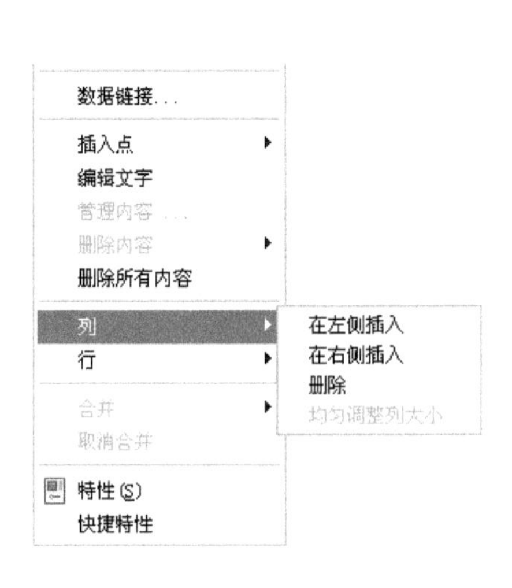

图7-11　"修改列数、行数"快捷菜单

图7-12　"特性"对话框

3. 修改表格的文字内容

(1) 用鼠标左键在表格内双击，在弹出的“文字格式”编辑器中重新输入文字或数据。

(2) 选定单元格后，按“F2”键，在弹出的“文字格式”编辑器中重新输入文字或数据。

任务 2　创建符合国家标准的、带图框和标题栏的 A3 样板图形

样板功能通过提供标准样式和设置来保证用户创建的图形的一致性，是许多应用软件用于统一文件格式、提高工作效率的主要方法和途径。AutoCAD 也具有样板功能——图形样板文件。为实现快捷、方便地用 AutoCAD 绘制出规范的工程图样，必须熟悉与掌握图形样板功能的使用方法。在 AutoCAD 中文版中，也提供了一些图形样板文件，但其设置不一定满足用户要求，用户可依据国家标准的相关规定和绘图的实际需求，重新制作或修改样板文件，操作步骤如下。

步骤 1　新建文件输入新建图形命令“new”或“Ctrl”+“n”，创建一个新的图形文件。在弹出的图 7-13 所示“选择样板”对话框中，选择图形样板文件“acadiso. dwt”创建新样板文件。

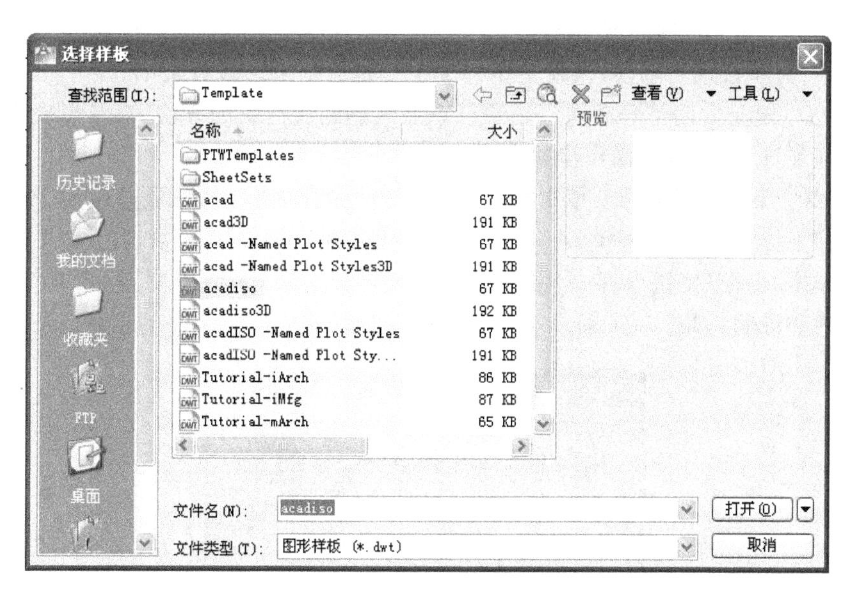

图 7-13　“选择样板”对话框

步骤 2　设置绘图单位类型及精度。设置方法、步骤见项目 2。

步骤 3　设置图形界限。设置图形界限的方法、步骤见项目 2。也可以不设置图形界限，通过编辑命令中移动全部图元的方式，将不在图形界限内的全部图元移至合适区域。

步骤 4　调整显示范围操作过程。

命令：输入“zoom”(启动命令)，命令行提示

指定窗口的角点，输入比例因子(nX 或 nXP)，或者[全部(A)/中心(C)/动态(D)/范围(E)/上一个(P)/比例(S)/窗口(W)对象(O)]＜实时＞：“a”(选择“全部”选项)。

步骤 5　设置捕捉及栅格的间距及状态。为提高绘图的速度和效率，可以显示并捕捉矩形栅格，还可以控制栅格的间距、角度和对齐。在机械绘图过程中，由于一般采用坐标

输入的方法给定距离，栅格应用不广泛。

步骤 6 设置图框格式。应根据国家标准《技术制图图纸幅面和格式》(GB/T 14689—2008)和《技术制图标题栏》(GB/T10609.1—2008)中规定的尺寸绘制图纸的图框和标题栏。用“line”命令或“rectang”命令绘制图纸的边界线和图框线。图纸的边界线用细实线绘制，图框线用粗实线绘制。

标题栏的外框用粗实线，内部用细实线。可使用“line”命令和有关的编辑命令(如“array”的矩形阵列、“offset”等)或用插入表格的方式，绘制标题栏的图形部分。

图框和标题栏绘制完成后，可将相关的三个图层设置为锁定状态，以防止在后续的绘图过程中对其进行误操作。

步骤 7 创建与设置文字样式。创建一个名为“工程字体”的文字样式，在“shx”字体中选用“gbeitc.shx”字体及“gbcbig.shx”大字体，其他为默认选项。

步骤 8 创建图层并设置图层属性。新建图层并设置相关属性。打开“图层管理器”对话框，完成图层及图层特性设置，操作步骤见项目 2。

步骤 9 设置尺寸样式。创建尺寸标注样式，操作步骤见项目 5。

步骤 10 输入标题栏中的文字。一张完整的工程图样，除了图形外，还需要相关的文字说明和注释。对于一些比较简短的文字项目，如标题栏信息、尺寸标注说明等，往往采用单行文字；对于技术要求等，常使用多行文字。也可都采用多行文本。

步骤 11 定义常用符号图块。用户可以通过创建属性块的方法，自定义表面粗糙度、形位公差基准符号等图块，操作步骤见项目 6。

步骤 12 保存样板文件。依次选取“文件”→“另存为”，在“图形另存为”对话框中的“文件类型”下拉列表框中选择“AutoCAD 图形样板(*.dwt)”选项，在“文件名”处输入“A3_Y”，单击“保存”按钮保存文件。在弹出的“样板选项”对话框中，输入对该图形样板文件的描述和说明，如图 7-14 所示，单击“确定”按钮，完成样板文件的创建。

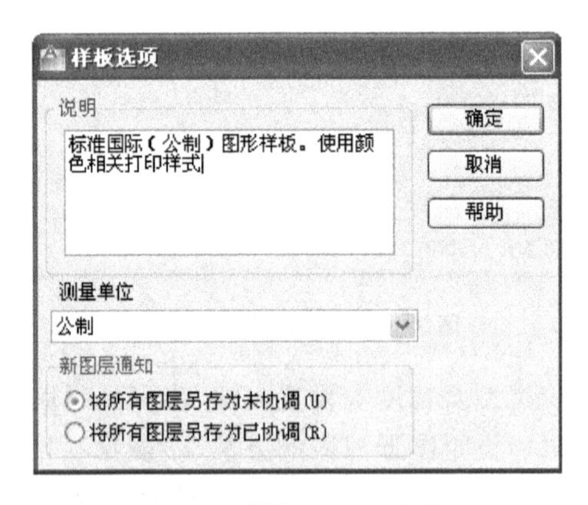

图 7-14 “样板选项”对话框

知识点 1 样板文件的创建

机械图样的样板文件包括以下主要内容。

(1) 绘图环境的设置。创建包括绘图单位、图幅、图纸的全屏显示、捕捉等。

(2) 图层的设置。创建粗实线、细实线、虚线、点画线等常用图层，并按要求设置各图

层的颜色、线型等特性。

(3) 文字样式设置。创建尺寸标注文字和文字样式,并设置为当前样式。

(4) 尺寸样式设置。创建包括直线、圆、角度、公差等尺寸样式,并将常用的标注样式设置为当前样式。

(5) 创建各种常用图块。创建粗糙度符号、形位公差基准符号等图块。制作机械图的图形样板文件时,应依据国家标准《机械制图图纸幅面及标题栏》(GB/T 14689—1993)、《机械制图比例》(GB/T 14690—1993)和《CAD 工程制图规则》(GB/T 18229—2000)等相关规定,以及绘图的实际需求,对上述内容进行设置和调整。

知识点 2　样板文件的调用

创建样板文件后,用户可以随时调用样板文件用于绘制新图,即使用"新建图形"命令后,打开的"选择样板"对话框,选择所建样板文件的名称,双击打开。

提示:对打开的样板文件修改后准备保存时,需将图样名称改动后再保存;否则将以当前设置内容替换原来样板文件的设置内容。

知识点 3　设计中心

"设计中心"是从 AutoCAD 2000 版开始新增加的一个功能,其外观类似 Windows 资源管理器。使用设计中心可浏览、查找、管理 AutoCAD 图形及来自其他源文件或应用程序的内容,可将位于本地计算机、局域网或互联网上的图块、图层、外部参照和用户定义的图形内容复制并粘贴到当前绘图区中,进行资源共享,用户不必对其重复设置,这样就提高了图形管理和图形设计的效率。

1. "设计中心"的界面

1) 调用命令的方法

方法 1　菜单命令:单击"工具"→"选项板"→"设计中心"。

方法 2　工具栏:单击"标准"→"设计中心"。

方法 3　键盘命令:输入"adcenter"或"adc"。

方法 4　快捷键:按"Ctrl"+"2"键。

2) 操作过程

执行上述命令后,弹出"设计中心"界面,如图 7-15 所示。界面含有文件夹、打开的图形、历史记录、三个选项卡和一个工具栏,"文件夹列表"显示当前选项卡的树形结构,内容显示区显示在树形结构区域选中的浏览资源的内容。"设计中心"窗口具有自动隐藏功能,将光标移至"设计中心"的标题栏上,使用右键菜单选项可激活或取消自动隐藏。界面的各个部分可用光标拉动边框改变其大小。

(1) 工具栏。

"设计中心"工具栏共有 11 个按钮,如图 7-16 所示。功能如下。

- "加载"按钮:显示"加载"对话框,可浏览本地和网络驱动器上的文件,并将选定的内容装入设计中心的内容显示框。
- "上一级"按钮:显示当前位置的文件夹、文件的上一级内容。
- "搜索"按钮:显示"搜索"对话框,可搜索所需的资源。
- "收藏夹"按钮:显示"收藏夹"文件夹的内容,可通过收藏夹来标记存放在本地磁盘、

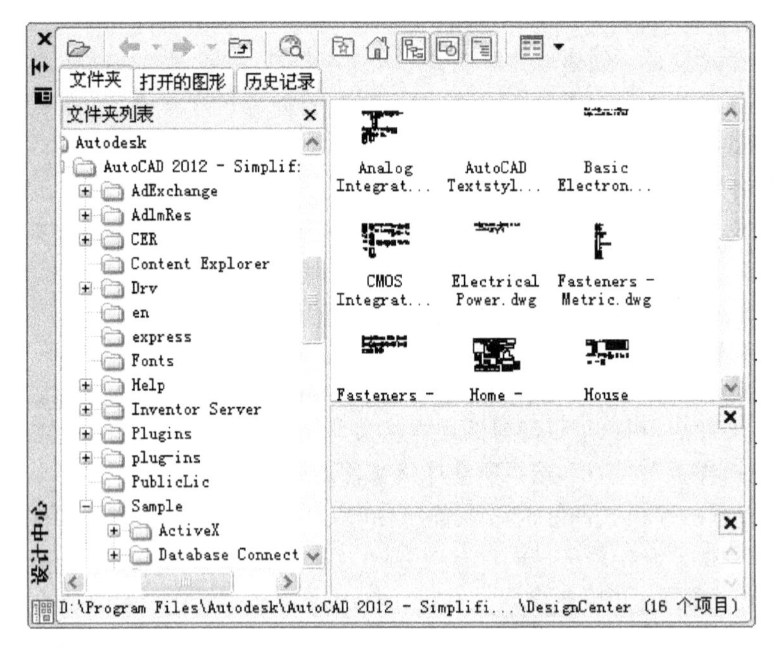

图 7-15 “设计中心”界面

图 7-16 “设计中心”的工具栏

网络驱动器或网页上的内容。

● “主页”按钮:用于返回到“设计中心”的启动界面。

● “树状图切换”按钮:单击该按钮,可在设计中心界面的“树状图”和“桌面图”之间切换。

● “预览”和“说明”按钮:均为开关按钮,分别用于控制“设计中心”界面上预览区和说明区的显示或隐藏。

(2) 选项卡。

“设计中心”界面有“文件夹”“打开的图形”和“历史记录”三个选项卡。

① “文件夹”选项卡:显示计算机或网络驱动器中文件和文件夹的层次结构。

② “打开的图形”选项卡:显示在当前环境中已打开的所有图形文件,其中包括最小化了的图形,单击某个图形文件,可以将图形文件的内容加载到内容显示区中,如图 7-17 所示。

③ “历史记录”选项卡:显示最近在设计中心访问过的图形文件列表,如图 7-18 所示。双击列表中的某个图形文件,可以在“文件夹”选项卡的树状视图中定位此图形文件,并将其内容加载到内容显示区中。

2. “设计中心”的应用

应用“设计中心”可以很方便地把所选图形文件打开,并可通过内容区域或“搜索”对话框的查找列表把需要的内容添加到打开的图形文件中。

“设计中心”是实现 AutoCAD 文件之间共享绘图资源的有效工具,它不仅可以将一个

图 7-17 “设计中心”的“打开的图形”选项卡

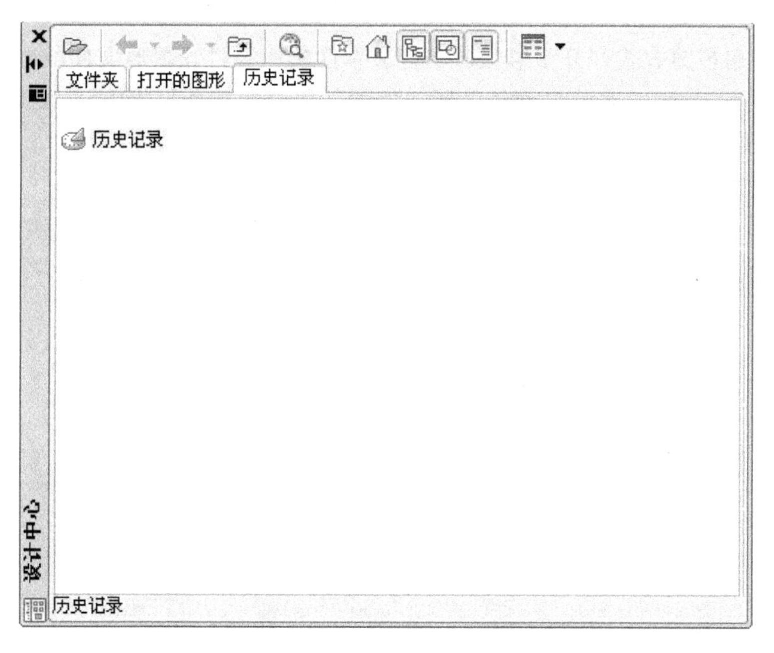

图 7-18 “设计中心”的“历史记录”选项卡

图形文件从指定位置复制或粘贴到当前文件，还能将指定文件中的指定资源复制或粘贴到当前文件。

1）“设计中心”打开图形文件

利用“设计中心”可以很方便地打开所选的图形文件，有以下两种操作方法。

方法 1 用右键菜单打开图形。在内容显示区，将光标放在要打开文件的图标处，单击鼠标右键，在打开的快捷菜单中选择“在应用程序窗口中打开”选项，打开相应的图形文

件，如图 7-19 所示。

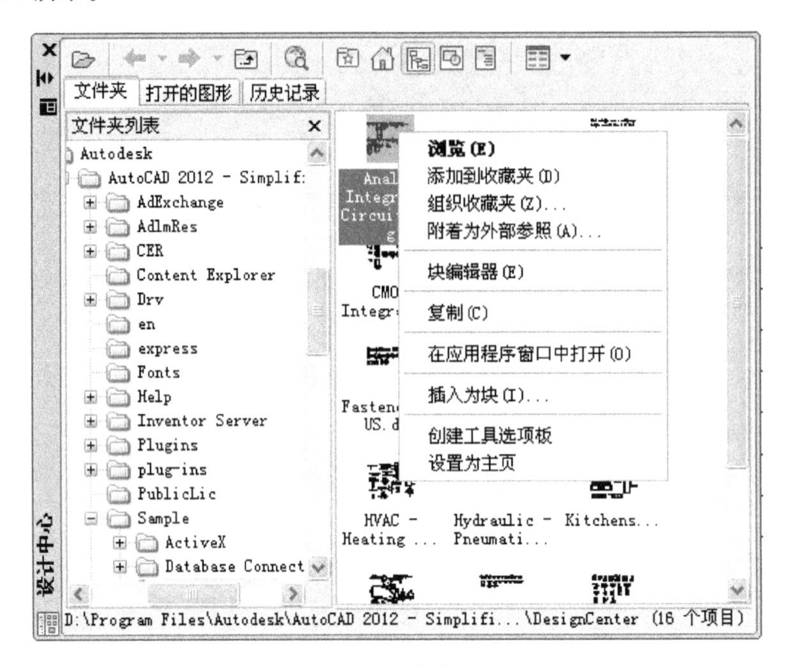

图 7-19　用右键菜单打开图形

方法 2　用拖放方式打开图形。从内容显示区选中要打开图形文件的图标，按住鼠标左键将其拖出设计中心，若拖动到绘图区域外的任何位置松开鼠标左键，则将打开相应的图形文件；若拖动到绘图区域中，则在当前图形中插入块。

2)“设计中心”查找资源

单击设计中心工具栏的“搜索”按钮，弹出图 7-20 所示的“搜索”对话框，利用该对话框可以搜索所需的资源。在“设计中心”可以查找的内容有：图形、填充图案、填完图案文件、图层、块、文字样式、线型、标注样式和布局等。

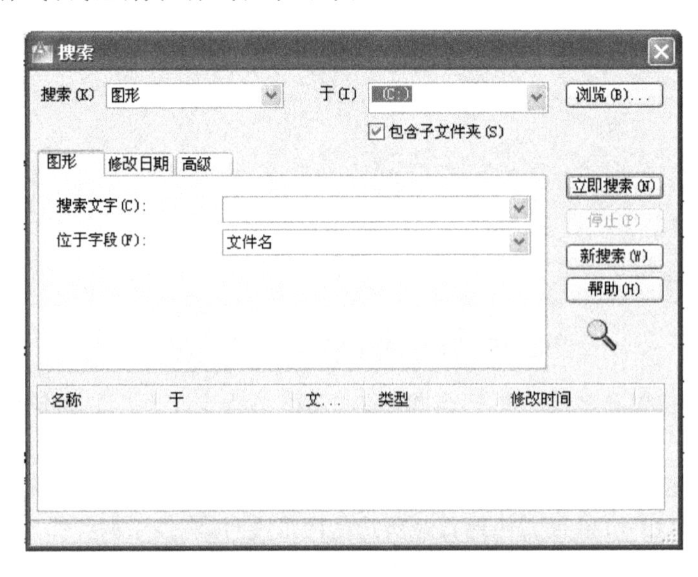

图 7-20　“设计中心”的“搜索”对话框

操作步骤如下。

步骤1 打开设计中心。

步骤2 单击“搜索”按钮，打开“搜索”对话框。

步骤3 在“搜索”下拉列表框中选择需要查找内容的类型。

步骤4 在“搜索”下拉列表框中选择或指定搜索路径名，单击“立即搜索”按钮进行搜索。

3）“设计中心”复制图形资源

利用“设计中心”可以方便地将其他图形中的图层、图块、文字样式、标注样式、整个图形等复制到当前图形，这样可节省绘图时间，并保证图形间的一致性。可采用以下方法复制需要的图形资源。

方法1 在内容显示区或“搜索”对话框中，选中需要复制的图形资源，按住鼠标左键不放，将其拖到当前绘图区后松开鼠标，即完成复制。

方法2 鼠标右击要复制的图形资源图标，在弹出的快捷菜单中选择“复制”，再在绘图区中单击鼠标右键，在弹出的快捷菜单中选择“粘贴”即完成复制。

方法3 双击图形资源图标，可将该表格样式复制到当前图形。

方法4 用鼠标双击“标题栏”图标，可将该表格样式复制到当前图形。

4）设计中心插入块

“设计中心”可以使用两种方法添加块。

方法1 拖放法。与上述添加表格样式等资源的方法一样，先在文件夹列表区或搜索对话框中找到所要插入的块，用鼠标将其拖放到绘图区的相应位置，块将以默认的比例和旋转角度插入到当前图形中。

方法2 双击法。双击内容显示区或搜索区中的块，或者右击内容显示区或搜索区中的块，选择“插入块”选项，都将弹出“插入”对话框，如图7-21所示。此对话框与执行命令“insert”时弹出的对话框一样。

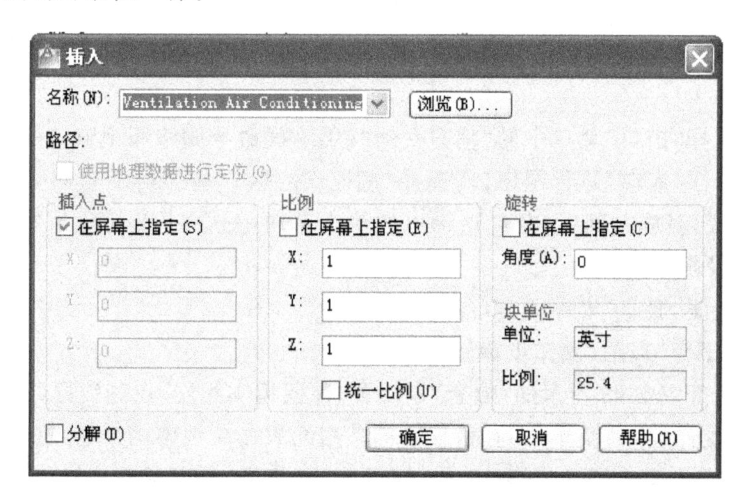

图7-21 “插入”对话框

任务3　根据零件图拼画千斤顶装配图

(1) 创建新图形。启动 AutoCAD,选择样板文件创建新图形,并保存为“千斤顶装配图.dwg”。

(2) 利用拼装法绘制装配图。首先复制“底座”视图,其后的操作步骤如下。

步骤1　打开图7-22所示的“底座”零件图,保留粗实线层、点画线层,关闭其他层。

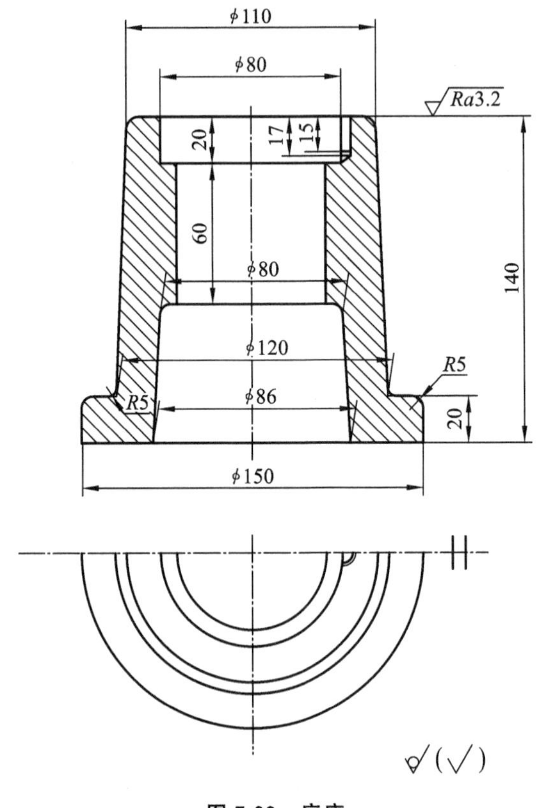

图7-22　底座

步骤2　选择“窗口”菜单中的“垂直平铺”,用缩放命令调整两个窗口的显示状态。

步骤3　激活“底座”零件图窗口,选择“底座”主视图,按鼠标右键将其拖动到装配图窗口中适当位置,释放右键后,在自动弹出的快捷菜单中选择“复制到此处”,即可完成装配图中底座的投影。

步骤4　关闭“底座”零件图窗口。

(3) 装入“螺套”视图,操作步骤如下。

步骤1　打开图7-23所示的“螺套”零件图,保留粗实线层、点画线层,关闭其他层。

步骤2　选择“窗口”菜单中的“垂直平铺”,用缩放命令调整两个窗口的显示状态。

步骤3　激活“螺套”零件图窗口,选择“螺套”主视图,按下鼠标右键,将其拖动到装配图窗口中适当位置,释放右键后,选择“复制到此处”选项。

步骤4　在装配图窗口中编辑修改“螺套”投影。用“旋转”命令将螺套视图角度设置为“−90°”,删除装配后多余的图线,用“移动”命令将编辑好的图形移动到“底座”的视图上。

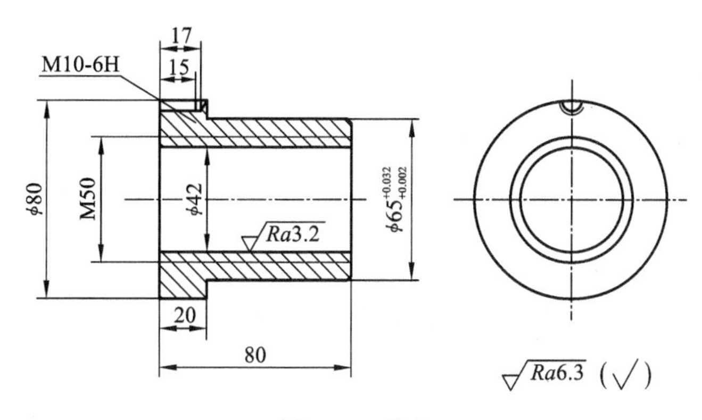

图7-23　螺套

步骤5　关闭“螺套”零件图窗口。

(4) 装入图7-24所示“螺旋杆”的视图，注意移动时应保证螺旋杆中上部的下底面与底座的上表面投影平齐，以及它们的回转轴线重合。

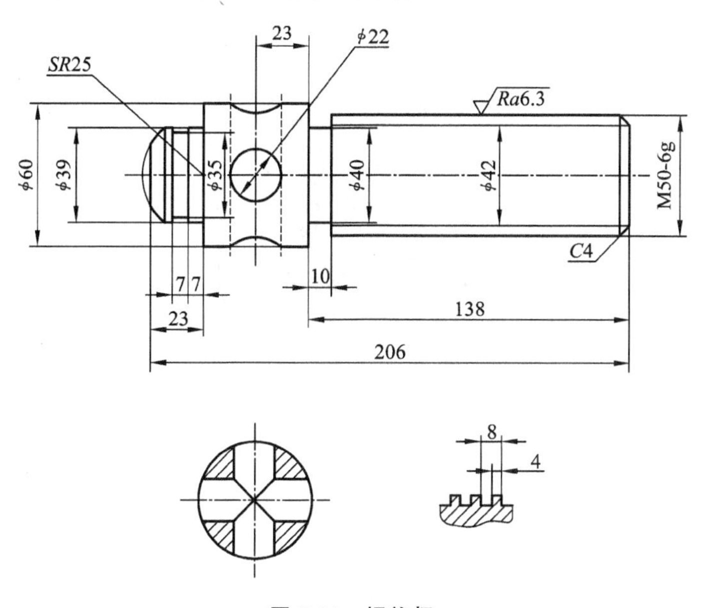

图7-24　螺旋杆

(5) 装入图7-25所示“绞杠”的视图，注意移动时应保证绞杠的回转轴线与螺旋杆孔的中心在同一条直线上。

(6) 装入图7-26所示“顶垫”的视图，注意移动时应保证顶垫的回转轴线与螺旋杆的回转轴线在同一条直线上。

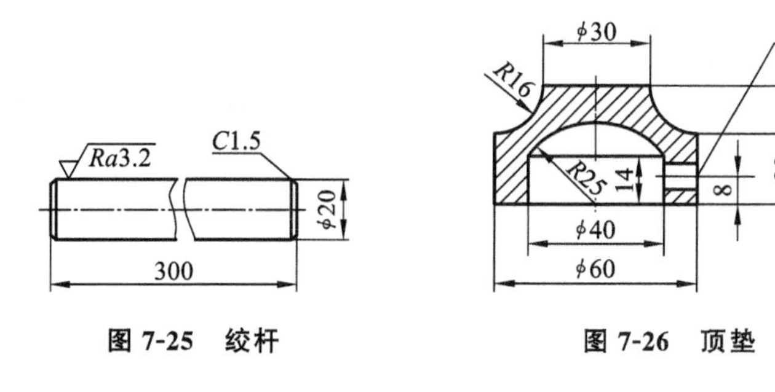

图7-25　绞杆　　　　图7-26　顶垫

(7) 装入“螺钉 M10×12”“螺钉 M10×12”等的视图,注意修改螺纹的粗细线。

(8) 填充剖面线,编辑全图,调整视图位置。

(9) 标注尺寸。先创建尺寸标注样式,将其置为当前,再用尺寸标注命令标注尺寸。

(10) 标注零件序号。先创建尺寸标注样式,将其置为当前,标注时需将引线末端的“箭头”设置成“小点”,其他设置和标注倒角时的相同。

(11) 插入标题栏块和明细栏块。用“插入块”命令插入标题栏块和明细栏块。

通过以上步骤即可根据零件图绘制装配图,如图 7-27 所示。应用 AutoCAD 绘制装配图的方法,一般有直接画法和拼装画法。

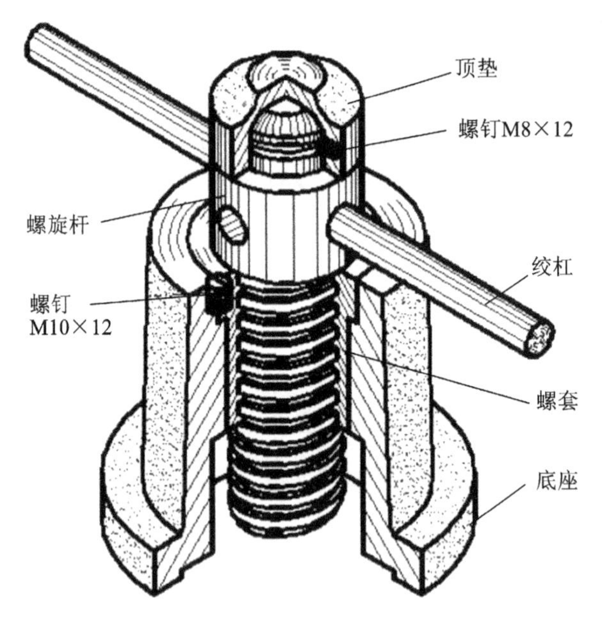

7	顶垫	1	35	
6	螺钉M8×12	1		GB/T75
5	绞杠	1	Q235A	
4	螺钉M12×12	1		GB/T73
3	螺套	1	ZCuAl10Fe3	
2	螺旋杆	1	45	
1	底座	1	HT200	
序号	名　称	件数	材料	备　注

图 7-27　千斤顶装配图

知识点 1　装配图的直接绘制

按照手工画装配图的作图顺序,依次绘制各组成零件在装配图中的投影。为了方便作图,在画图时,可以将不同的零件画在不同的图层上,以便关闭某些图层,使图面简化。由于关闭的图层上的图线不能编辑,所以在进行“移动”等编辑操作以前,要先打开相应图层。

知识点 2 装配图的拼装画法

1. 拼装画法的概念

先画出各个零件的零件图，再将零件图定义为图块文件或附属图块，用拼装图块的方法将其拼装成装配图。

在 AutoCAD 中，根据零件图拼画装配图的主要方法有以下三种。

方法 1 零件图块插入法。将零件图中的各个图形创建为图块，然后在装配图中插入所需的图块。

方法 2 零件图形文件插入法。用户可使用“insert”命令将整个零件图作为块，直接插入当前装配图中，也可通过“设计中心”将多个零件图作为块，插入当前装配图中。

方法 3 剪贴板交换数据法。利用 AutoCAD 的“复制”命令，将零件图中所需图形复制到剪贴板，然后使用“粘贴”命令，将剪贴板上的图形粘贴到装配图所需的位置上。

2. 拼装画法的步骤

步骤 1 画图前要先熟悉机器或部件的工作原理及零件的形状、连接关系等，以便确定装配图的表达方案，选择合适的视图数量和视图种类。

步骤 2 将所有已经画好的零件图创建为块。

步骤 3 新建一个装配图的图形文件，打开“设计中心”，找到主体零件的图形文件，将该文件中的图块拖放到绘图区域的合适位置。

步骤 4 确定拼装顺序。在装配图中，将一条轴线作为一条装配干线。画装配图要以装配干线为单元进行拼装，当装配图中有多条装配干线时，先拼装主要装配干线，再拼装其他装配干线，相关视图的拼装一起进行。同一装配干线上的零件，按定位关系确定拼装顺序。

步骤 5 零件逐个拼装到装配图的过程中，注意分析零件的遮挡关系，对要拼装的图块进行细化、修改，或边拼装边修改。如果拼装的图形不太复杂，可以在拼装之后，不再移动各个图块的位置时，将图块分解，统一进行修剪、整理，此时要用到“修剪”“删除”“打断”等命令。

步骤 6 检查。可从以下两个方面进行检查。

- 检查定位是否正确。放大显示零件的各相接部位，依次检查定位是否正确。
- 检查修剪结果是否正确。在插入零件的过程中，随着插入图形的增多，以前被修改过的零件视图可能又被新插入的零件视图遮挡，这时就需要重新修剪；有时由于考虑不周或操作失误，会造成修剪错误。这些都需要仔细检查，周密考虑。

注意：由于在装配图中一般不画虚线，所以，画图前要尽量分析详尽，分清各零件之间的遮挡关系，剪掉被遮挡的图线。

步骤 7 修改图形。可从以下三个方面进行修改。

- 调整零件表达方案。由于零件图和装配图表达的侧重点不同，对同一零件的表达方法就不完全相同，必要时应当调整某些零件的表达方法，以适应装配图的要求。
- 修改剖面线。画零件图时，一般不会考虑零件在装配图中对剖面线的要求。所以在创建块时若关闭了“剖面线”图层，则只需按照装配图对剖面线的要求重新填充即可；若没有关闭图层，已经将剖面线的填充信息带进来了，则需注意：调整螺纹连接处剖面线的填充区域；相邻的两个或多个被剖到的零件，应统筹调整剖面线的间隔或倾斜方向，以适应装配图的要求。

● 调整重叠的图线。插入零件后，会有许多重叠的图线，这时应做必要的调整。例如，当中心线重叠时，显示或打印的结果将不是中心线，而是实线，装配图中几乎所有的中心线都要做调整。调整的办法有：关闭相关图层，删除、使用夹点编辑多余图线或删除一些重叠的线等。

步骤 8 考虑整体布局、调整视图位置。

布置视图时要考虑周全，使各个视图既要充分、合理地利用空间，又应在图面上分布恰当、均匀，还需兼顾尺寸、零件编号、技术要求、标题栏和明细表的绘制与填写空间。此时，需要充分发挥 AutoCAD 绘图的优越性，随时调用“移动”命令，反复进行调整。

提示：布置视图前，应打开所有的图层。为保证视图间的对应，移动视图时，应打开“正交”“对象捕捉”“对象追踪”等捕捉模式。

步骤 9 标注尺寸和技术要求。

装配图尺寸和技术要求的标注方法与零件图的标注方法类似，只是标注内容各有侧重。关闭零件图标注尺寸的图层，分别用尺寸标注和文字注写（单行或多行）命令标注装配图的尺寸和技术要求。

提示：标注时关闭“剖面线”图层，会给标注带来很大的方便。

步骤 10 标注零件序号，填写标题栏和明细表。

零件序号有多种标注形式，其中，用多重引线命令可以很方便地标注零件序号。对多重引线进行设置后，为保证标注序号排列的整齐，可以使用多重引线的对齐指令，使序号上方的水平线位置及文字序号的位置排列整齐。利用表格功能绘制标题栏和明细表。

项目总结

与传统的手工绘图相比，用 AutoCAD 绘制装配图具有快捷、方便、易修改的特点。当有了部件或设备的全部零件图时，利用复制、粘贴或插入图形等操作，可方便地将已有零件图拼装成装配图，也可将全部零件组装在一起，准确地检验设计中存在的问题，如检验是否存在干涉、能否装配及间隙合适与否等。

本项目以绘制千斤顶装配图为例，讲述装配图的拼装画法和一些绘图技巧，通过对本项目的学习，可以掌握二维机械图的绘制。绘制装配图时，先画出各组成零件的零件图，然后按一定的装配关系将其复制到装配图中，再删除配合面的公共线，修改被遮挡的轮廓线及剖面线的方向或间隔即可，这样既可以提高绘图效率，还可使绘图员进一步理解各零件之间的装配和连接关系。熟练掌握尺寸标注、技术要求、零件编号和明细栏的绘制方法，有效使用表格，利用“设计中心”等均能缩短绘制时间。机械样板文件的建立可使装配图的绘制更加高效。

思考与上机操作

绘制图 7-28 至图 7-30 所示千斤顶的零件图并拼画装配图（见图 7-31），修改标题栏，使其符合相关标准要求。

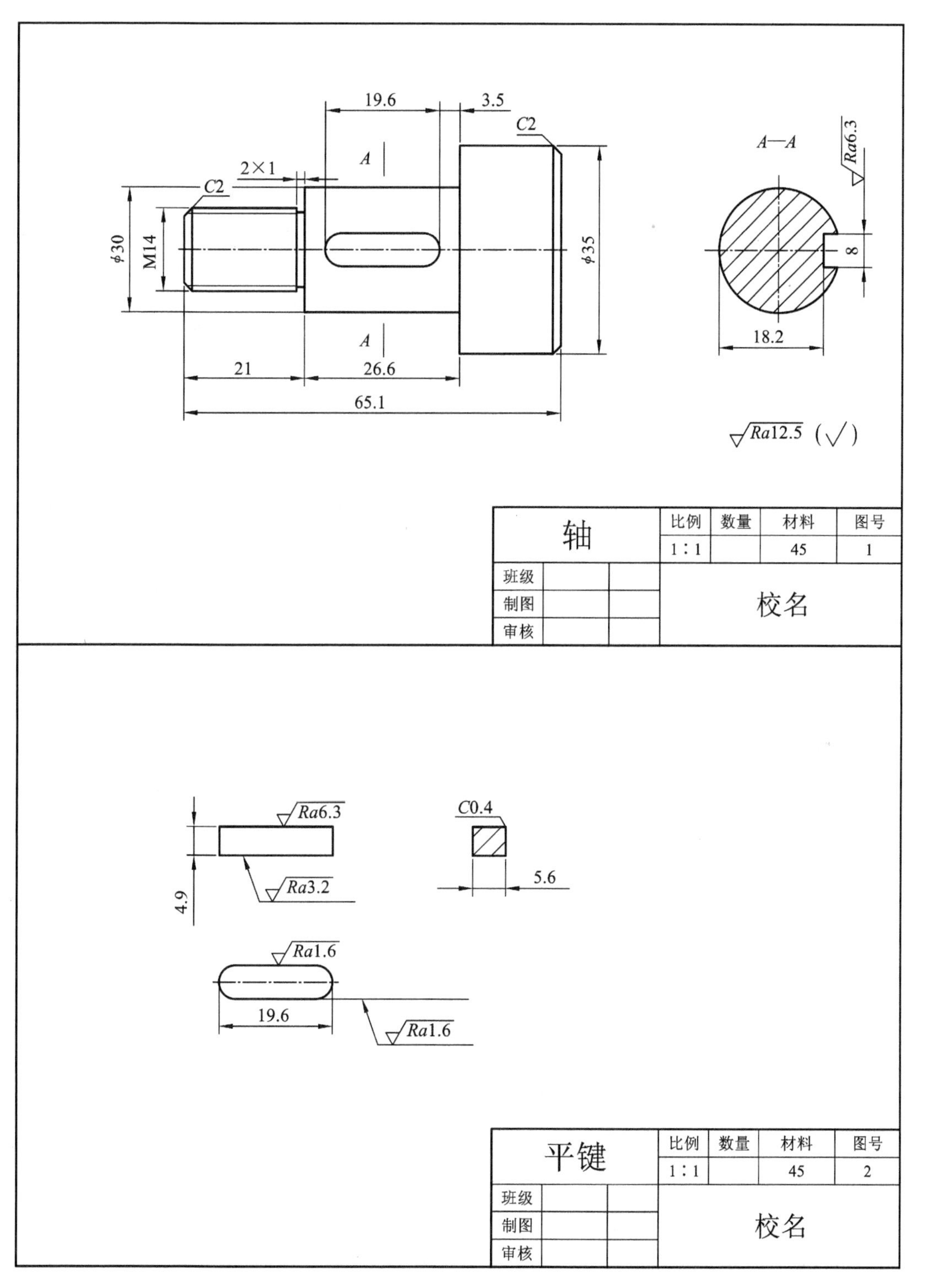
19.6
3.5
C2
A
2×1
C2
φ30
M14
φ35
A
21
26.6
65.1
A—A
Ra6.3
8
18.2
Ra12.5 (√)
轴
比例
数量
材料
图号
1∶1
45
1
班级
制图
审核
校名
Ra6.3
C0.4
Ra3.2
5.6
4.9
Ra1.6
19.6
Ra1.6
平键
比例
数量
材料
图号
1∶1
45
2
班级
制图
审核
校名

图 7-28

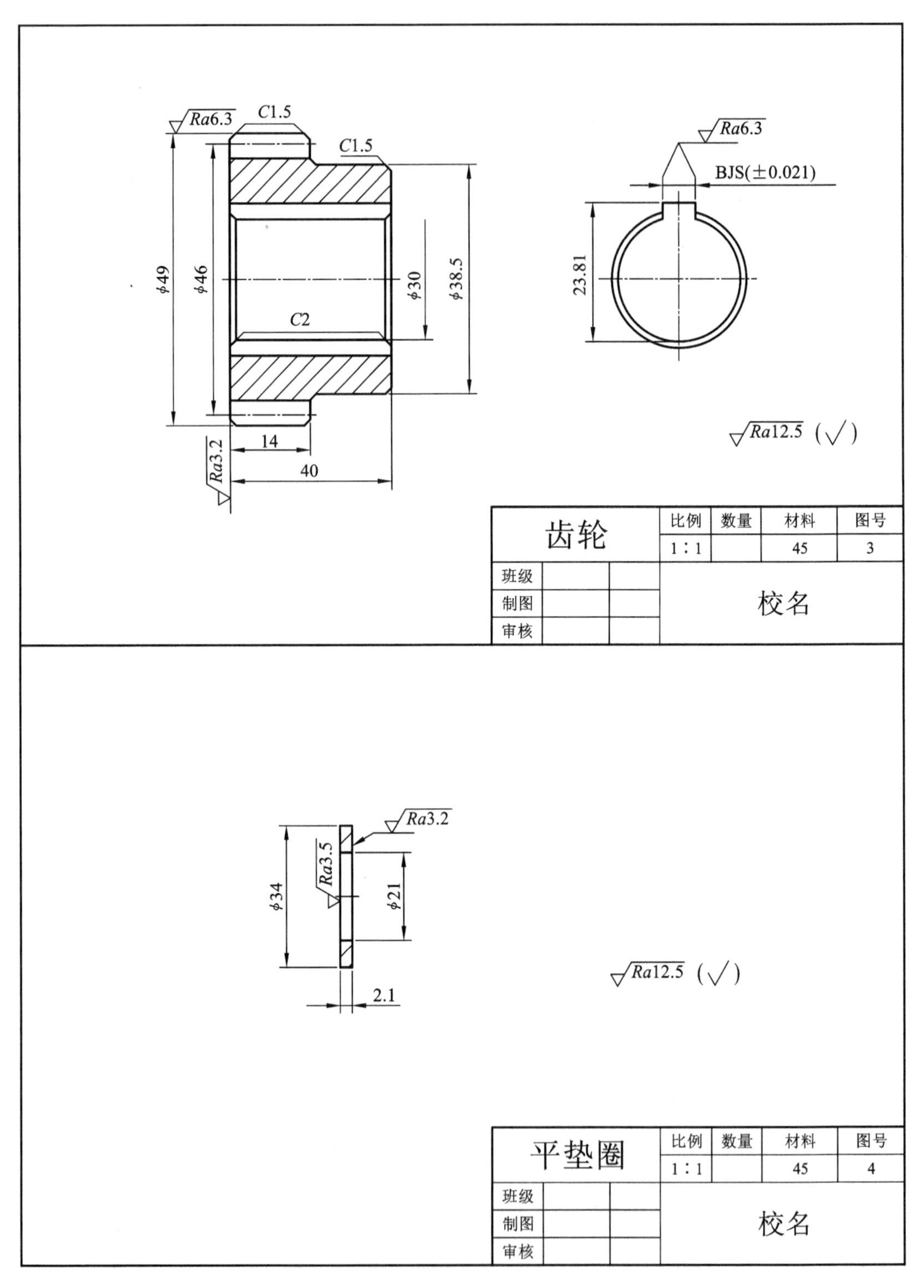
Ra6.3
C1.5
C1.5
ϕ49
ϕ46
ϕ30
ϕ38.5
C2
14
40
Ra3.2
Ra6.3
BJS(±0.021)
23.81
Ra12.5 (√)
齿轮
比例
数量
材料
图号
1∶1
45
3
班级
制图
审核
校名
Ra3.2
Ra3.5
ϕ34
ϕ21
2.1
Ra12.5 (√)
平垫圈
比例
数量
材料
图号
1∶1
45
4
班级
制图
审核
校名

图 7-29

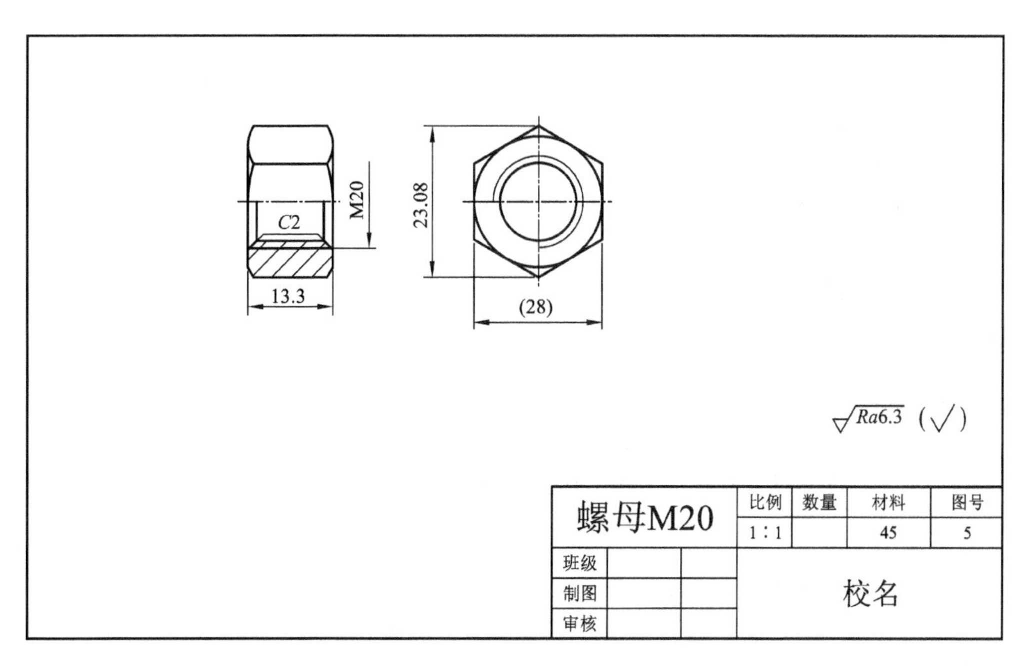

图 7-30

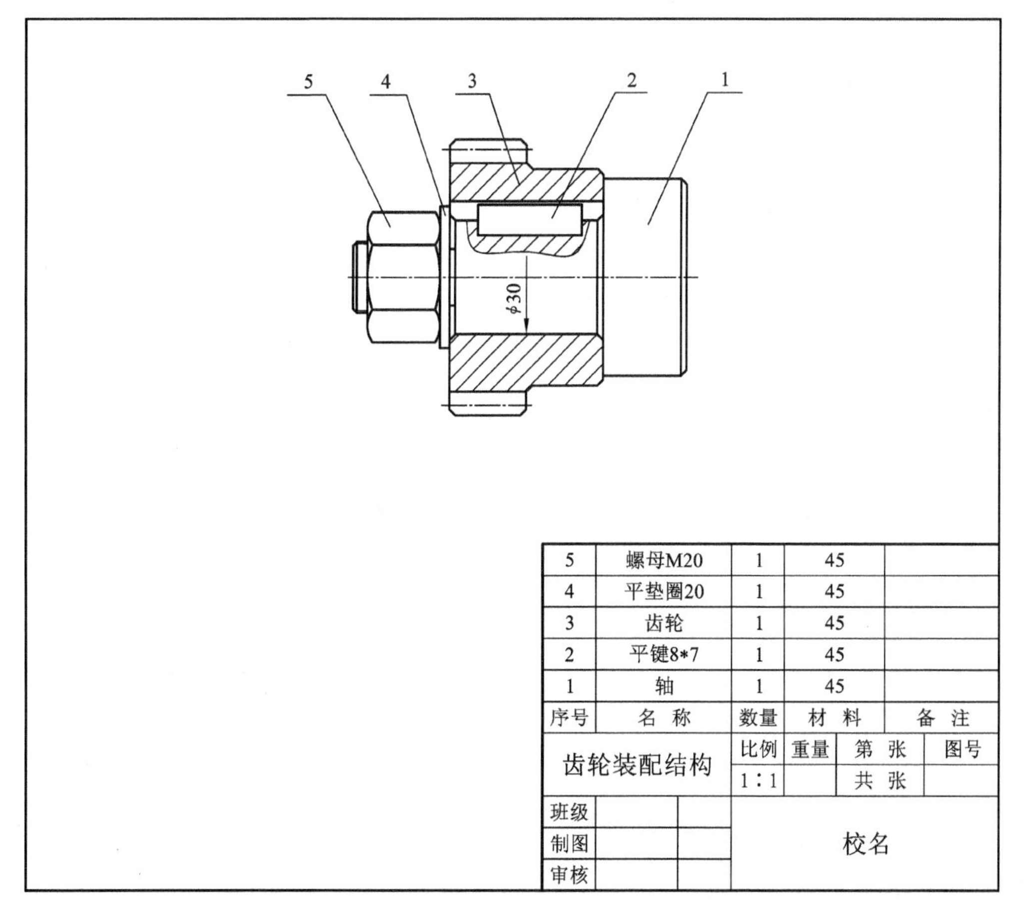

图 7-31 装配图

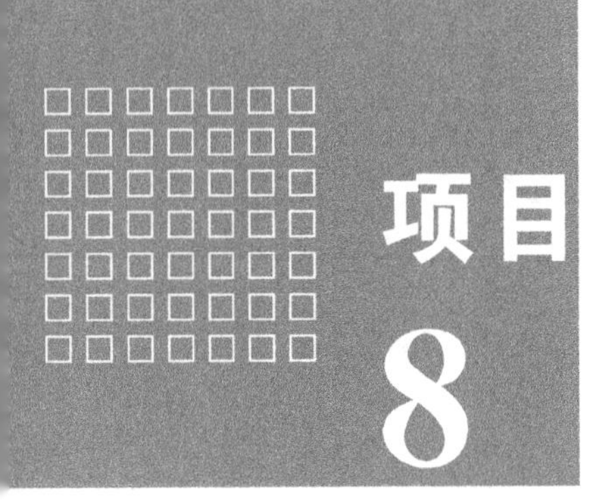

项目8 三维实体造型

【知识目标】

- 掌握三维图形的观察方法和用户坐标系的创建方法。
- 掌握创建基本三维实体的方法及基本参数的设置。
- 掌握通过二维图形创建三维实体的方法。
- 掌握通过布尔运算创建复杂三维实体的方法。
- 掌握三维实体图形的编辑方法。

【能力目标】

- 能配合三维实体观察方法灵活地进行用户坐标系的创建。
- 能绘制由基本体组合的三维实体。
- 能综合运用多种建模方法创建较复杂的三维实体模型。
- 能灵活运用布尔运算进行三维实体绘图。
- 能熟练运用三维实体编辑命令。

任务1　三维实体支架的创建与操作技巧

图8-1所示为支架三视图，下面创建三维实体，步骤如下。

步骤1　新建一个图形文件，单击“菜单浏览器”→“格式”→“图层”，打开“图层特性管理器”，新建图层，如图8-2所示。

步骤2　单击“图层特性管理器”，将“底板”层设置为当前层。单击视图工具栏中的主视图按钮，绘制图8-3(a)所示图形。执行“菜单浏览器”→“视图”→“三维视图”→“西南等轴测”，结果如图8-3(b)所示，将绘图环境转换为三维绘图空间。

步骤3　单击绘图工具栏中的面域按钮，选取步骤2绘制的对象，按“回车”键退出命令。再单击“建模”工具栏中的拉伸按钮，选取前述面域的对象，输入拉伸距离“50”，按“回车”键退出命令。结果如图8-4所示。

步骤4　单击“图层特性管理器”，将“连接板”层设置为当前层。单击视图工具栏中的俯视图按钮，绘制图8-5所示图形。执行“菜单浏览器”→“视图”→“三维视图”→“西南等轴测”，结果如图 8-6 所示，将绘图环境转换为三维绘图空间。

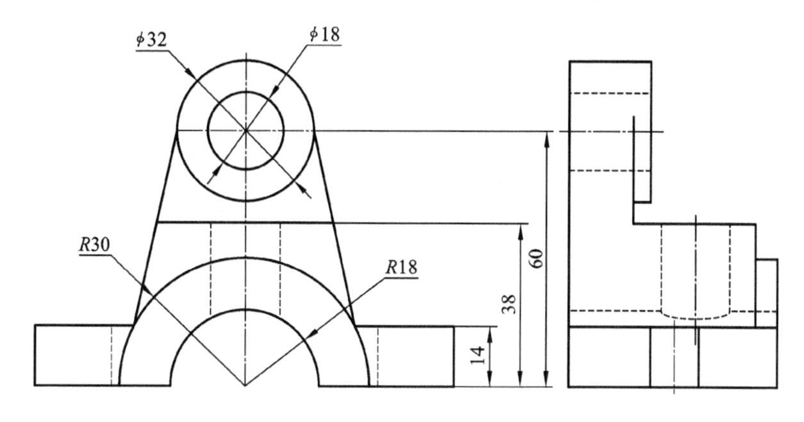

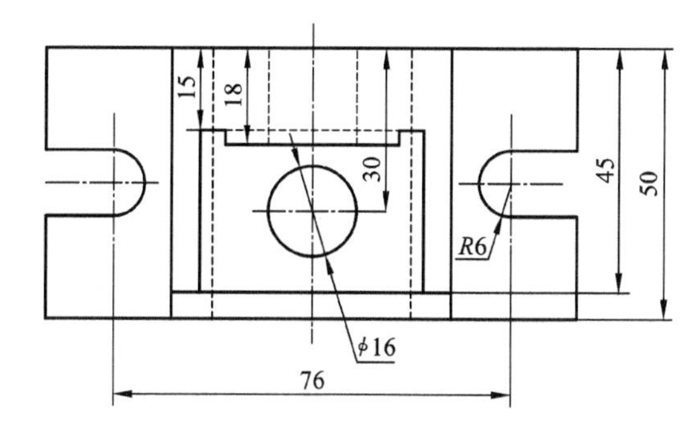

图 8-1　支架三视图

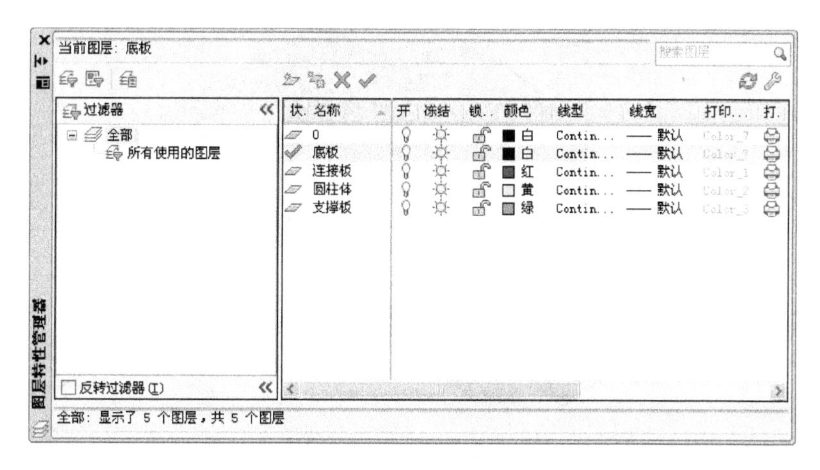

图 8-2　新建图层

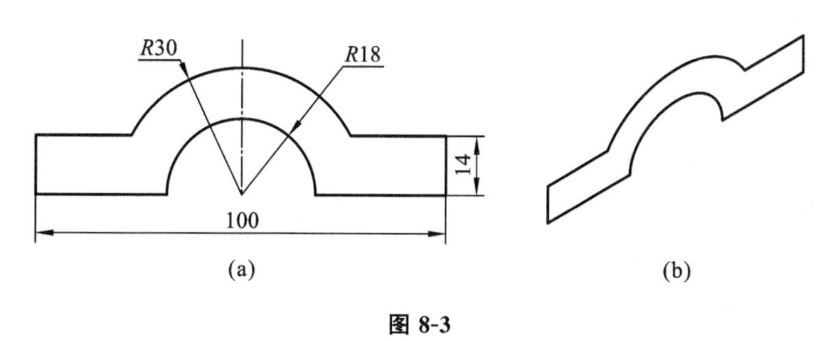

(a)　　(b)

图 8-3

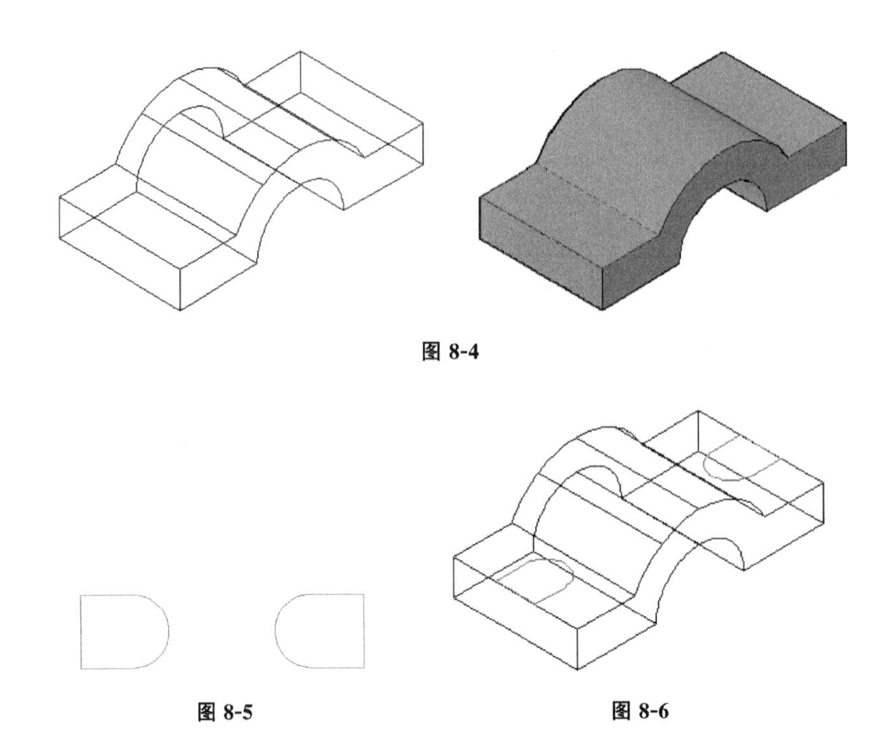

图 8-4

图 8-5　　　　图 8-6

步骤 5　单击绘图工具栏中的面域按钮，选取前面绘制的两个对象，按“回车”键退出命令。再单击“建模”工具栏中的拉伸按钮，选取前述面域的两个对象，输入拉伸距离“－20”，按“回车”键退出命令。结果如图 8-7 所示。

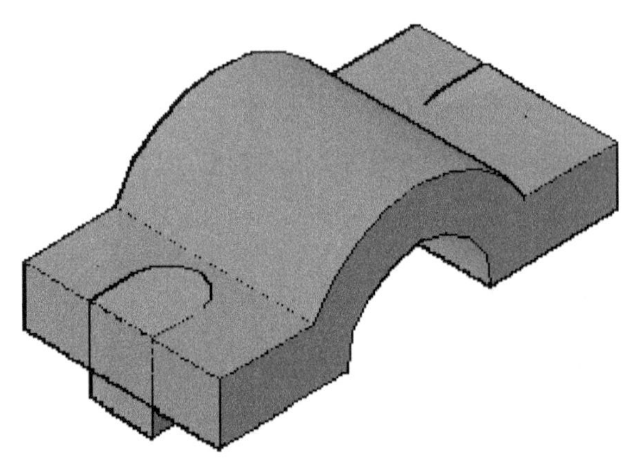

图 8-7

步骤 6　单击实体编辑工具栏中的差集按钮，选取大的对象，选取图 8-8 中的“1”号对象按“回车”键；选取小的对象，选取图 8-7 中的“2”“3”号对象，按“回车”键退出命令。结果如图 8-9 所示。

步骤 7　单击“图层特性管理器”，将“支撑板”层设置为当前层。单击视图工具栏中的主视图按钮，绘制图 8-10 所示图形，执行“菜单浏览器”→“视图”→“三维视图”→“西南等轴测”，结果如图 8-11 所示，将绘图环境转换为三维绘图空间。

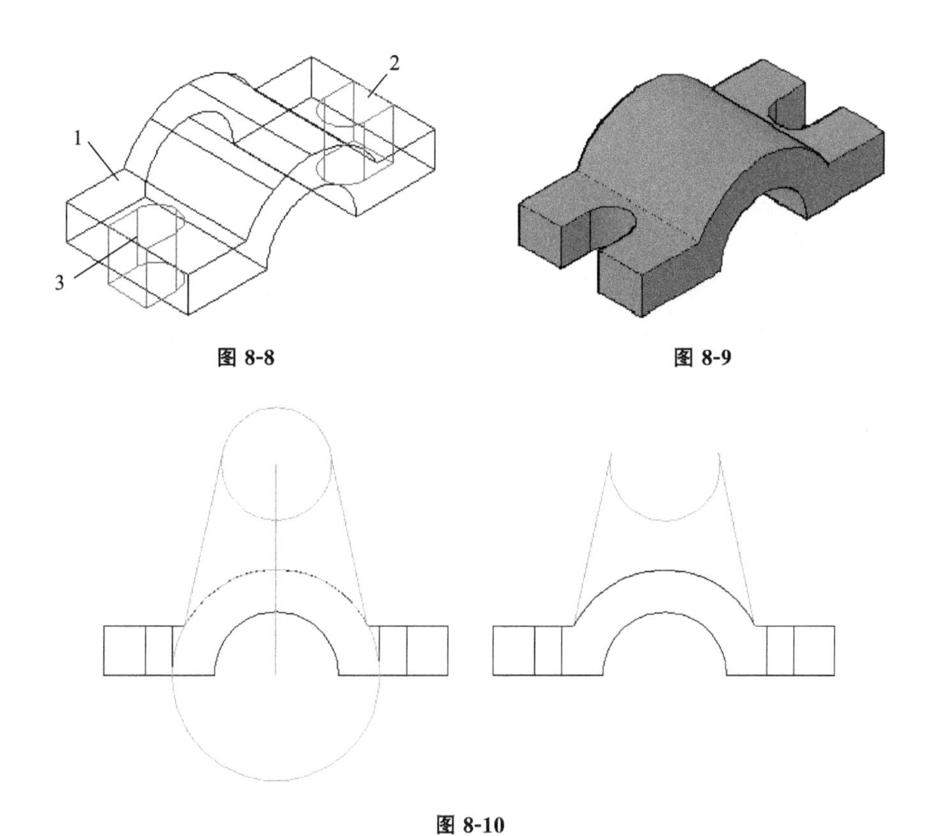

图 8-8　　图 8-9

图 8-10

步骤 8　单击绘图工具栏中的面域按钮，选取前述绘制的对象，按“回车”键退出命令。再单击“建模”工具栏中的拉伸按钮，选取前述面域的对象，输入拉伸距离“15”，按“回车”键退出命令。结果如图 8-12 所示。

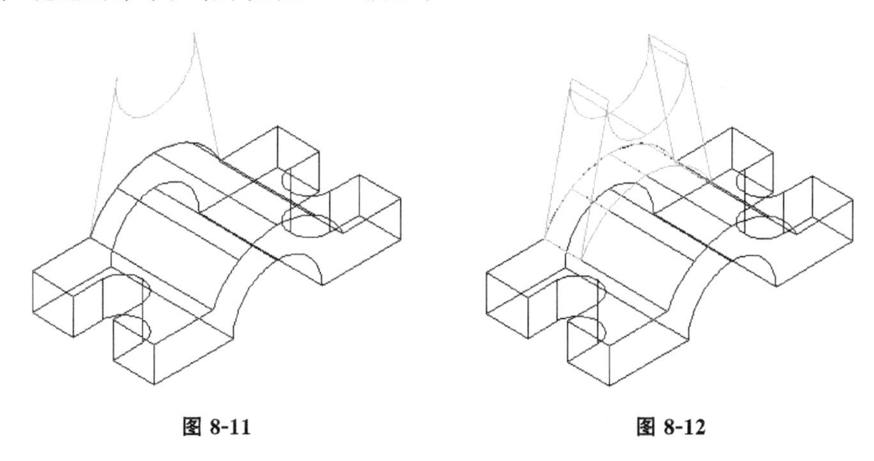

图 8-11　　图 8-12

步骤 9　单击“图层特性管理器”，将“圆柱体”层设置为当前层。单击视图工具栏中的主视图按钮，绘制 $\phi18$、$\phi32$ 的两圆。再单击“建模”工具栏中的拉伸按钮，选取前述面域的对象，输入拉伸距离“18”，按“回车”键退出命令，执行“菜单浏览器”→“视图”→“三维视图”→“西南等轴测”，将绘图环境转换为三维绘图空间。结果如图 8-13 所示。

步骤 10　单击实体编辑工具栏中的差集按钮，选取大的对象，选取图8-13中 $\phi32$ 的圆柱，按“回车”键；选取小的对象，选取图 8-13 中 $\phi18$ 的圆柱，按“回车”键退出命令。结果如图 8-14 所示。

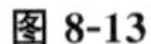

图 8-13

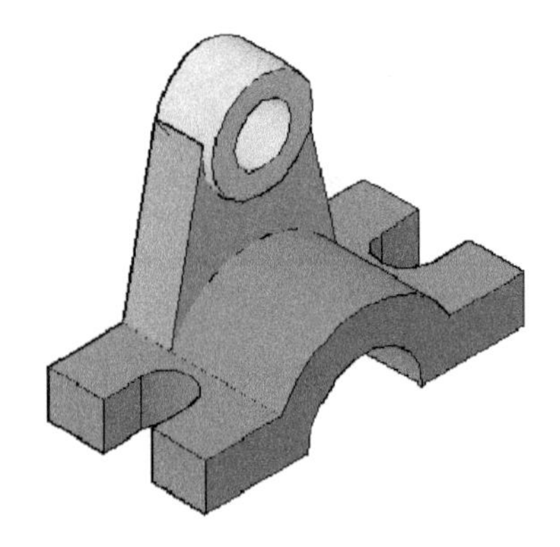

图 8-14

步骤 11 单击“图层特性管理器”，将“连接板”层设置为当前层。单击视图工具栏中的主视图按钮，绘制图 8-15 所示图形，再单击“建模”工具栏中的拉伸按钮，选取前述面域对象，输入拉伸距离“45”，按“回车”键退出命令。执行“菜单浏览器”→“视图”→“三维视图”→“西南等轴测”，将绘图环境转换为三维绘图空间。结果如图 8-16 所示。

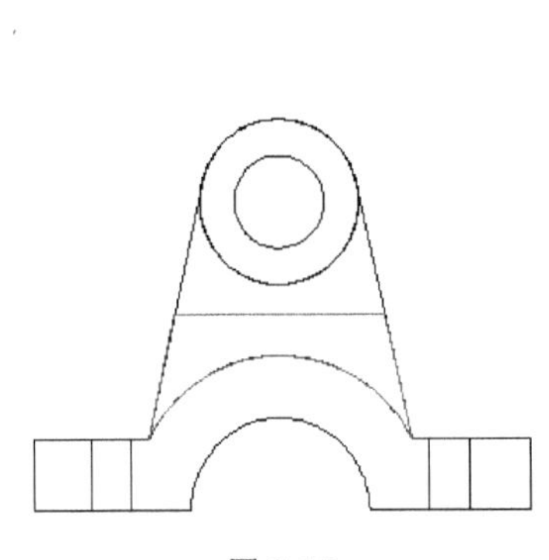

图 8-15

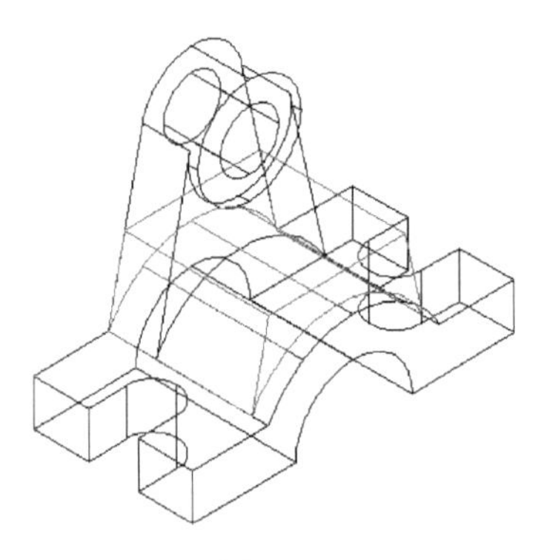

图 8-16

步骤 12 单击实体编辑工具栏中的并集按钮，选取所有对象，按“回车”键退出命令，结果如图 8-17 所示。单击视图工具栏中的俯视图按钮，绘制 $\phi16$ 的圆。执行“菜单浏览器”→“视图”→“三维视图”→“西南等轴测”，将绘图环境转换为三维绘图空间。结果如图 8-18 所示。

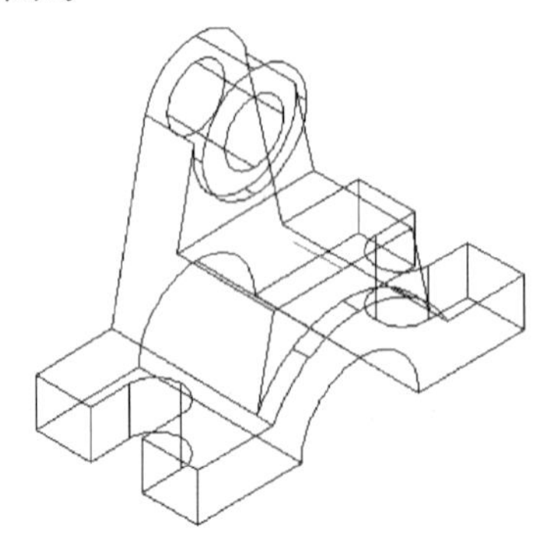

图 8-17

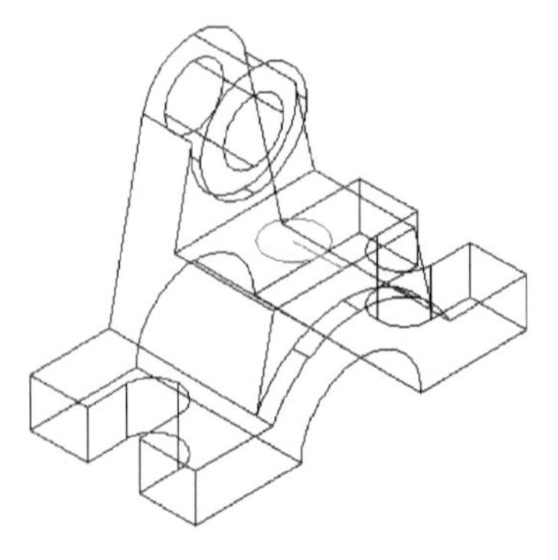

图 8-18

步骤 13　单击“建模”工具栏中的拉伸按钮，选取前述绘制 $\phi16$ 圆对象，输入拉伸距离“−50”，按“Enter”键退出命令，结果如图 8-19 所示。再单击实体编辑工具栏中的差集按钮，选取大的对象，选取立体图，按“回车”键；选取小的对象，选取前述 $\phi16$ 的圆柱，按“回车”键退出命令。结果如图 8-20 所示。

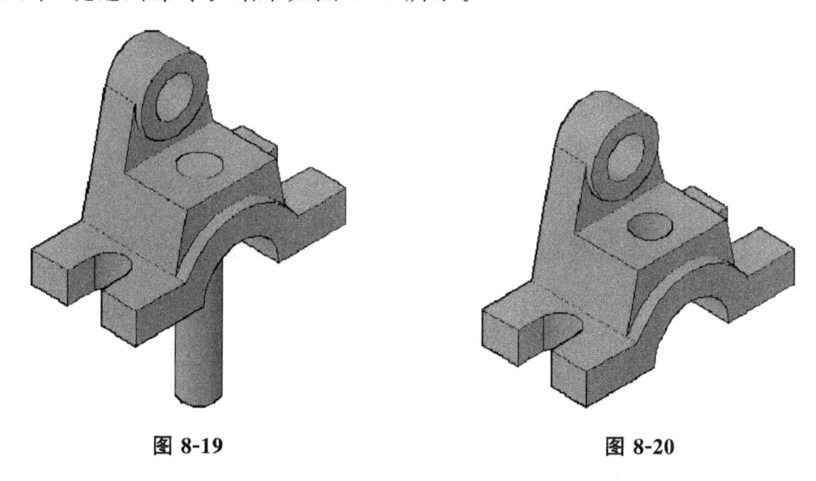

图 8-19　　　　图 8-20

知识点 1　三维观察

1. 快速设置三维视图

调用命令的方法如下。

方法 1　工具栏：单击“视图”中的图标，如图 8-21 所示。

“视图”工具栏中有 10 个图标，即俯视、仰视、左视、右视、前视、后视、西南等轴测、东南等轴测、西北等轴测、东北等轴测。

图 8-21　“视图”工具栏

方法 2　菜单命令：单击“视图”→“三维视图”，如图 8-22 所示。

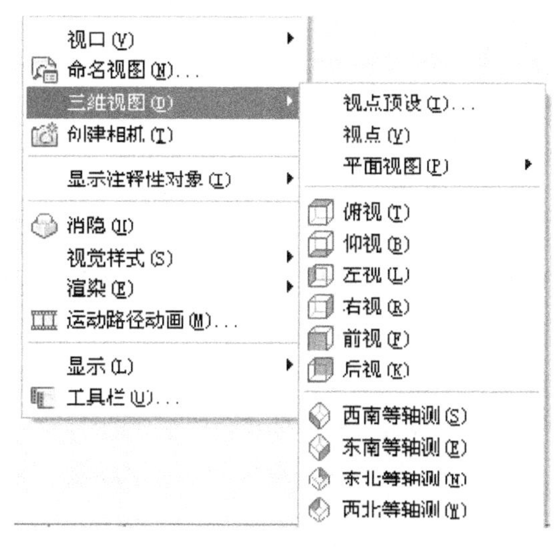

图 8-22　“三维视图”子菜单

方法 3　键盘命令：输入“view”。

2. 视口命令

采用“视口”命令可以建立多个绘图区域。各视口可采用“三维视图”命令设置同一模型的不同视点视图。

调用命令的方法如下。

方法 1　工具栏：单击“视口”→“新建视口”。

方法 2　菜单命令：单击“视图”→“视口”→“新建视口”。

方法 3　键盘命令：输入“vports”。

执行命令后，系统弹出“视口”对话框，如图 8-23 所示，具体操作见实例。

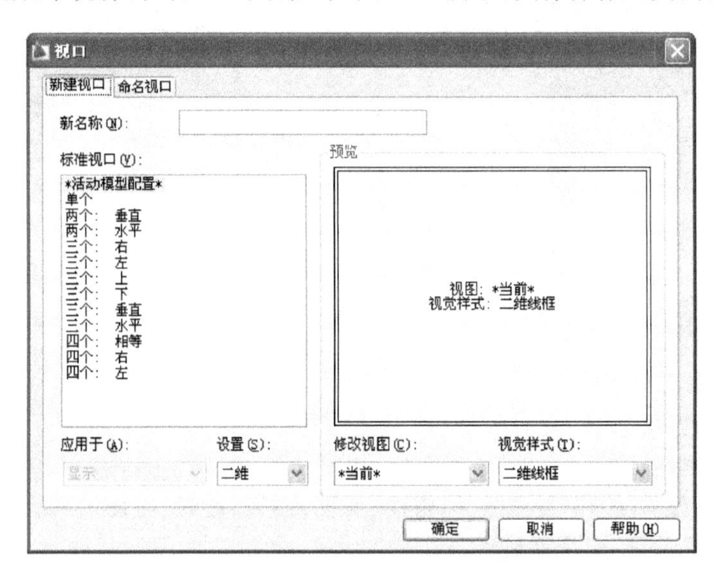

图 8-23　“视口”对话框

3. 三维动态观察

三维动态观察是指视点围绕目标转动，而目标保持静止的观察方式。它包括：受约束的动态观察、自由动态观察和连续动态观察，其中常用的是受约束的动态观察、自由动态观察，如图 8-24、图 8-25 所示。

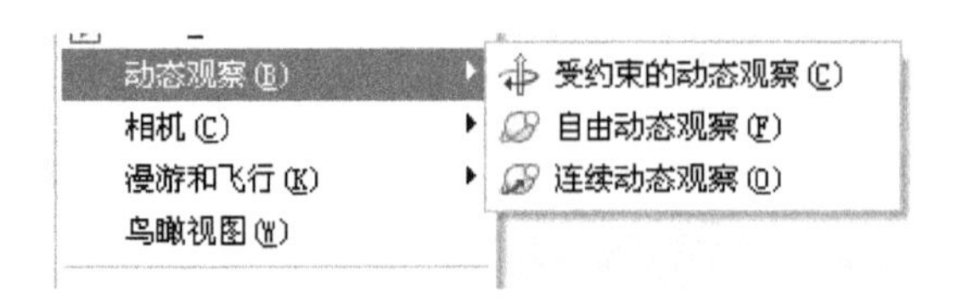

图 8-24　三维“动态观察”下拉菜单

图 8-25　三维“动态观察器”工具栏

(1) 受约束的动态观察：拖动光标控制观察三维视图。

调用命令的方法如下。

方法 1　工具栏：单击“动态观察”→“受约束的动态观察”。

方法 2　菜单命令：单击“视图”→“动态观察”→“受约束的动态观察”。

方法 3　键盘命令：输入“3dorbit”。

命令执行后，将对三维视图沿 XY 平面或 Z 轴进行约束三维动态观察。

（2）自由动态观察：用导航球控制三维视图。

调用命令的方法如下。

方法1　工具栏：单击“动态观察”→“自由动态观察”。

方法2　菜单命令：单击“视图”→“动态观察”→“自由动态观察”。

方法3　键盘命令：输入“3dforbit”。

命令执行后，将对三维视图在任意方向上进行三维动态观察。

知识点2　用户坐标系

在使用AutoCAD进行三维绘图时，用户坐标系(UCS)的原点位置、X轴、Y轴和Z轴的角度可以任意调整，这样绘制三维实体将更便捷。UCS命令用于建立、管理和使用用户坐标系。

1. 调用命令的方法

方法1　工具栏：单击“动态观察”→“UCS”。

方法2　菜单命令：单击“工具”→“新建UCS”。

方法3　键盘命令：输入“ucs”。

执行命令后，命令行提示

指定UCS原点或[面(F)/命名(NA)/对象(OB)/上一个(P)/视图(V)/世界(W)/X/Y/Z/Z轴(ZA)]<世界>：

2. 命令行中各选项的含义

（1）“指定UCS原点”：使用一点、两点或三点定义一个新的UCS。如果指定单个点，当前UCS的原点将会移动而不会改变X、Y、Z轴的方向。

（2）“面(F)”：将UCS与三维实体的选定面对齐。

（3）“命名(NA)”：按名称保存并恢复通常使用的UCS方向。

（4）“对象(OB)”：根据选定三维对象定义新的坐标系。新建坐标系的拉伸方向即Z轴正方向与选定对象的拉伸方向相同。

（5）“上一个(P)”：恢复上一个UCS。

（6）“视图(V)”：以垂直于观察方向的平面为XY平面，建立新的坐标系，UCS原点保持不变。

（7）“世界(W)”：将当前用户坐标系设置为世界坐标系。

（8）“X/Y/Z”：绕指定轴旋转当前坐标系。

（9）“Z轴(ZA)”：用指定的Z轴的正半轴定义UCS。

知识点3　通过拉伸创建实体

拉伸是通过沿指定的方向将二维封闭的图形对象拉伸指定距离创建三维实体或曲面的方法。

1. 调用命令的方法

方法1　工具栏：单击“建模”→“拉伸”。

方法2　菜单命令：单击“绘图”→“建模”→“拉伸”。

方法3　键盘命令：输入“extrude”。

2. 操作过程

执行命令后，命令行提示

当前线框密度:ISOLINES=当前值

选择要拉伸的对象:选定要拉伸的对象,按“回车”键。

指定拉伸的高度或[方向(D)/路径(P)/倾斜角(T)]:

3. 命令行中各选项含义

(1)“指定拉伸的高度”:此项为默认选项。设定拉伸的高度值后按“回车”键,效果如图 8-26 所示。

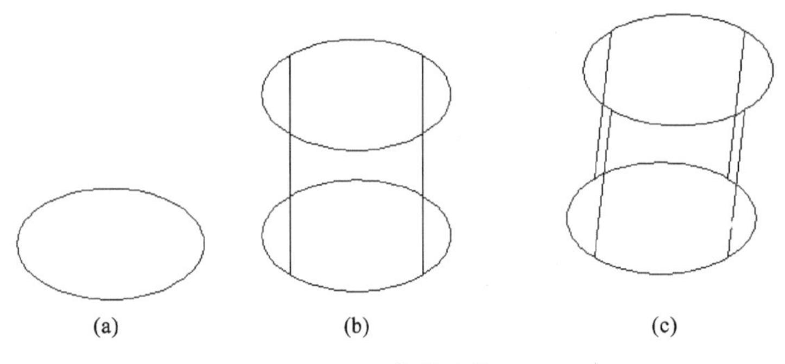

图 8-26　拉伸实体

(a)拉伸前　(b)指定拉伸高度　(c)指定拉伸方向

(2)“方向(D)”:指定两点间的长度和方向,以确定拉伸体的长度和方向。

(3)“路径(P)”:选择指定路线作为拉伸路径,该路径将作为三维实体的中心,如图 8-27 所示。

(4)“倾斜角(T)”:按一定的倾斜角度拉伸对象,如图 8-28 所示。

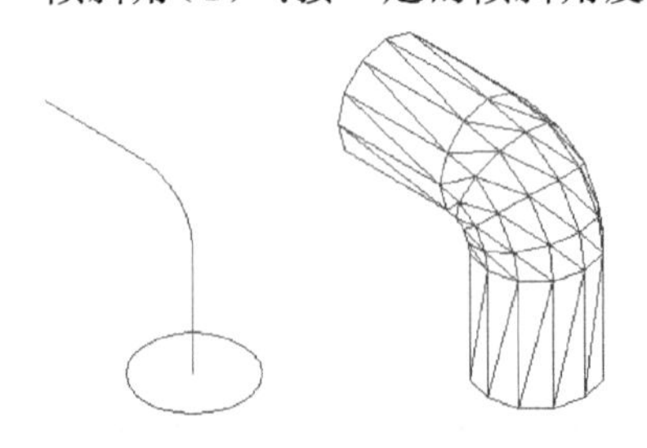

图 8-27　沿路径拉伸对象

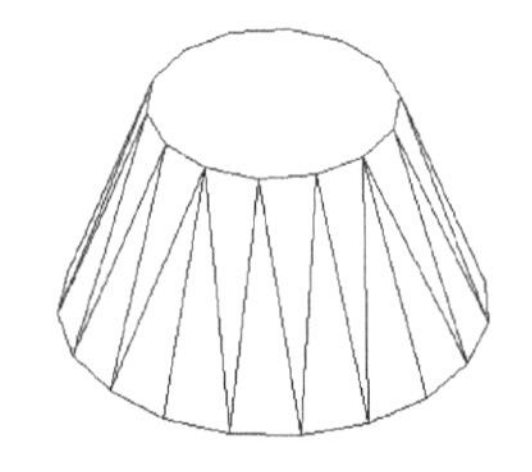

图 8-28　指定倾斜角度拉伸对象

知识点 4　布尔运算

三维实体的布尔运算是指通过实体的相加(并集)、相减(差集)、相交(交集)来创建复杂实体的过程。

1. 并集运算

并集运算是指实体相加,即通过加法操作合并选定的三维实体和面域。

(1) 调用命令的方法。

方法 1　工具栏:单击“建模”→“并集”。

方法 2　菜单命令:单击“修改”→“实体编辑”→“并集”。

方法 3　键盘命令:输入“union”。

(2) 操作过程。

执行命令后,命令行提示

选择对象:选中对象按“回车”键。

此时两对象求和,如图 8-29 所示。

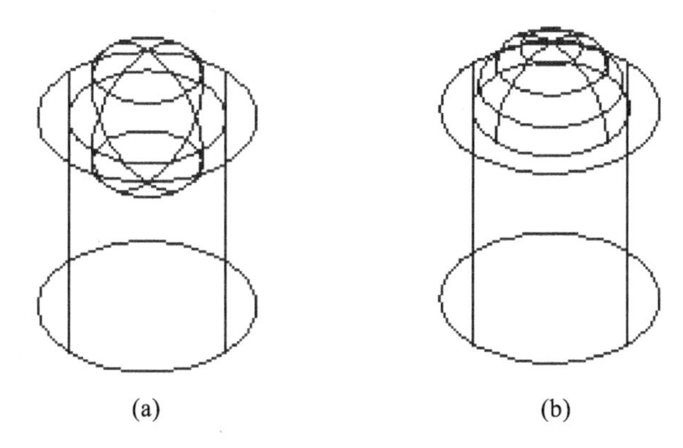

(a)　　(b)

图 8-29　实体并集运算

(a)实体并集运算前　(b)实体并集运算后

2. 差集运算

差集运算是指实体相减,即从一个实体中删除与另一个实体的公共部分。

(1) 调用命令的方法。

方法 1　工具栏:单击“建模”→“差集”。

方法 2　菜单命令:单击“修改”→“实体编辑”→“差集”。

方法 3　键盘命令:输入“subtract”。

(2) 操作过程。

执行命令后,命令行提示

选择要从中减去的实体或面域:选中实体 1,按“回车”键。

选择要减去的实体或面域:选中实体 2,按“回车”键。

此时,从实体 1 中减去实体 2,如图 8-30 所示。

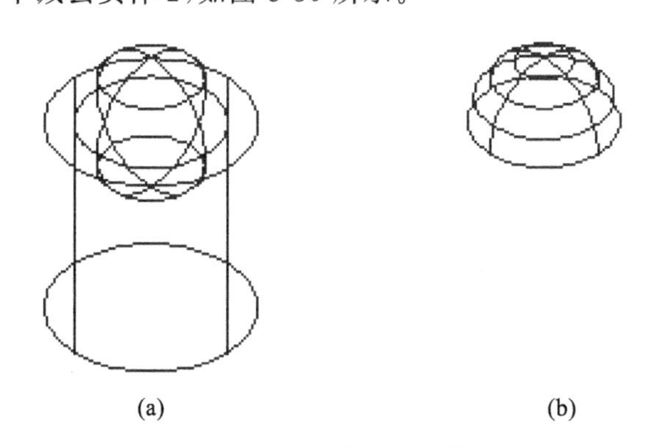

(a)　　(b)

图 8-30　实体差集运算

(a)从圆柱体实体 1 中减去圆球实体 2　(b)从圆球中减去圆柱体

3. 交集运算

交集运算是指实体相交的部分,即两个或两个以上实体的公共部分。

(1) 调用命令的方法。

方法 1　工具栏:单击“建模”→“交集”。

方法 2　菜单命令:单击“修改”→“实体编辑”→“交集”。

方法 3　键盘命令：输入“intersect”。

(2) 操作过程。

执行命令后，命令行提示

选择对象，选中对象后按“回车”键。

此时两对象求交集，如图 8-31 所示。

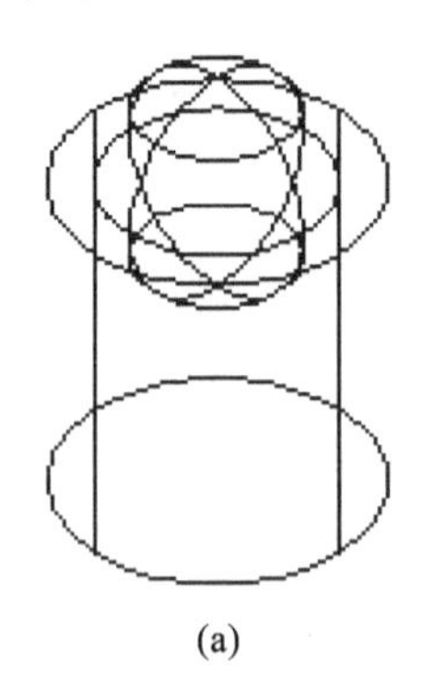

(a)

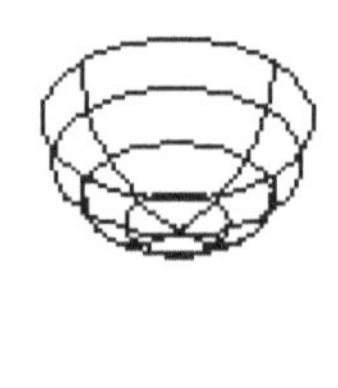

(b)

图 8-31　实体交集运算

知识点 5　长方体

“长方体”命令主要用于创建指定尺寸的三维实体长方体。

(1) 调用命令的方法。

方法 1　工具栏：单击“建模”→“长方体”。

方法 2　菜单命令：单击“绘图”→“建模”→“长方体”。

方法 3　键盘命令：输入“box”。

(2) 操作过程。

执行命令后，命令行提示

指定第一个角点或[中心 C)]：

(3) 命令行中各选项含义。

① “指定第一个角点”：此为默认选项，根据长方体一角点位置绘制长方体。

当输入长方体的角点后，命令行提示

指定其他角点或[立方体(C)/长度(L)]：

“指定其他角点”：输入另一角点的坐标绘制长方体。这个长方体的各边与当前 UCS 的 X、Y 和 Z 轴平行。

“立方体(C)”：创建一个立方体。输入“C”后，命令行提示

指定长度：输入长方体的长度。

“长度(L)”：按指定长、宽、高绘制长方体。此时长方体的长、宽、高的方向分别与当前 UCS 的 X、Y 和 Z 轴平行。

② “中心(C)”：使用指定的圆心创建长方体。

执行命令后，命令行提示

指定中心：直接输入长方体的中心点坐标。

指定角点或[立方体(C)/长度(L)]：

“指定角点”：输入长方体一角点的坐标绘制长方体。这个长方体的各边与当前 UCS 的 X、Y 和 Z 轴平行。

“立方体(C)”:创建一个立方体。输入“C”后,命令行提示

指定长度:输入长方体的长度。

“长度(L)”:按指定长、宽、高绘制长方体。此时长方体的长、宽、高的方向分别与当前UCS的 X、Y 和 Z 轴平行。

任务2　鼓风机外壳

绘制图8-32所示的鼓风机外壳三维图,步骤如下。

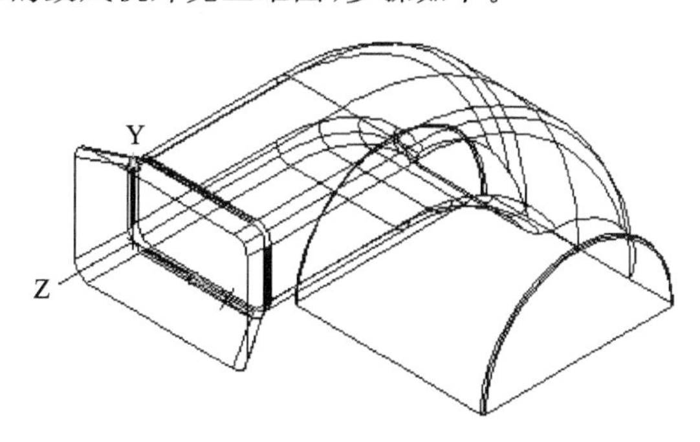

图 8-32　鼓风机外壳三维图

步骤1　单击“图层特性管理器”,将“轮廓线”层设置为当前层。单击视图工具栏中的主视图按钮,再单击视图工具栏中的西南等轴测按钮,将绘图环境转换为三维绘图空间。结果如图8-33所示。

步骤2　单击“建模”工具栏中的圆柱体按钮,指定底面的中心点,输入“0”,指定底面半径200,指定高度“－200”,按“回车”键退出命令。结果如图8-34所示。

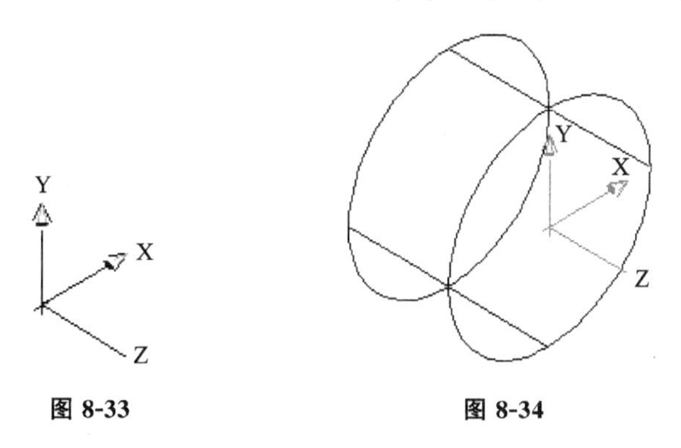

图 8-33　　图 8-34

步骤3　单击“实体编辑”工具栏中的拉伸面按钮,选取图8-35的“2”面,输入“r”,按“回车”键选取要删除面,选取图8-35的“1”面,按“回车”键完成选取。指定拉伸高度200,指定拉伸的倾斜角度“0°”,按“回车”键退出命令。结果如图8-36所示。

步骤4　单击“修改”→“三维操作”→“剖切”,选取前述绘制的剖切对象,输入三点剖切实体。选取第一点,选取图8-37(a)中的“1”(圆心);选取第二点,选取图8-37(a)中的“2”(象限点);选取第三点,选取图8-37(a)中的“3”(圆心)。选取保留对象,选取圆柱上部对象,按“回车”键退出命令。结果如图8-37(b)所示。

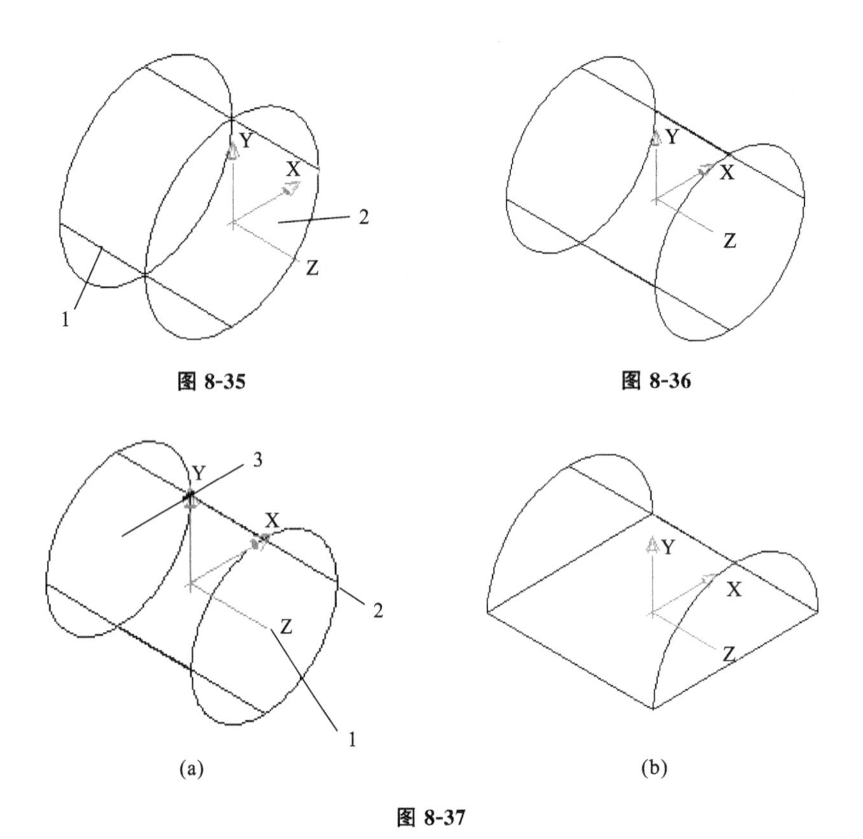

图 8-35

图 8-36

(a)

(b)

图 8-37

步骤 5 单击绘图工具栏中的直线按钮,输入“0”,按“回车”键;输入“300”,按“回车”键退出命令,结果如图 8-38 所示。单击绘图工具栏中的圆按钮,绘制 ϕ500 的圆。结果如图 8-39 所示。单击修改工具栏中的修剪按钮,修剪结果如图 8-40 所示。

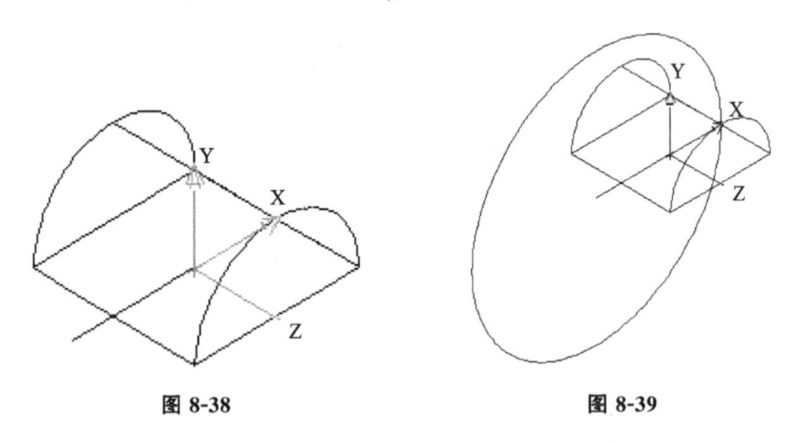

图 8-38

图 8-39

步骤 6 单击绘图工具栏中的直线按钮,捕捉直线的端点,按“回车”键,输入“300”,按“回车”键退出命令,结果如图 8-41 所示。

步骤 7 单击视图工具栏中的俯视图按钮,再单击视图工具栏中的西南等轴测按钮,将绘图环境转换为三维绘图空间。单击绘图工具栏中的矩形按钮,绘制一个“280×160”的矩形,结果如图 8-42 所示。

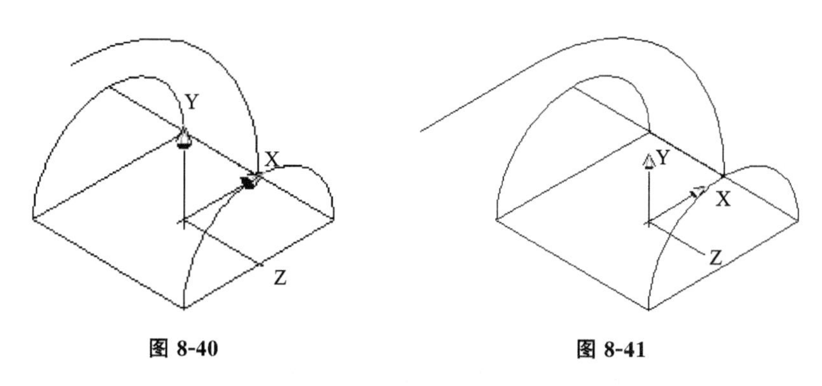

图 8-40　　　　图 8-41

步骤 8　在命令行输入“pe”，按“回车”键，选取图 8-42 中的“1”曲线，按“回车”键，输入“j”(合并)，按“回车”键，选取图 8-42 中的“1”“2”曲线，按“回车”键退出命令，将“1”“2”曲线合并。

步骤 9　单击“建模”工具栏中的扫掠按钮，选择要扫掠的对象。选取图 8-43 中的“1”矩形，按“回车”键，选取图 8-43 中的“2”曲线为扫掠路径，按“回车”键完成扫掠。结果如图 8-44 所示。

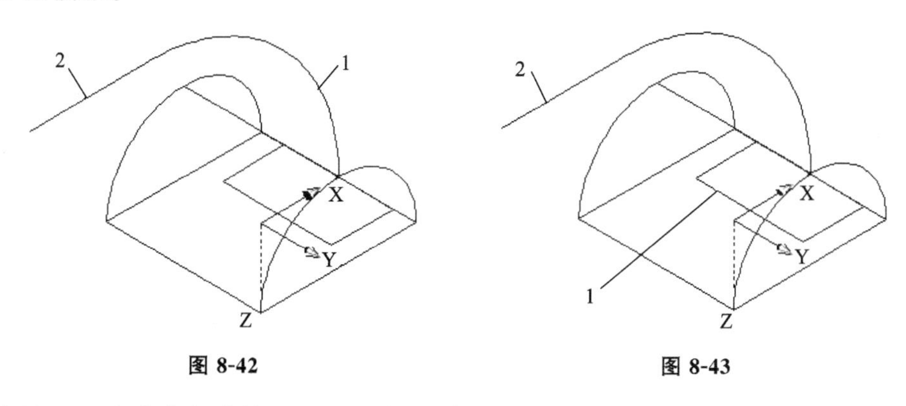

图 8-42　　　　图 8-43

步骤 10　在命令行中输入“ucs”，按“回车”键，输入三点定坐标系，选取 a、b、c 三点(见图 8-44)，结果如图 8-45 所示。

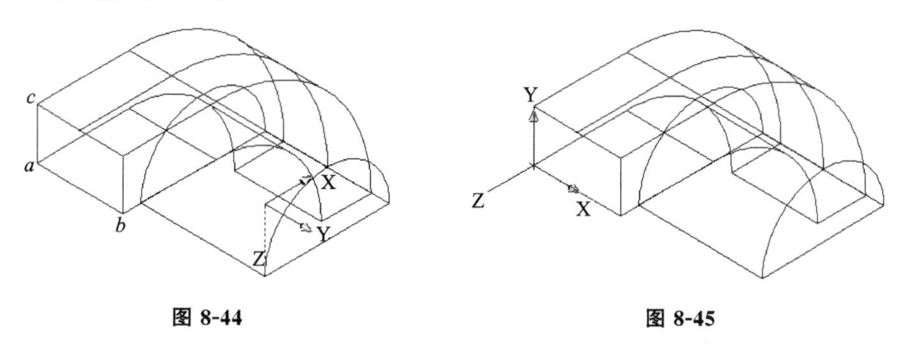

图 8-44　　　　图 8-45

步骤 11　单击绘图工具栏中的矩形按钮，绘制一个“280×160”矩形，结果如图 8-46所示。单击修改工具栏中的偏移按钮，指定偏移距离“40”，按“回车”键，选取“280×160”矩形作为偏移的对象，按“回车”键完成偏移。结果如图 8-47 所示。

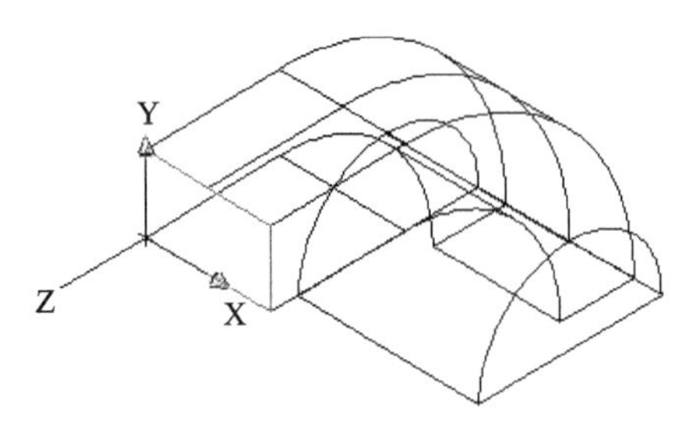

图 8-46

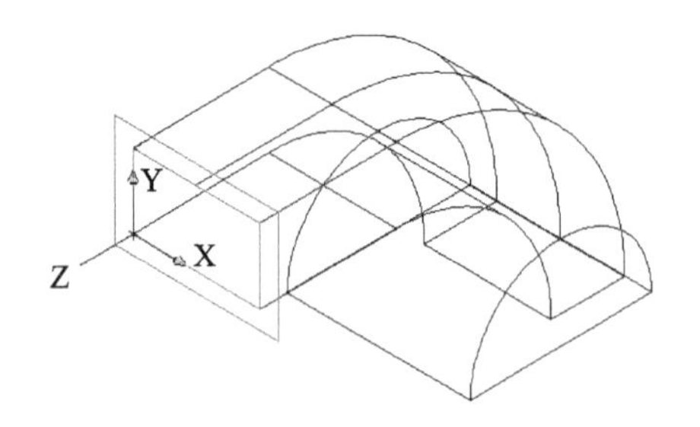

图 8-47

步骤 12 单击修改工具栏中的移动按钮，选取前述偏移对象，输入移动距离“80”，按“回车”键完成移动。

步骤 13 单击“建模”工具栏中的放样按钮，放样次序选择横截面，选取前述绘制的两个矩形截面，按“回车”键完成放样实体建模。单击实体编辑工具栏中的并集按钮，选取所有对象，按“回车”键退出命令。结果如图 8-48 所示。

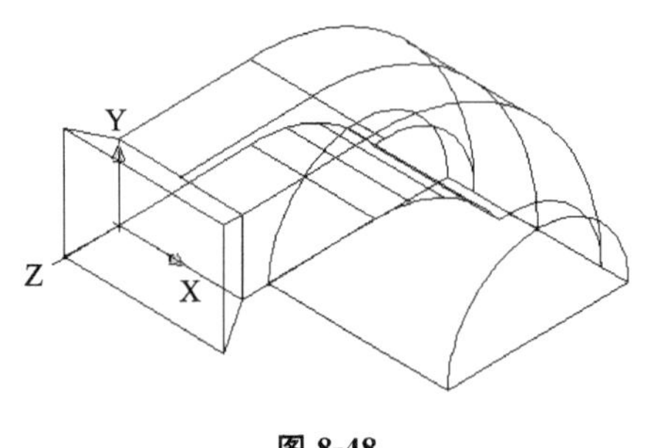

图 8-48

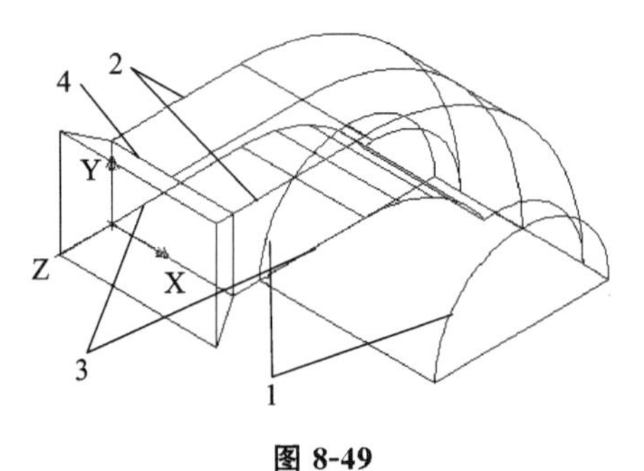

图 8-49

步骤 14 单击修改工具栏中的倒圆角按钮，输入“r”，按“回车”键，指定圆角半径，输入“40”，选取图 8-49 中的“4”（整个环），按“回车”键完成倒圆角。单击鼠标右键继续倒圆角命令，输入“r”，按“回车”键，指定圆角半径，输入“30”，选取图 8-49 中“2”“3”所指的边，按“回车”键完成倒圆角。单击鼠标右键继续倒圆角命令，输入“r”，按“回车”键，指定圆角半径，输入“5”，选取图 8-49 中“1”所指的边，按“回车”键完成倒圆角。结果如图 8-50 所示。

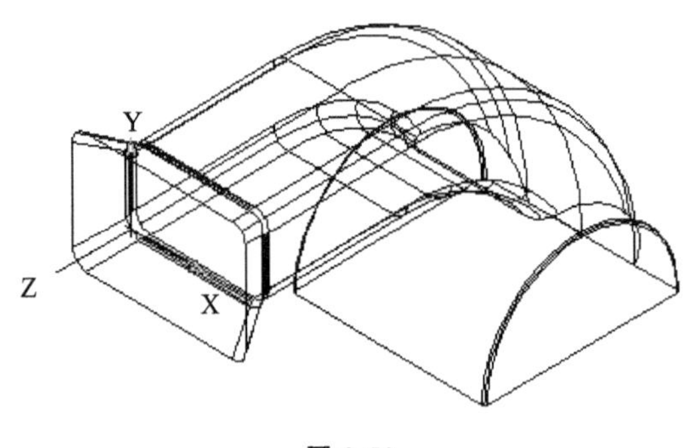

图 8-50

知识点 1 剖切

剖切命令的功能是通过指定的平面对三维实体进行剖切。

1. 调用命令的方法

方法 1 菜单命令：单击“修改”→“三维操作”→“剖切”。

方法 2 键盘命令：输入“slice”。

2. 操作过程

执行命令后，命令行提示

选择要剖切的对象：选中对象后按“回车”键。

指定切面的起点或[平面对象(O)/曲面(S)/Z 轴(Z)/视图(V)/XY(XY)/YZ(YZ)/ZX(ZX)/三点(3)]：

3. 命令行中各选项含义

(1)“指定切面的起点”：用指定的两点确定剖切平面的位置。

(2)“平面对象(O)”：将指定对象所在平面作为剖切平面。

(3)“曲面(S)”：将绘制的曲面作为剖切平面。

(4)“Z 轴(Z)”：通过在平面上指定一点和在平面的法线方向上指定另一点来确定剖切平面。

(5)“视图(V)”：将当前视口的视图平面作为剖切平面。

(6)“XY(XY)”：剖切平面将通过指定点且与当前用户坐标系的 *XY* 平面平行。

(7)“YZ(YZ)”：剖切平面将通过指定点且与当前用户坐标系的 *YZ* 平面平行。

(8)“ZX(ZX)”：剖切平面将通过指定点且与当前用户坐标系的 *ZX* 平面平行。

(9)“三点(3)”：用指定的三点来确定剖切平面。

如图 8-51 所示，将圆柱体剖切为半个圆柱体的过程如下所述。

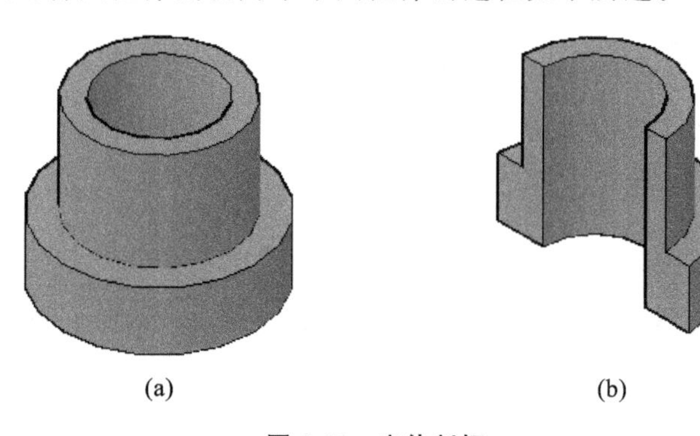

图 8-51　实体剖切

(a)实体剖切前　(b)实体沿 ZX 平面剖切后

执行“剖切”命令后，命令行提示

选择要剖切的对象：选中对象后按“回车”键。

指定切面的起点或[平面对象(O)/曲面(S)/Z 轴(Z)/视图(V)/XY(XY)/YZ(YZ)/ZX(ZX)/三点(3)]：输入“zx”，按“回车”键。

指定 ZX 平面上的点：指定图 8-51(a)中圆柱体上顶面的圆心。

在所需的侧面上指定点或[保留两个侧面(B)]：选择圆柱体右侧上的任意点，按“回车”键。

剖切效果如图 8-51(b)所示。

知识点 2　圆柱体

“圆柱体”命令用于创建指定尺寸的三维实体圆柱体和椭圆柱体。

1. 调用命令的方法

方法 1　工具栏：单击“建模”→“圆柱体”。

方法 2　菜单命令：单击“绘图”→“建模”→“圆柱体”。

方法 3　键盘命令：输入“cylinder”。

2. 操作过程

执行命令后,命令行提示

指定底面的中心点或[三点(3P)/两点(2P)/切点、切点、半径(T)/椭圆(E)]:

3. 命令行中各选项含义

(1)"指定底面的中心点":此为默认选项。通过指定圆柱的圆心、底面半径和高度创建圆柱体。

(2)"三点(3P)":通过指定三个点来定义圆柱体的底面直径。

(3)"两点(2P)":通过指定两个点来定义圆柱体的底面直径。

(4)"切点、切点、半径(T)":定义具有指定半径,且与两个对象相切的圆柱体底面。

(5)"椭圆(E)":指定椭圆柱的椭圆底面。

知识点3 放样

"放样"命令用于通过在包含两个或更多横截面轮廓的一组轮廓中对轮廓进行放样来创建三维实体或曲面。横截面轮廓可定义结果实体或曲面对象的形状。必须至少指定两个横截面轮廓。

1. 调用命令的方法

方法1 工具栏:单击"建模"→"放样"。

方法2 菜单命令:单击"绘图"→"建模"→"放样"。

方法3 键盘命令:输入"loft"。

2. 操作过程

执行命令后,命令行提示

在绘图区域中,选择横截面轮廓并按"回车"键(按照新三维对象通过横截面的顺序选择这些轮廓)。

"放样设置"对话框如图8-52所示。

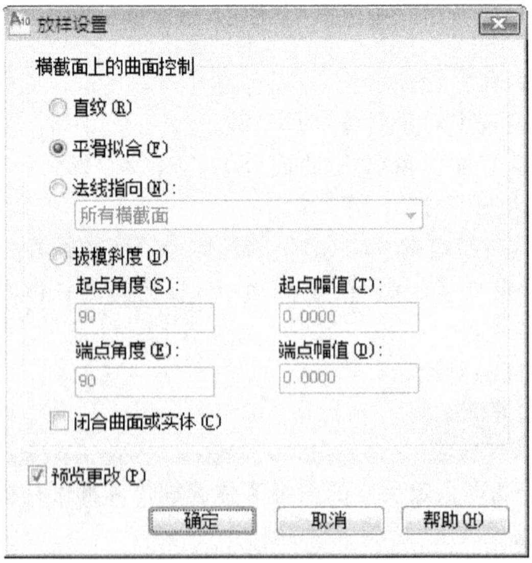

放样设置
横截面上的曲面控制
直纹(R)
平滑拟合(F)
法线指向(N):
所有横截面
拔模斜度(D)
起点角度(S):
90
起点幅值(T):
0.0000
端点角度(E):
90
端点幅值(D):
0.0000
闭合曲面或实体(C)
预览更改(P)
确定
取消
帮助(H)

图8-52 "放样设置"对话框

3. 对话框中各选项含义

(1)“直纹”:指定实体或曲面在横截面之间是直纹(直的),并且在横截面处具有鲜明边界。

(2)“平滑拟合”:指定在横截面之间绘制平滑实体或曲面,并且在起点和终点横截面处具有鲜明边界。

(3)“法线指向”:控制实体或曲面在其通过横截面处的曲面法线。有以下4个选项。

起点横截面:指定曲面法线为起点横截面的法向。

终点横截面:指定曲面法线为终点横截面的法向。

起点和终点横截面:指定曲面法线为起点和终点横截面的法向。

所有横截面:指定曲面法线为所有横截面的法向。

(4)“拔模斜度”:控制放样实体或曲面的第一个和最后一个横截面的拔模斜度和幅值。拔模斜度为曲面的开始方向。“0”定义为从曲线所在平面向外。

(5)“闭合曲面或实体”:闭合和开放曲面或实体。使用该选项时,横截面应该形成圆环形图案,以便放样曲面或实体可以形成闭合的圆管。

知识点4 扫掠

使用“扫掠”命令可以通过沿路径扫掠平面曲线(轮廓)来创建新实体或曲面,也可通过沿指定路径拉伸轮廓形状(扫掠对象)来绘制实体或曲面对象。沿路径扫掠轮廓时,轮廓将被移动并与路径法向(垂直)对齐。如果沿一条路径扫掠闭合的曲线,则将生成实体;如果沿一条路径扫掠开放的曲线,则将生成曲面。如图8-53所示。

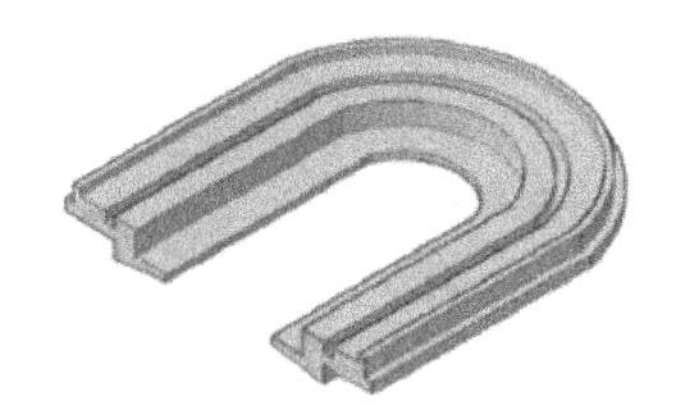
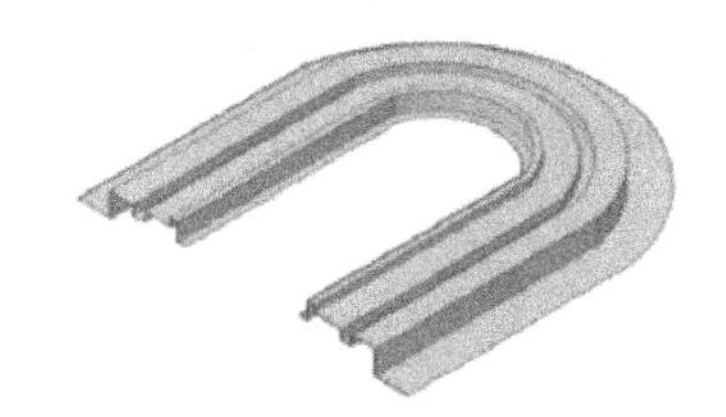

图 8-53

1. 调用命令的方法

方法1 工具栏:单击“建模”→“扫掠”。

方法2 菜单命令:单击“绘图”→“建模”→“扫掠”。

方法3 键盘命令:输入“sweep”。

2. 操作过程

执行命令后,命令行提示

选择要扫掠的对象:

选择扫掠路径:

3. 扫掠命令的应用

图8-54所示为“扫掠”命令的执行及结果。

知识点5 三维倒角

三维“倒角”命令用于对三维实体进行倒角。

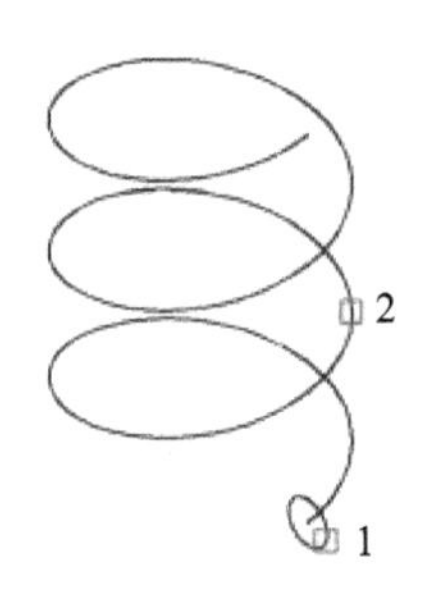

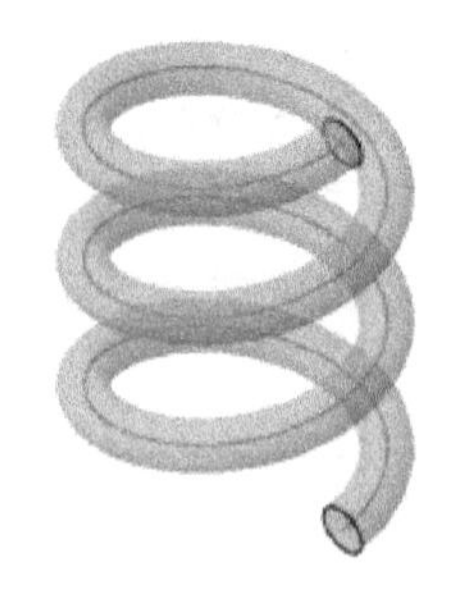

图 8-54

1. 调用命令的方法

方法 1 工具栏:单击“修改”→“倒角”。

方法 2 菜单命令:单击“修改”→“倒角”。

方法 3 键盘命令:输入“chamfer”。

2. 操作过程

执行命令后,命令行提示

选择第一条直线或[放弃(U)/多段线(P)/距离(D)/角度(A)/修剪(T)/方式(E)/多个(M)]:选择实体上要倒角的边,如图 8-53(a)所示。

基面选择...

输入曲面选择选项[下一个(N)/当前(OK)]:选择用于倒角的基面,如图8-53(a)所示。

指定基面的倒角距离:输入倒角距离“10”。

指定其他曲面的倒角距离:“10”。

选择边或[环(L)]:选择基面上的一条边,按“回车”键。

结果如图 8-55(b)所示。

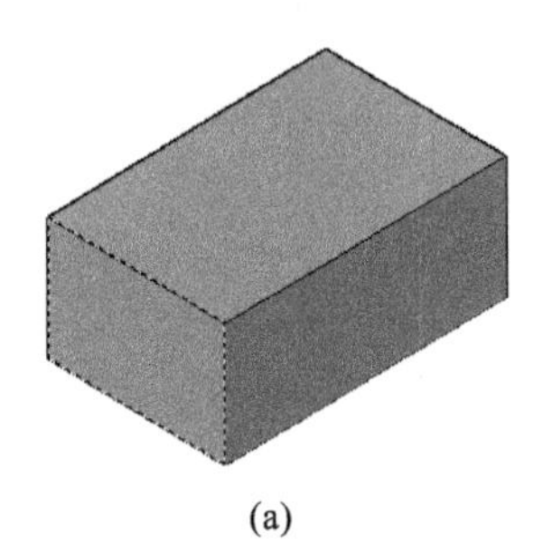

(a)

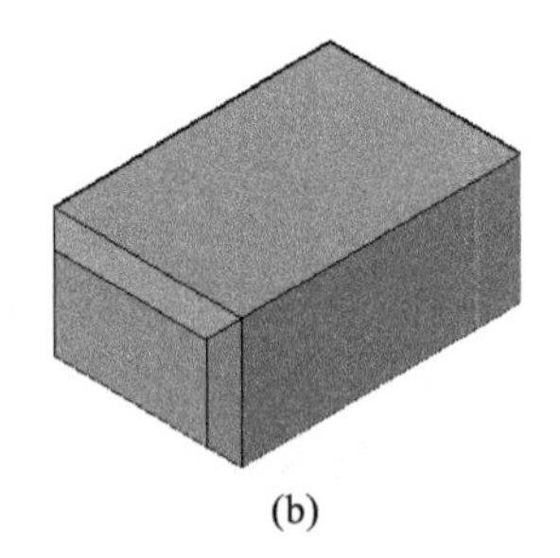

(b)

图 8-55 三维实体倒角

(a)实体倒角前 (b)实体倒角后

知识点 6 三维倒圆

三维“倒圆”命令用于对三维实体进行倒圆。

1. 调用命令的方法

方法 1 工具栏:单击“修改”→“倒圆”。

方法 2 菜单命令:单击“修改”→“倒圆”。

方法 3 键盘命令:输入“fillet”。

2. 操作过程

执行命令后，命令行提示

选择第一个对象或[放弃(U)/多段线(P)/半径(R)/修剪(T)/多个(M)]:(选择实体上要倒圆的边，如图 8-19(a)所示。)

输入圆角半径:(输入圆角半径值 10)

选择边或[链(C)/半径(R)]:(选择基面上的一条边)

对图 8-56(a)所示的三维实体执行“倒圆”命令后的结果如图 8-56(b)所示。

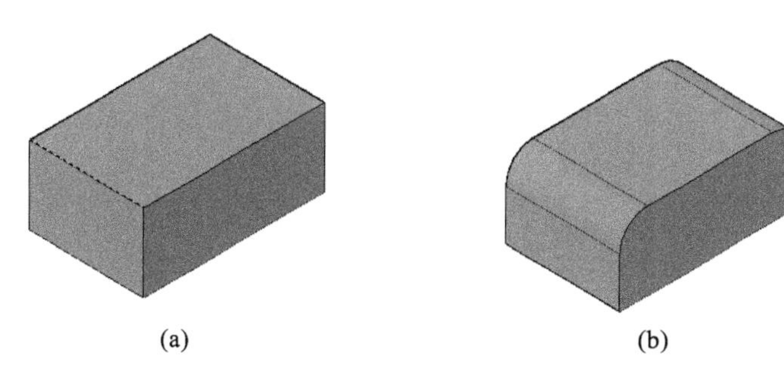

图 8-56 三维实体倒圆

(a) 实体倒圆前 (b) 实体倒圆后

任务3 足球绘制

绘制图 8-57 所示的三维足球，步骤如下。

步骤 1 单击“图层特性管理器”，将“五边形”层设置为当前层。单击视图工具栏中的俯视图按钮，绘制一个边长为 50 正五边形，如图 8-58 所示。

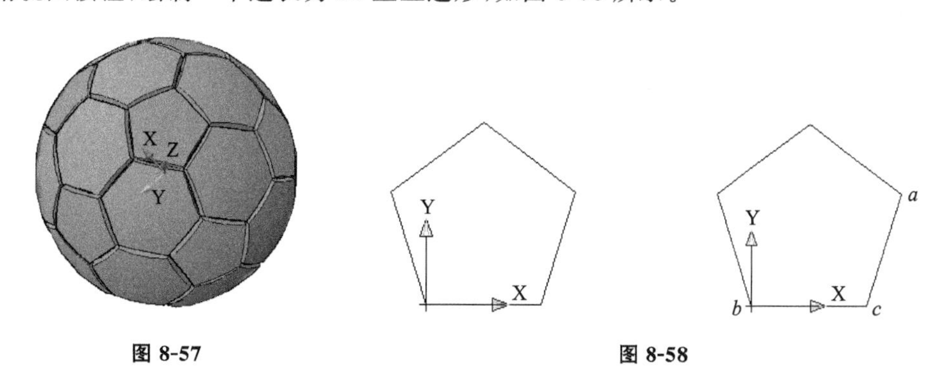

图 8-57 **图 8-58**

步骤 2 单击绘图工具栏中的复制按钮，将 *bc*、*ac* 直线复制，如图 8-59(a)所示。

步骤 3 单击绘图工具栏中的旋转按钮，将 *cf*、*cg* 分别旋转 120°、-120°结果如图 8-59(b)所示。将 *fe*、*dg* 连接，结果如图 8-60(a)所示。

步骤 4 单击绘图工具栏中的面域按钮，选取前述绘制的两个三角形对象，按“回车”键退出命令。

步骤 5 单击“建模”工具栏中的旋转按钮，选取前述绘制的两个三角形对象，分别以 *cf*、*cg* 为旋转轴，按“回车”键退出命令，结果如图 8-60(b)所示。执行“菜单浏览器”→“视图”→“三维视图”→“西南等轴测”命令，结果如图 8-61 所示，将绘图环境转换为三维绘

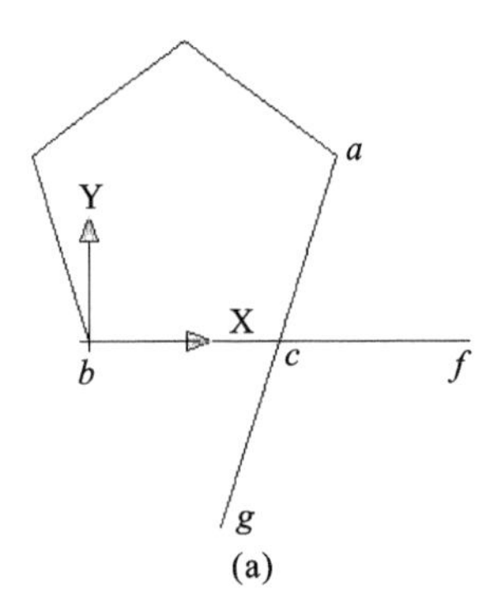

(a)

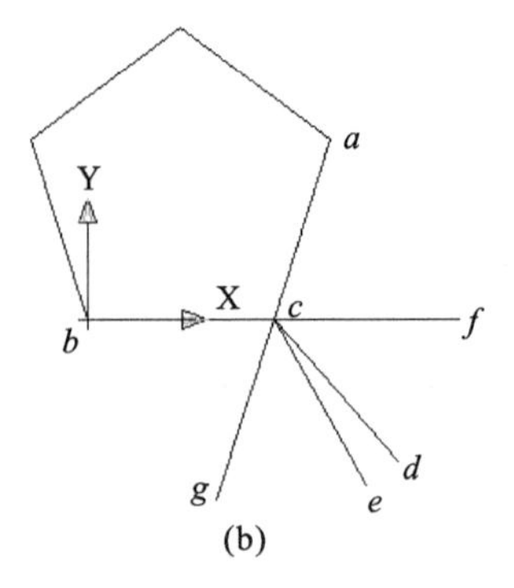

(b)

图 8-59

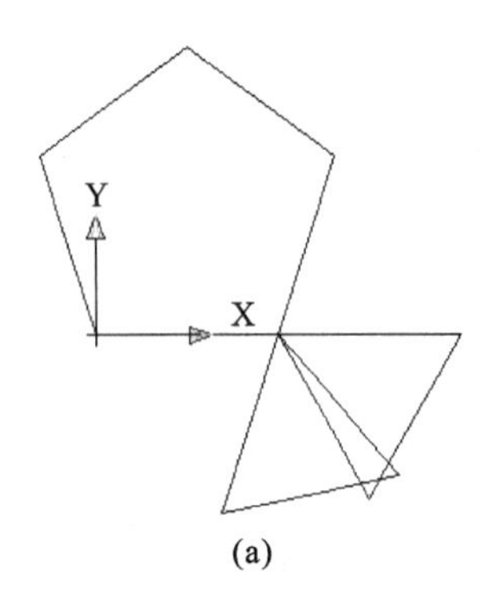

(a)

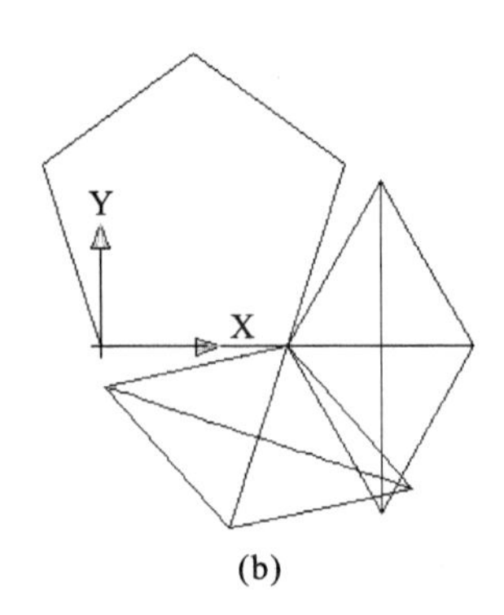

(b)

图 8-60

图空间。

步骤 6 单击实体编辑工具栏中的 并集按钮，选取图 8-61 中的“1”“2”对象，按“回车”键退出命令，结果如图 8-62 所示。

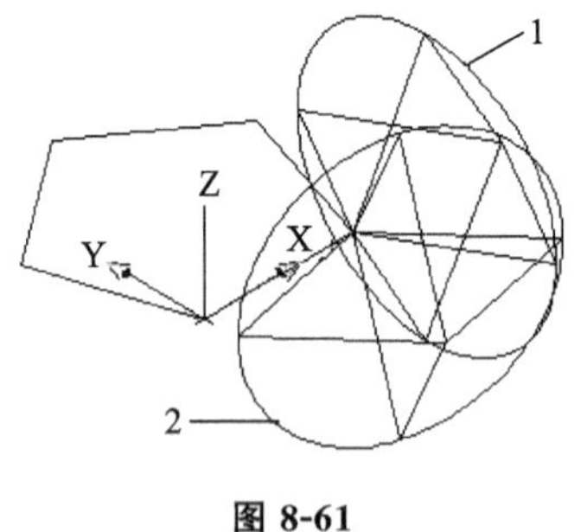

图 8-61

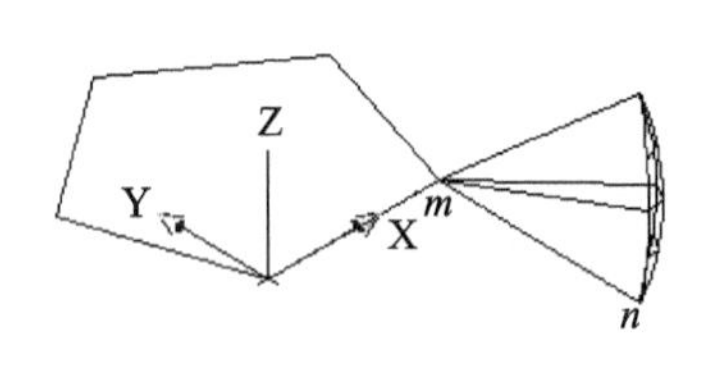

图 8-62

步骤 7 单击“图层特性管理器”，将“六边形”层设置为当前层。再单击绘图工具栏中的 直线按钮，将图 8-62 中的 *mn* 连接起来，结果如图 8-63 所示。

步骤 8 单击修改工具栏中的 删除按钮，将并集的对象删除，结果如图8-64所示。

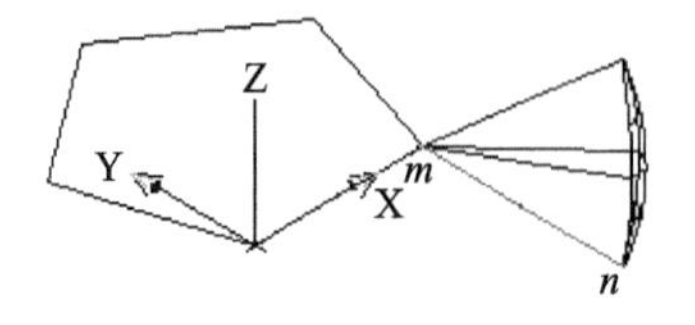

图 8-63

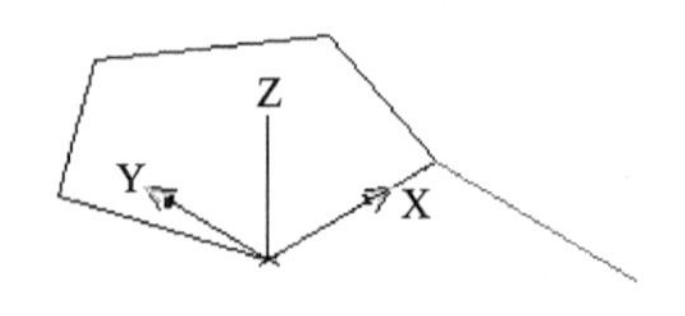

图 8-64

步骤 9 单击修改工具栏中的镜像按钮，将前述绘制的直线进行镜像，结果如图 8-65 所示。

步骤 10 在命令行中输入“ucs”用户自定义坐标系，按“回车”键，输入“3”按“回车”键（三点定坐标系），指定 k 点为原点，m 点为 X 轴，直线的另一端为 Y 轴。结果如图 8-66 所示。

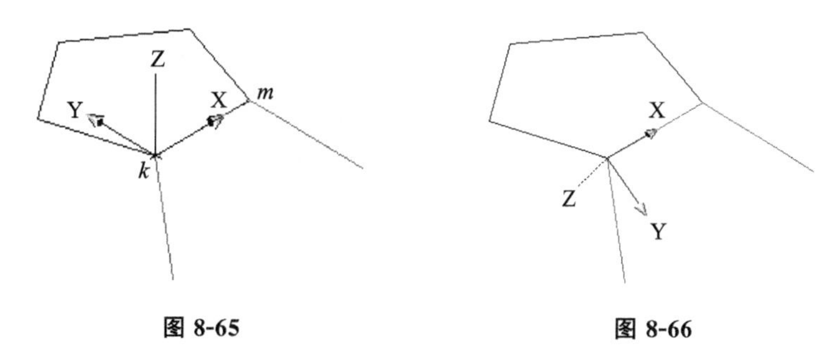

图 8-65 **图 8-66**

步骤 11 单击修改工具栏中的镜像按钮，将前述绘制的六边形中的三条直线镜像，结果如图 8-67 所示。

步骤 12 单击绘图工具栏中的直线按钮，将六边形的对角线连接起来，结果如图 8-68 所示。按鼠标右键继续执行直线命令，捕捉六边形的中点，输入@0,0,130. 按“回车”键退出命令，再单击修改工具栏中的删除按钮，将前述绘制的两直线删除，结果如图 8-69(b)所示。

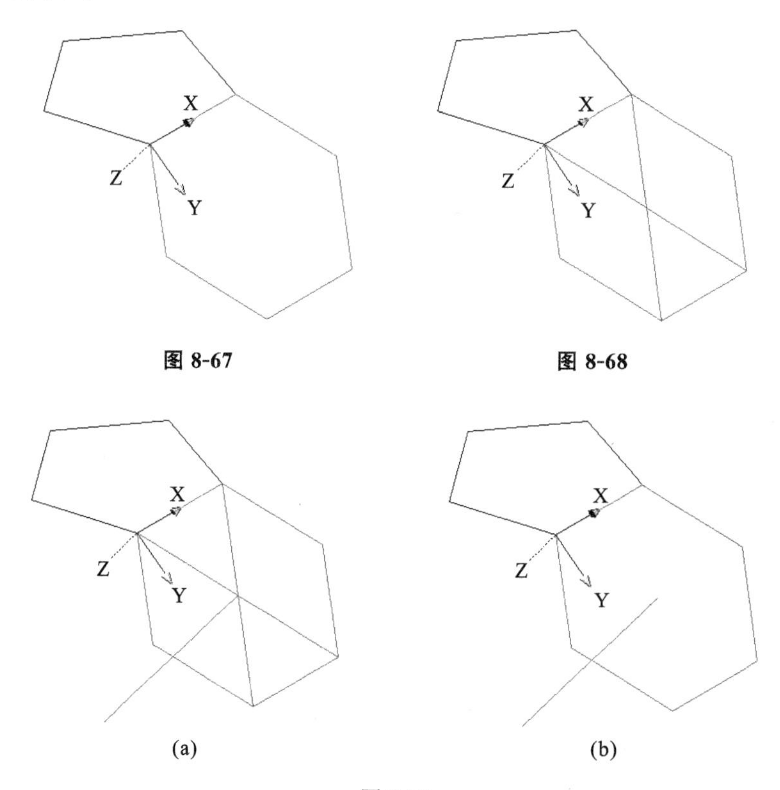

图 8-67 **图 8-68**

(a) (b)

图 8-69

步骤 13　单击绘图工具栏中的 直线按钮，将五边形的对角线连接起来，结果如图 8-70 所示。

步骤 14　在命令行中输入"ucs"(用户自定义坐标系)，按"回车"键，输入"3"，按"回车"键(三点定坐标系)，指定"0"点为原点，"1"点为 X 轴，"2"点为 Y 轴(见图 8-70)，结果如图 8-71 所示。单击绘图工具栏中的 直线按钮，捕捉五边形的"0"点，输入"@0,0,130"，按"回车"键退出命令。单击修改工具栏中的 删除按钮，将前述绘制的两直线删除。结果如图 8-72 所示。

步骤 15　在命令行中输入"ucs"(用户自定义坐标系)，按"回车"键，输入"3"，按"回车"键(三点定坐标系)，指定两直线的交点为原点，六边形中点为 X 轴，五边形中点为 Y 轴，结果如图 8-73 所示。单击修改工具栏中的 删除按钮，将前述绘制的两直线相交之后多余线段删除，结果如图 8-74 所示。

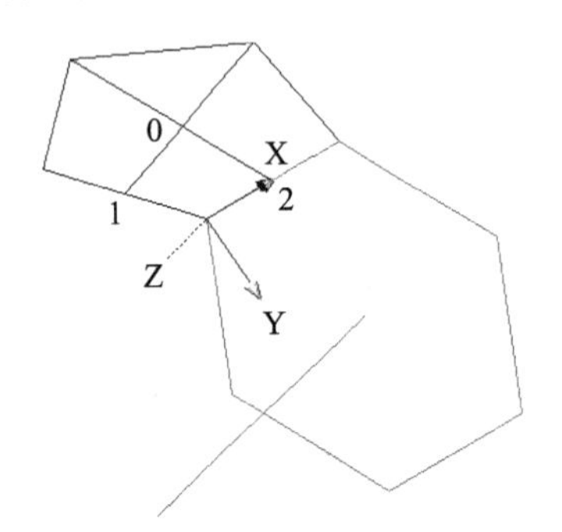

图 8-70

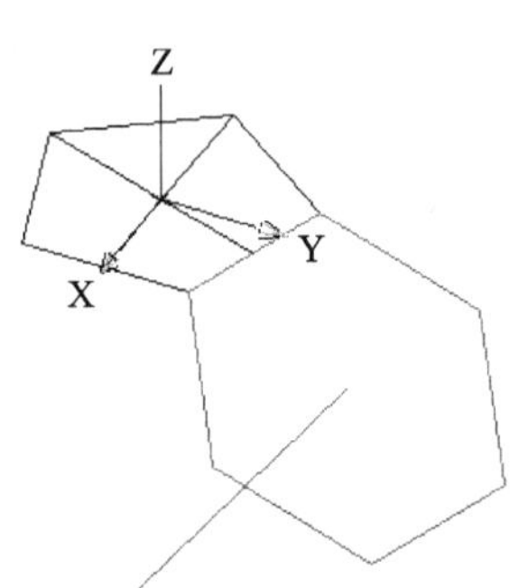

图 8-71

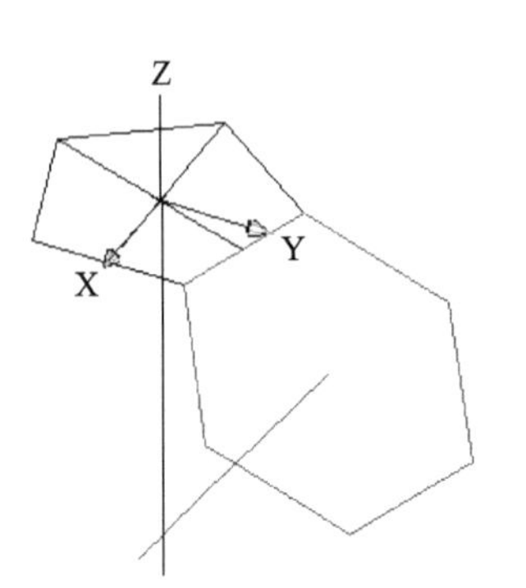

图 8-72

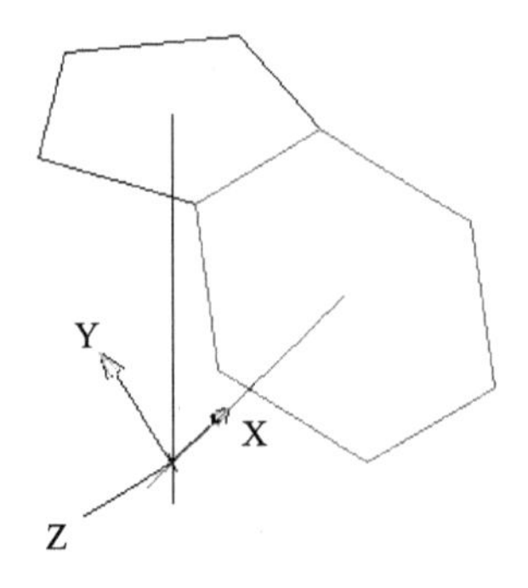

图 8-73

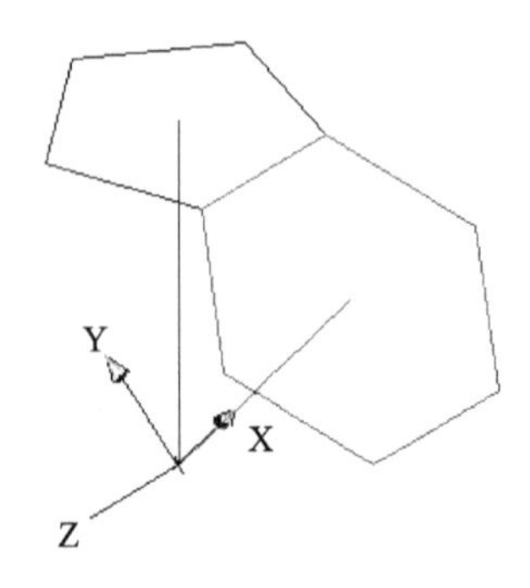

图 8-74

步骤 16　单击“图层特性管理器”，将“五边形”层设置为当前层，将“六边形”层设置为关闭，结果如图 8-75 所示。单击“建模”工具栏中的拉伸按钮，选取五边形对象，输入拉伸距离 30，按“回车”键退出命令。结果如图 8-76 所示。

步骤 17　单击“建模”工具栏中的球体按钮，指定中心点为原点，指定半径(捕捉五边形的任意一点)，按“回车”键退出命令。结果如图 8-77 所示。

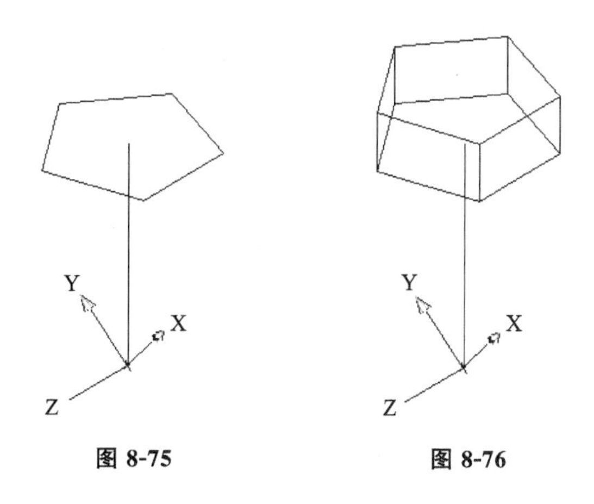

图 8-75　　图 8-76

步骤 18　单击实体编辑工具栏中的差集按钮，选取大的对象(选取五棱柱)，按“回车”键，选取小的对象(选取球体)，按“回车”键退出命令。结果如图 8-78 所示。

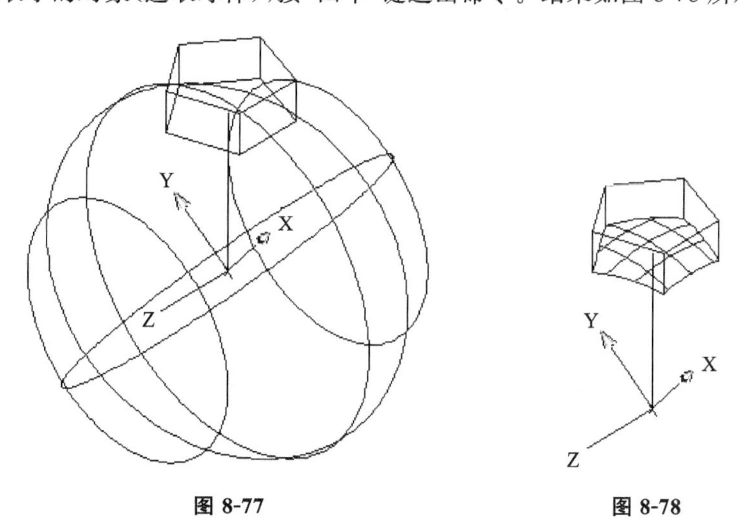

图 8-77　　图 8-78

步骤 19　单击“建模”工具栏中的球体按钮，指定中心点为原点，指定半径(输入130)。按“回车”键退出命令。结果如图 8-79 所示。

步骤 20　单击实体编辑工具栏中的并集按钮，选取五棱柱，选取球体，按“回车”键退出命令。结果如图 8-80 所示。

步骤 21　单击“图层特性管理器”，将“六边形”层设置为当前层，将“五边形”层设置为关闭，结果如图 8-81 所示。单击“建模”工具栏中的拉伸按钮，选取六边形对象，输入拉伸距离(30)，按“回车”键退出命令。结果如图 8-82 所示。

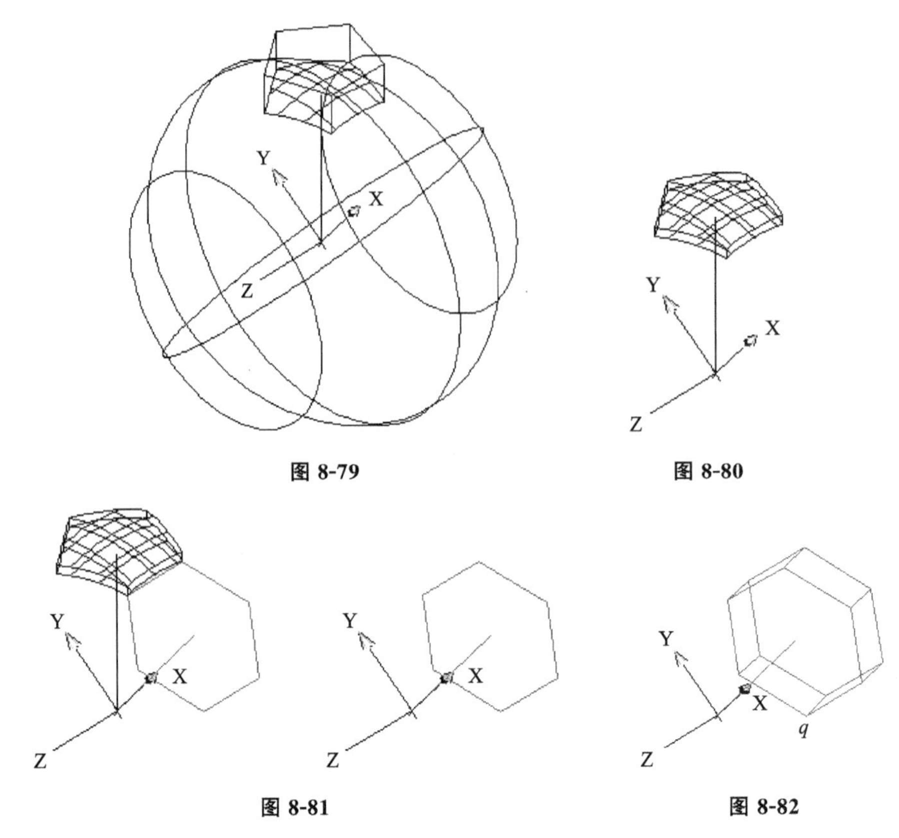

图 8-79　　图 8-80

图 8-81　　图 8-82

步骤 22　单击“建模”工具栏中的 球体按钮，指定中心点为原点，指定半径（捕捉六边形的任意一点），按“回车”键退出命令。结果如图 8-83 所示。

步骤 23　单击实体编辑工具栏中的 差集按钮，选取大的对象（选取六棱柱），按“回车”键，选取小的对象（选取球体），按“回车”键退出命令。结果如图 8-84 所示。

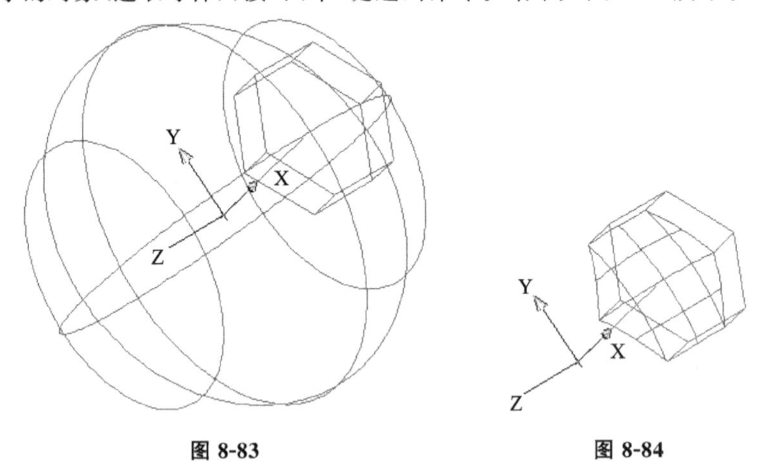

图 8-83　　图 8-84

步骤 24　单击“建模”工具栏中的 球体按钮，指定中心点为原点，指定半径（输入 130），按“回车”键退出命令。结果如图 8-85 所示。

步骤 25　单击实体编辑工具栏中的 并集按钮，选取六棱柱，选取球体，按“回车”键退出命令。结果如图 8-86 所示。

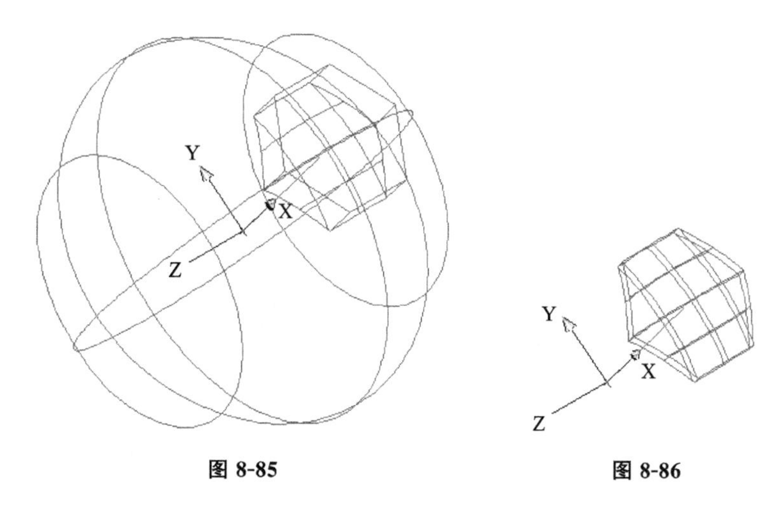

图 8-85　　图 8-86

步骤 26　单击"菜单浏览器"→"格式"→"图层",打开"图层特性管理器",将"六边形"层设置为开。结果如图 8-87 所示。

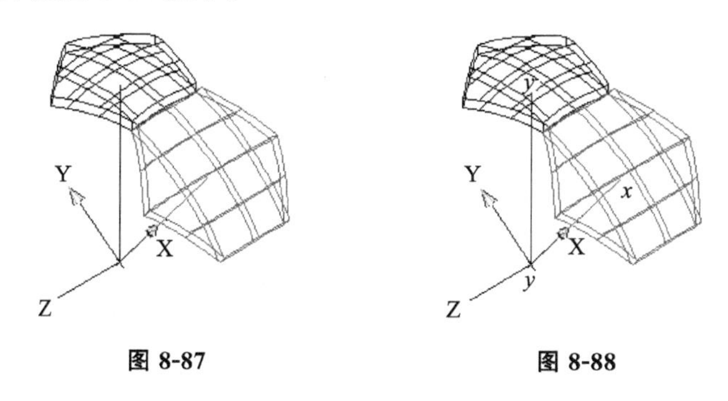

图 8-87　　图 8-88

步骤 27　单击"修改"→"三维操作"→"三维阵列",选取五边形和五边形中间的一根直线,按"回车"键;指定阵列类型,输入"p"(环形阵列),按"回车"键;指定阵列中的项目数目,输入"5";指定要填充的角度,输入"360";指定阵列的中心点,输入"0,0";指定第二点(捕捉图 8-88 中的 x 点),按"回车"键退出命令。结果如图 8-89 所示。

步骤 28　单击"修改"→"三维操作"→"三维阵列",选取六边形和六边形中间的一根直线,按"回车"键;指定阵列类型,输入"p"(环形阵列),按"回车"键;指定阵列中的项目数目,输入"3";指定要填充的角度,输入"360";指定阵列的中心点,输入"0,0";指定第二点(捕捉图 8-88 中的 y 点),按"回车"键退出命令。结果如图 8-90 所示。

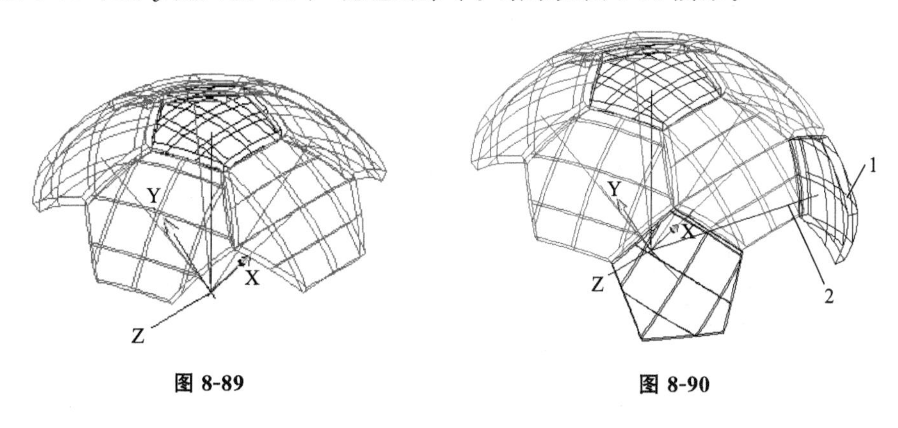

图 8-89　　图 8-90

步骤 29　单击修改工具栏中的删除按钮，将图 8-90 中“1”“2”的对象删除。结果如图 8-91 所示。

步骤 30　单击修改工具栏中的阵列按钮，选取环形阵列，选取图 8-91 中的“4”“5”对象，定阵列中的项目数目，输入“5”；指定要填充的角度，输入“360”；按“回车”键退出命令。结果如图 8-92 所示。

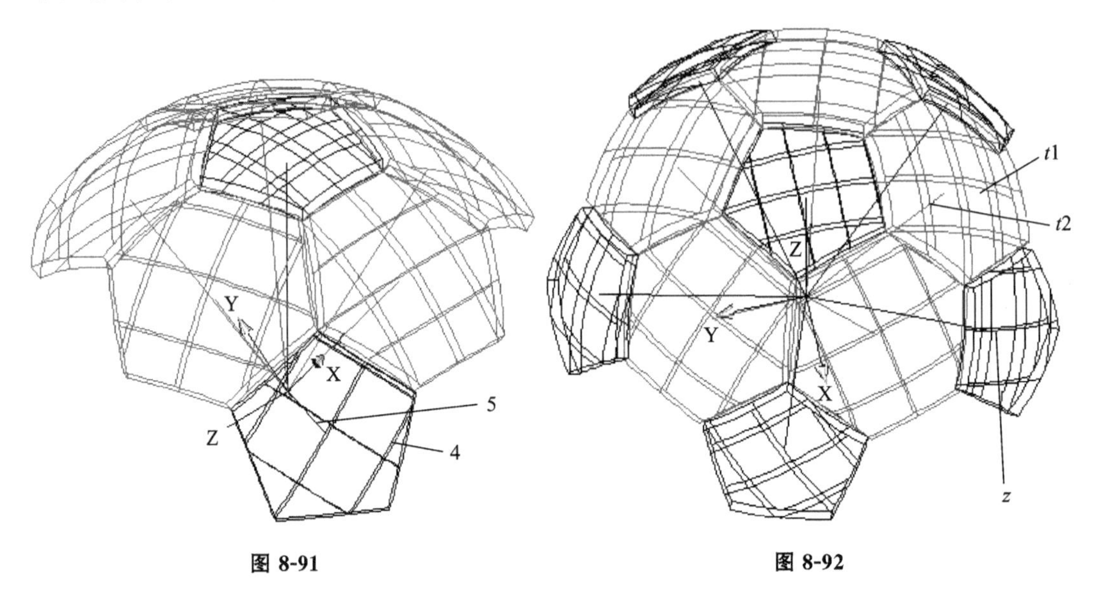

图 8-91　　　　**图 8-92**

步骤 31　单击修改工具栏中的删除按钮，将图 8-92 中 $t1$、$t2$ 对象删除。结果如图 8-93 所示。

步骤 32　单击“修改”→“三维操作”→“三维阵列”，选取五边形旁边的六边形和六边形中间的一根直线，按“回车”键；指定阵列类型，输入“p”（环形阵列），按“回车”键；指定阵列中的项目数目，输入“5”；指定要填充的角度，输入“360”；指定阵列的中心点，输入“0，0”；指定第二点（捕捉图 8-92 中的 z 点），按“回车”键退出命令。结果如图 8-94 所示。

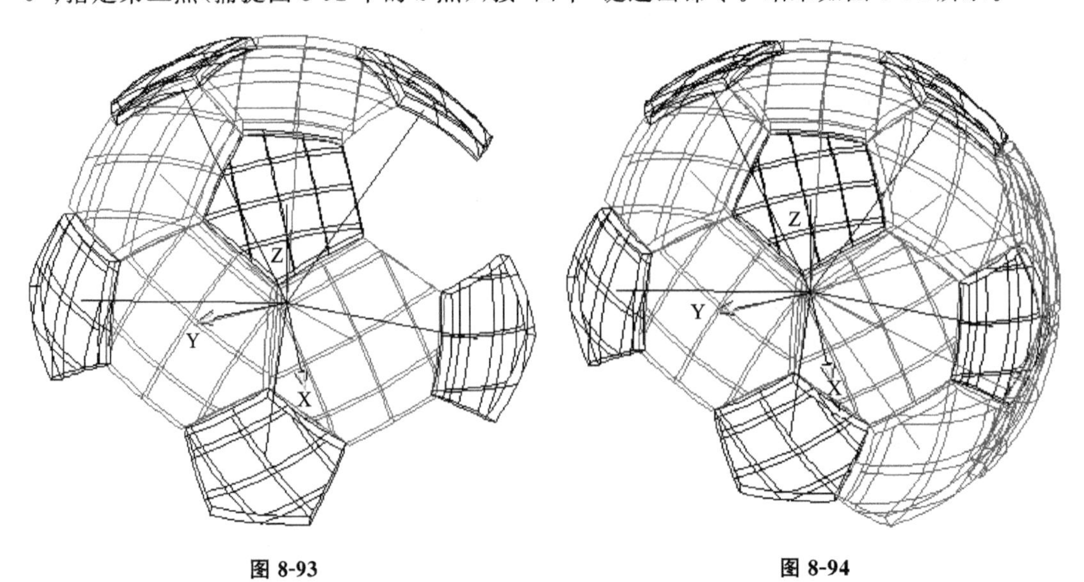

图 8-93　　　　**图 8-94**

步骤 33 单击修改工具栏中的删除按钮，将图 8-95 中的 $t3$ 对象删除。结果如图 8-96 所示。

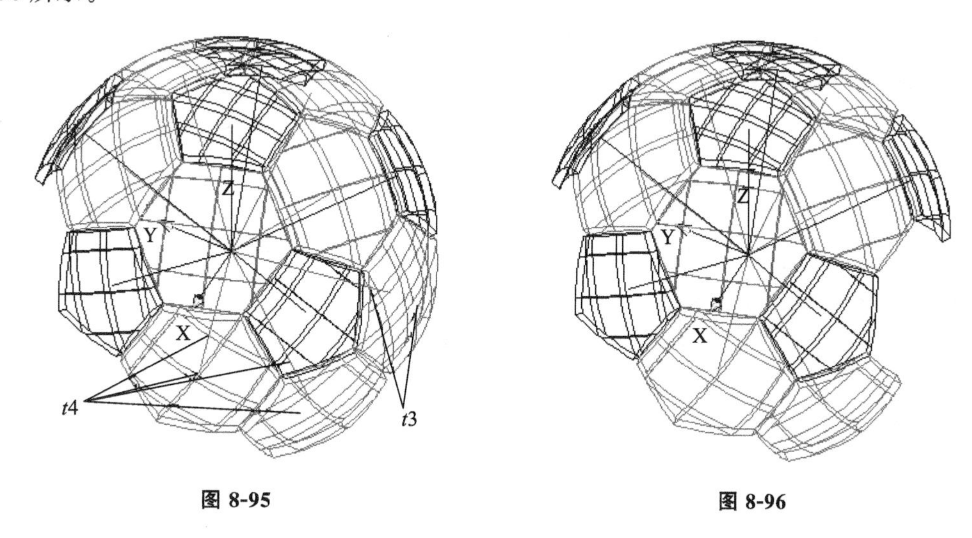

图 8-95　　图 8-96

步骤 34 单击修改工具栏中的阵列按钮，选取环形阵列（选取图 8-95 中的 $t4$ 对象），指定阵列中的项目数目，输入"5"；指定要填充的角度，输入"360"；按"回车"键退出命令。结果如图 8-97 所示。

步骤 35 重复步骤 31 至步骤 34，将足球阵列完成。结果如图 8-98 所示。

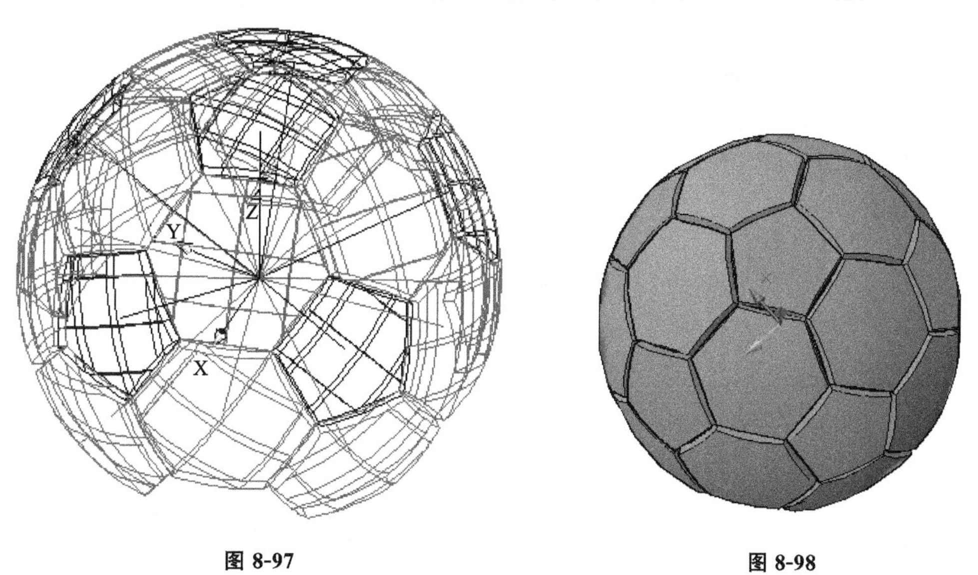

图 8-97　　图 8-98

知识点 1　球体

"球体"命令主要用于创建指定尺寸的三维实体球体。

1. 调用命令的方法

方法 1　工具栏：单击"建模"→"球体"。

方法 2　菜单命令：单击"绘图"→"建模"→"球体"。

方法 3　键盘命令：输入"sphere"。

2. 操作过程

执行命令后，命令行提示

指定中心点或[三点(3P)/两点(2P)/切点、切点、半径(T)]：

3. 命令行中各选项含义

(1)“指定中心点”：此为默认选项。通过指定球体的圆心和半径创建球体。

(2)“三点(3P)”：通过指定三个点来定义球体的圆周。

(3)“两点(2P)”：通过指定两个点来定义球体的圆周。

(4)“切点、切点、半径(T)”：定义具有指定半径，且与两个对象相切的球体。

知识点2 通过旋转创建实体

使用“旋转”命令可通过绕轴旋转二维封闭的图形对象来创建三维实体或曲面。

1. 调用命令的方法

方法1 工具栏：单击“建模”→“旋转”。

方法2 菜单命令：单击“绘图”→“建模”→“旋转”。

方法3 键盘命令：输入“revolve”。

2. 操作过程

执行命令后，命令行提示

当前线框密度：ISOLINES=当前值

选择要旋转的对象：选定要旋转的对象后按“回车”键。

指定轴起点或根据以下选项之一定义轴[对象(O)/X/Y/Z]：

3. 命令行中各选项含义

(1)“指定轴起点”：此为默认选项。设定旋转轴的起点、终点和旋转角度来创建三维实体，如图 8-99(b)所示。

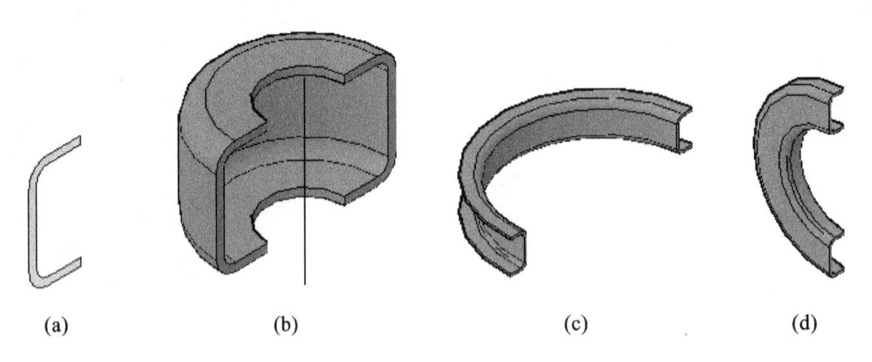

图 8-99 旋转实体

(a)旋转前 (b)绕指定对象旋转 (c)绕 Y 轴旋转 (d)绕 X 轴旋转

(2)“对象(O)”：设定已经存在的直线段作为旋转轴线，输入旋转角度来创建三维实体。

(3)“X/Y/Z”：将选定对象分别绕 X 轴、Y 轴或 Z 轴旋转，指定角度来创建三维实体，图 8-99(c)所示为围绕 Y 轴旋转 180°，图 8-99(d)所示为围绕 X 轴旋转 180°。

知识点3 三维镜像

使用“三维镜像”命令指定镜像平面构成三维实体。

1. 调用命令的方法

方法1 菜单命令：单击“修改”→“三维操作”→“三维镜像”。

方法2 键盘命令：输入“mirror3d”。

2. 操作过程

执行命令后，命令行提示

选择对象：选中要镜像的三维实体对象后按“回车”键。

指定镜像平面(三点)的第一个点或[对象(O)/最近的(L)/Z轴(Z)/视图(V)/XY平面(XY)/YZ平面(YZ)/ZX平面(ZX)/三点(3)]：

3. 命令行中各选项含义

(1) “指定镜像平面(三点)的第一个点”：用指定的三点确定镜像平面位置进行镜像。

(2) “对象(O)”：将指定对象所在平面作为镜像平面进行镜像。

(3) “最近的(L)”：将最后定义的镜像面作为镜像平面进行镜像。

(4) “Z轴(Z)”：通过在平面上指定一点和在平面的法线方向上指定另一点来确定镜像平面进行镜像。

(5) “图(V)”：将当前视口的视图平面作为镜像平面进行镜像。

(6) “XY(XY)”：镜像平面将通过指定点且与当前用户坐标系的 *XY* 平面平行。

(7) “YZ(YZ)”：镜像平面将通过指定点且与当前用户坐标系的 *YZ* 平面平行。

(8) “ZX(ZX)”：镜像平面将通过指定点且与当前用户坐标系的 *ZX* 平面平行。

(9) “三点(3)”：用指定的三点来确定镜像平面进行镜像。

将图8-100(a)所示的半圆柱体镜像为整个圆柱体(见图8-100(b))的过程如下。

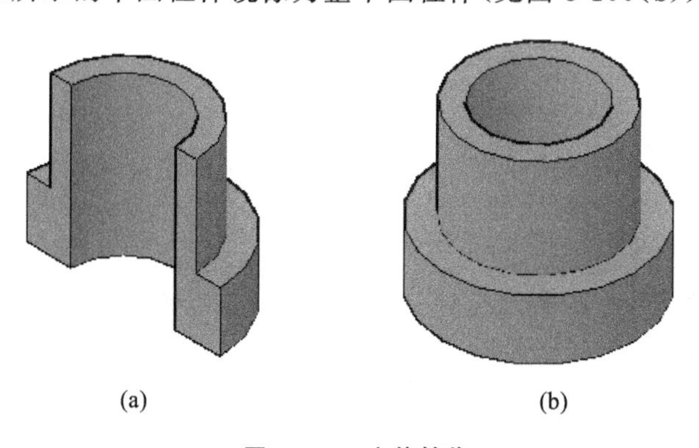

(a) (b)

图8-100 实体镜像

(a)实体镜像前 (b)实体平行 *ZX* 平面镜像后

执行“三维镜像”命令后，命令行提示

选择对象：选中要镜像的三维实体对象后按“回车”键。

指定镜像平面(三点)的第一个点或[对象(O)/最近的(L)/Z轴(Z)/视图(V)/XY平面(XY)/YZ平面(YZ)/ZX平面(ZX)/三点(3)]：输入“YZ”，按“回车”键。

指定YZ平面上的点：指定点的坐标。

是否删除源对象？[是(Y)/否(N)]:“N”,按“回车”键。

知识点4　三维旋转

使用“三维旋转”命令于将选定的三维实体以指定的基点绕指定的轴旋转指定的角度。

1. 调用命令的方法

方法1　菜单命令:单击“修改”→“三维操作”→“三维旋转”。

方法2　键盘命令:输入“3drotate”。

2. 操作过程

执行命令后,命令行提示

选择对象:选中要旋转的三维实体对象后按“回车”键,如图8-101(a)中的长方体。

指定基点:选中基本点,如图8-101(a)中长方体底面的角点。

拾取旋转轴:指定旋转轴,如图8-101(a)中长方体底面的棱线。

指定角的起点或键入角度:输入角度“90”,按“回车”键。

图8-101(b)所示为旋转后的长方体。

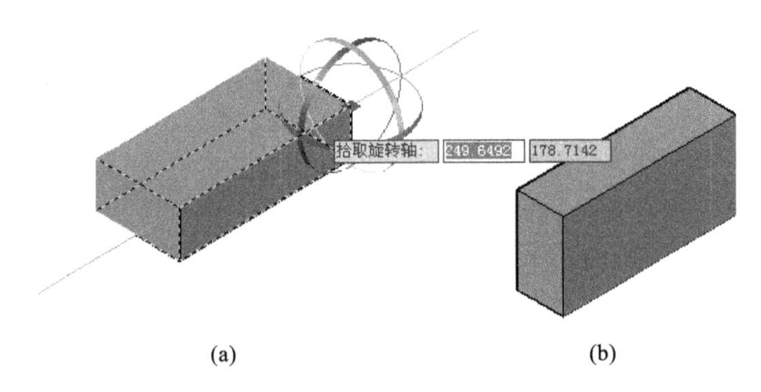

图8-101　实体旋转

(a)实体旋转前　(b)实体旋转后

知识点5　三维阵列

使用“三维阵列”命令可在三维空间创建对象的矩形阵列和环形阵列。

1. 调用命令的方法

方法1　菜单命令:单击“修改”→“三维操作”→“三维阵列”。

方法2　键盘命令:输入“3darray”。

2. 操作过程

执行命令后,命令行提示

选择对象:选中要阵列的三维实体对象后按“回车”键。

输入阵列类型[矩形(R)/环形(P)]:

3. 命令行中各选项含义

(1)“矩形阵列(R)”:若选取图8-102所示的阵列,则具体操作如下。

先执行“三维阵列”命令,再依次选择并执行。

选择对象:选中图8-102(a)所示圆孔,按“回车”键。

输入阵列类型[矩形(R)/环形(P)]:“r”,按“回车”键。

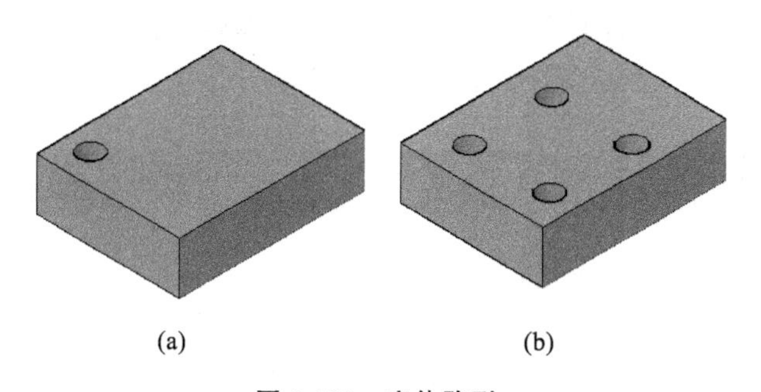

(a)　　　(b)

图 8-102　实体阵列

(a)实体阵列前　(b)实体阵列后

输入行数(---)<1>:“2”,按“回车”键。

输入列数(|||)<1>:“2”,按“回车”键。

输入层数(∘∘∘)<1>:“1”,按“回车”键。

指定行间距(---):“－180”,按“回车”键。

指定列间距(|||):“200”,按“回车”键。

阵列后的结果如图 8-102(b)所示。

(2)“环形阵列”:若选取图 8-103 所示的阵列,则具体操作如下。

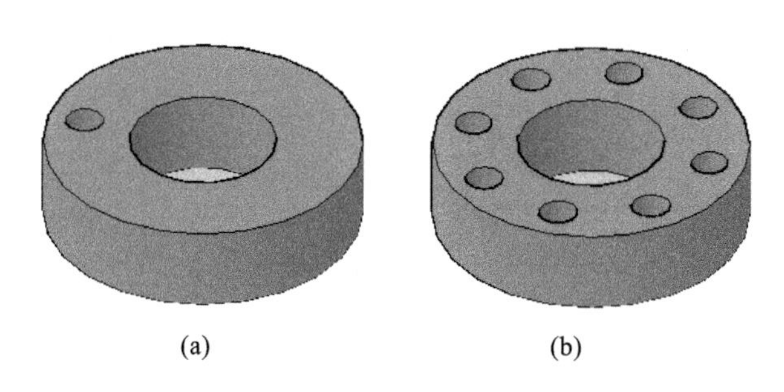

(a)　　　(b)

图 8-103　实体阵列

(a)实体阵列前　(b)实体阵列后

选执行“三维阵列”命令,再依次选择并执行。

选择对象:选中图 8-103(a)所示圆孔,按“回车”键。

输入阵列类型[矩形(R)/环形(P)]:“p”,按“回车”键。

输入阵列中的项目数目:“6”,按“回车”键。

指定要填充的角度(＋＝逆时针,－＝顺时针)<360>:按“回车”键。

旋转阵列对象? [是(Y)/否(N)]<是>:按“回车”键。

指定阵列的中心点:选择图 8-103(a)所示圆柱体顶面的圆心,按“回车”键。

指定旋转轴上的第二点:选择图 8-103(a)所示圆柱体底面的圆心,按“回车”键。

阵列后的结果如图 8-103(b)所示。

项 目 总 结

本项目介绍了三维实体的绘制和编辑方法,其中:三维实体的绘制方法包括三维视图显示、基本体造型和通过二维图形创建三维实体等；编辑方法包括阵列、旋转、剖切、镜像等。通过本项目的学习，读者应熟练掌握绘制和编辑三维实体的方法。

思考与上机操作

1. 建立用户坐标系的意义是什么？
2. 在 AutoCAD 中，使用三维镜像命令镜像三维实体时，应该如何操作？
3. 绘制图 8-104 至图 8-110 所示的平面图，并绘制立体图。

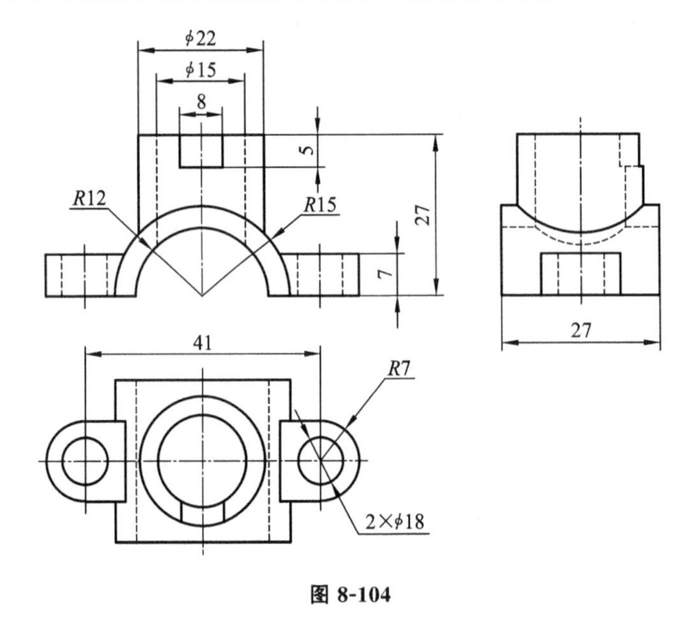

图 8-104

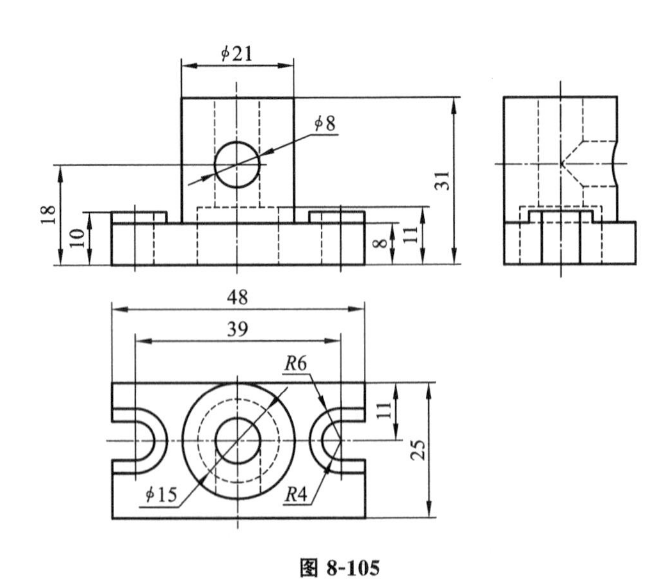

图 8-105

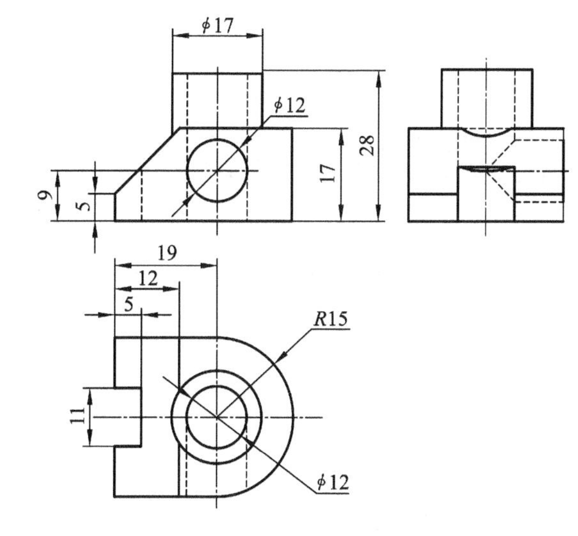

图 8-106

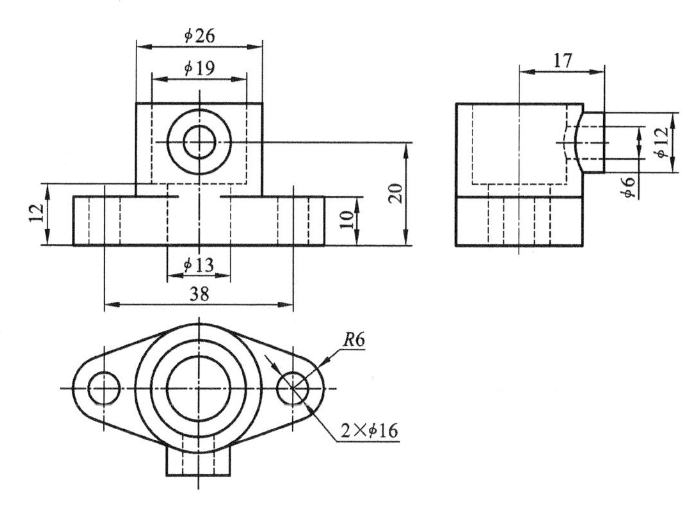

图 8-107

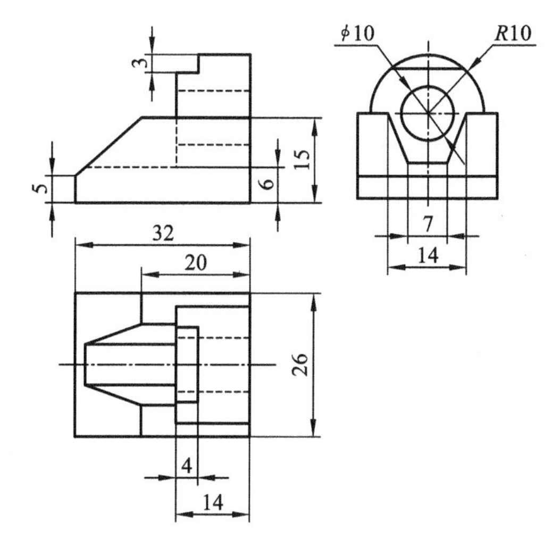

图 8-108

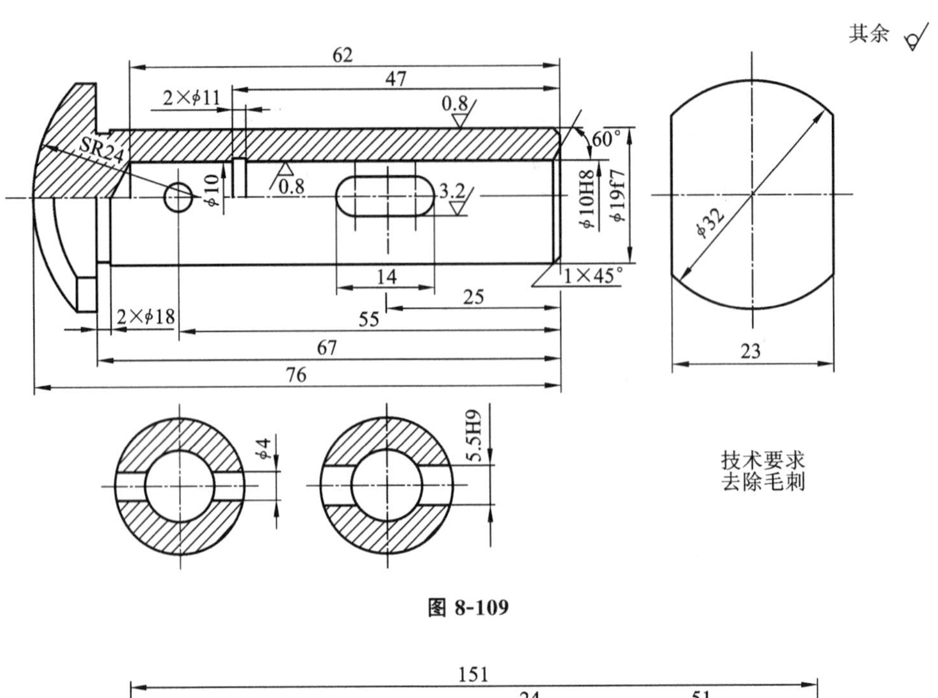

其余
62
47
2×ϕ11
0.8
SR24
ϕ10
0.8
3.2
60°
ϕ10H8
ϕ19f7
ϕ32
14
1×45°
25
2×ϕ18
55
67
76
23
ϕ4
5.5H9
技术要求
去除毛刺

图 8-109

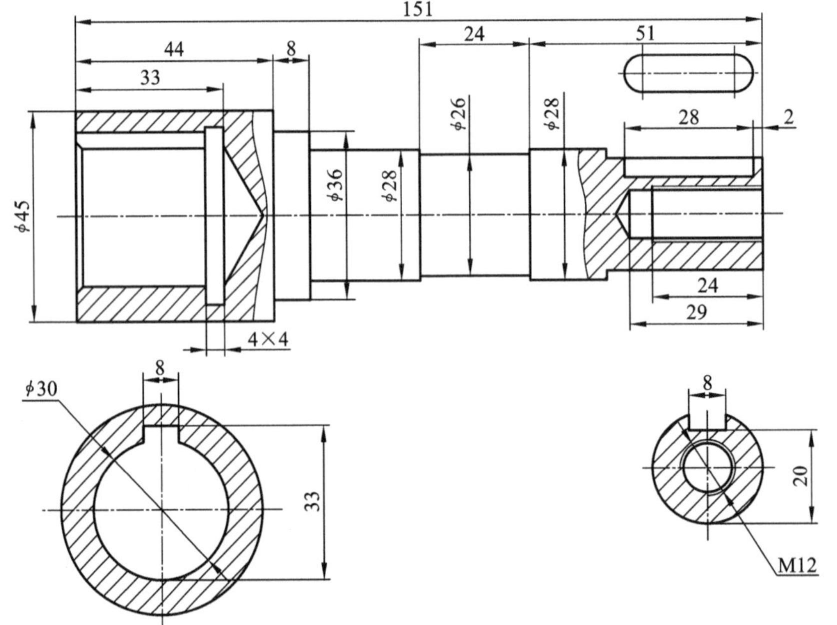

151
44
8
24
51
33
ϕ26
ϕ28
28
2
ϕ45
ϕ36
ϕ28
24
29
4×4
8
ϕ30
33
8
20
M12

图 8-110

项目9 图形输出

【知识目标】

- 了解模型空间与图纸空间的作用。
- 掌握在模型空间中打印图样的设置。
- 掌握在图纸空间中通过布局进行打印的设置。

【能力目标】

- 能在模型空间中打印图样。
- 能在图纸空间中通过布局打印图样。

任务1　在模型空间打印图样

本任务以打印图9-1所示零件图为例，介绍模型空间与图纸空间、打印设置等知识。

操作过程如下。

（1）在模型空间绘制轴的零件图，如图9-1所示。

（2）在模型空间中进行打印设置，操作步骤如下。

步骤1　单击“标准”→“打印”按钮，系统弹出“打印-模型”对话框。

步骤2　在“打印机/绘图仪”区的“名称”下拉列表框中选择打印机，如果系统已安装有打印机，则选已安装的打印机；如未安装，则选虚拟打印机。

步骤3　在“图纸尺寸”区中选择图纸尺寸，本任务选择“ISOA4”(297×210)尺寸。

步骤4　在“打印区域”区的“打印范围”下拉列表框中选择“窗口”，系统切换到绘图窗口，选择图形的左上角点和右下角点，以确定要打印的图样范围。

步骤5　在“打印比例”区选择打印比例为1∶1。

步骤6　在“打印偏移”区选择“居中打印”。

步骤7　在“图纸方向”区选择“横向”。

步骤8　单击“预览”，如符合要求，则在预览图中右击，弹出菜单，选择“打印”；若不符合要求，则选择“退出”，返回对话框，重新设置参数。

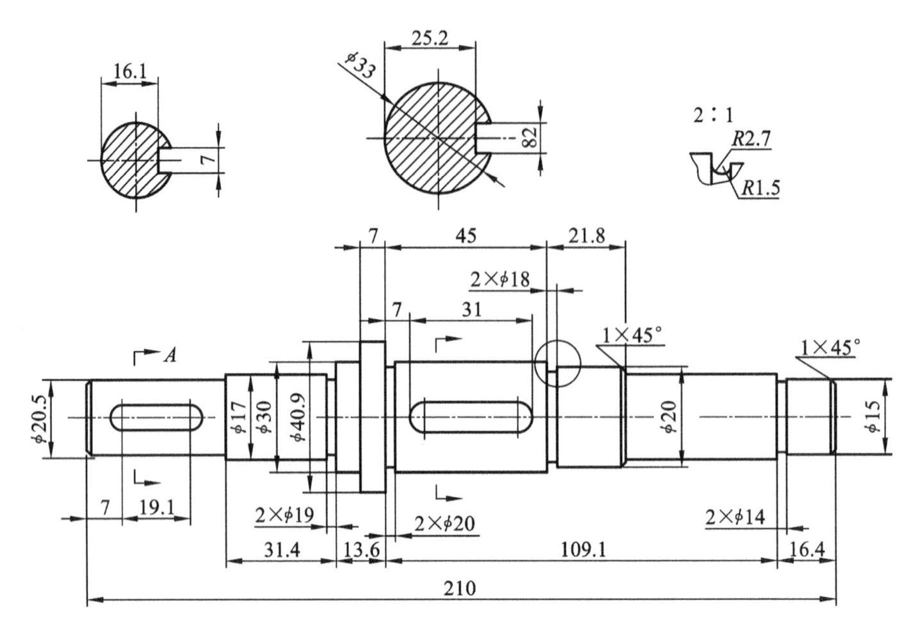

图 9-1　轴

知识点 1　模型空间与图纸空间

AutoCAD 中有两个工作空间，分别是模型空间和图纸空间。通常在模型空间是以 1∶1 的比例绘图。为了与其他设计人员交流或进行产品加工，需要输出图样，这就要求对图纸空间进行排版，即规划视图的位置与大小，将不同比例的视图安排在一张图纸上，并对它们标注尺寸，给图样加上图框、标题栏、文字注释等内容，然后打印输出。

1. 模型空间

模型空间是指完成绘图和设计工作的空间，它可以进行二维图形的绘制和三维实体的造型，因此在使用 AutoCAD 时，首选工作空间应是模型空间。

2. 图纸空间

图纸空间是指设置和管理视图的工作空间，在图纸空间中视图被作为对象来看待，以展示模型不同部分的视图，每个视口的视图可独立编辑，画成不同比例。

3. 模型空间与图纸空间的切换

模型空间与图纸空间可以自由切换，切换方式有以下两种。

（1）按钮切换。使用模型和布局选项卡按钮进行切换，如图 9-2 所示，单击“模型”按钮，可以切换到模型空间；单击“布局 *N*”按钮，可以切换到布局空间。

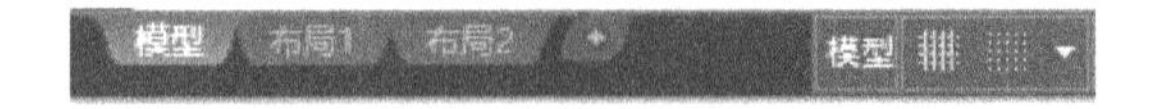

图 9-2　模型空间与图纸空间的按钮

（2）命令切换。输入命令“tilemode”，设置为 1，切换到模型空间；设置为 0，切换到布局空间。

知识点 2　打印设置

1. 页面设置

1）功能

指定图形输出的设置和选项。

2）调用命令的方法

方法　菜单命令：单击“文件”→“页面设置管理器”。

右击“模型”或“布局”选项卡，在弹出的快捷菜单中选择“页面设置管理器”，执行命令后，弹出“页面设置管理器”对话框，如图 9-3 所示。

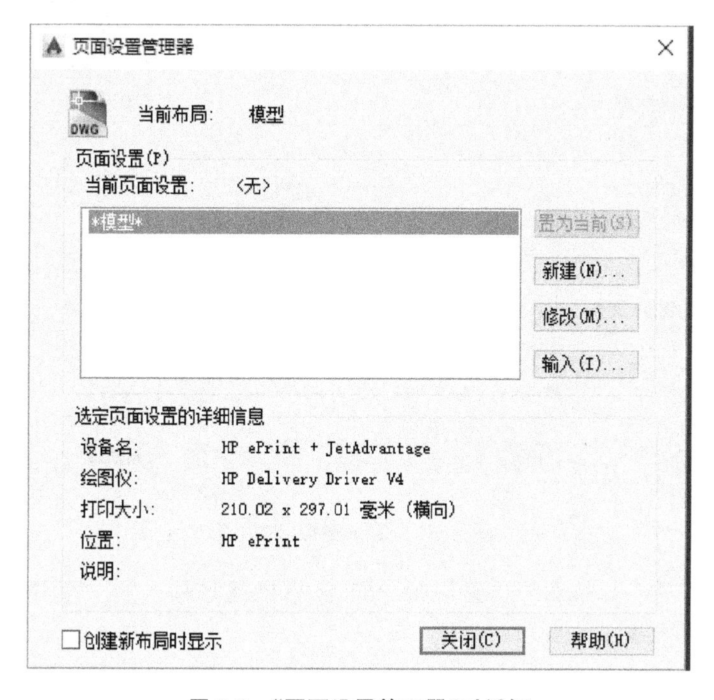

图 9-3　“页面设置管理器”对话框

3）对话框中各选项的含义

（1）“新建”：单击此按钮，打开“新建页面设置”对话框，如图 9-4 所示。

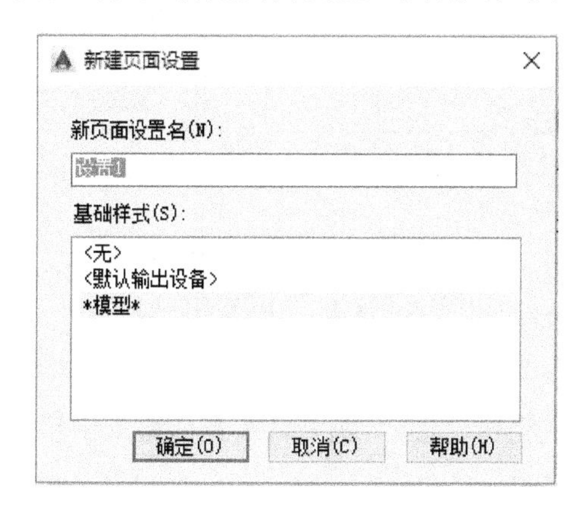

图 9-4　“新建页面设置”对话框

(2)“修改”:单击“修改”按钮,打开“打印-模型”对话框,如图 9-5 所示。

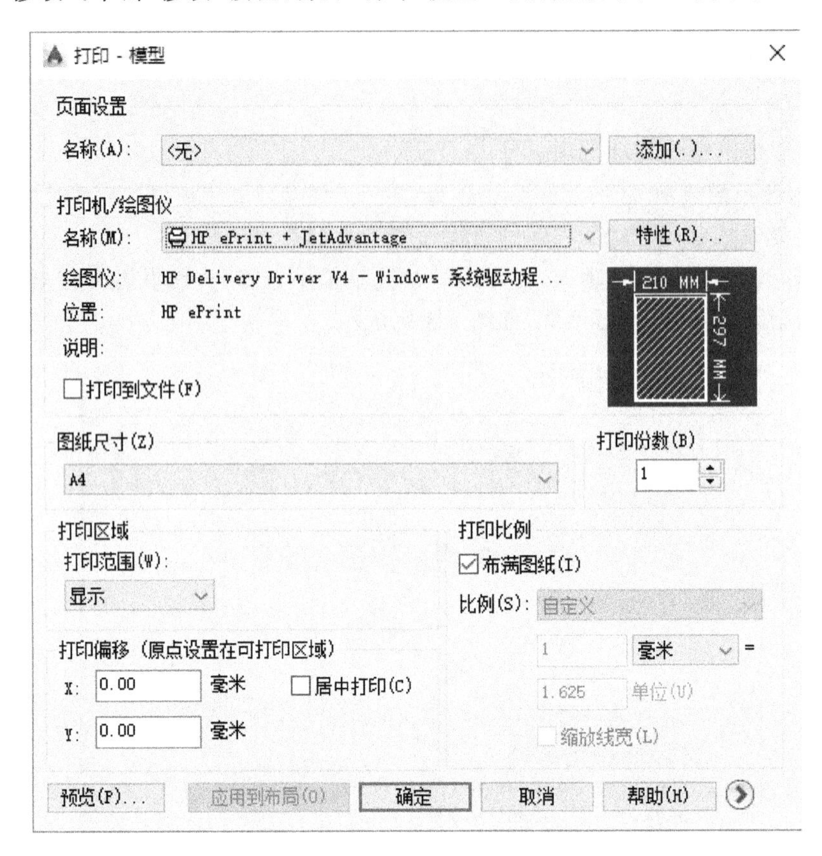

图 9-5　“打印-模型”对话框

(3)“打印偏移”:如果图形位置偏向一侧,则可以通过输入“X”“Y”的偏移量,将图形调整到正确位置,如图 9-6 所示。

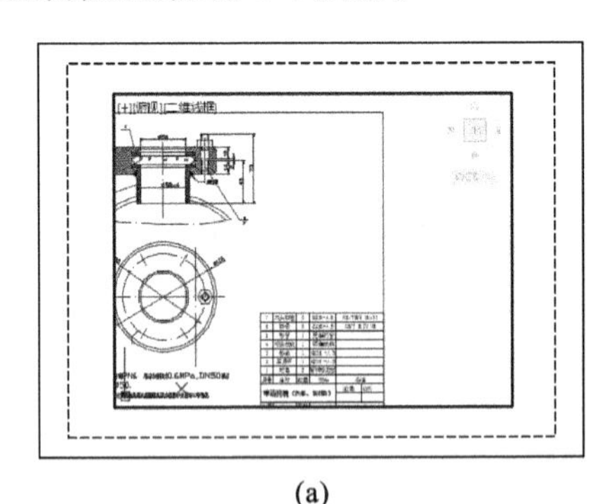

(a)

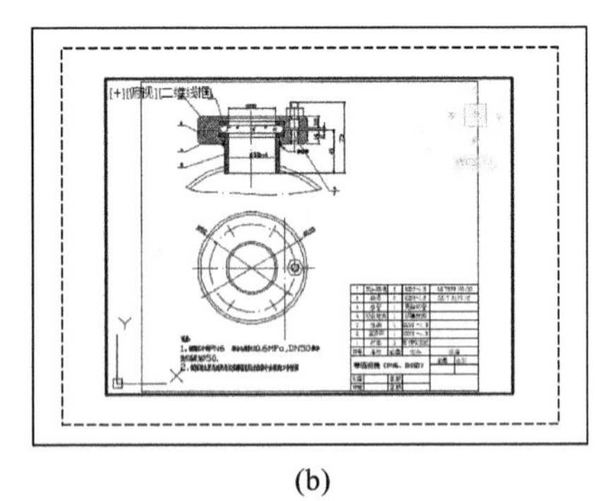

(b)

图 9-6　图形打印位置调整

(a)图形发生偏移　(b)调整偏移后的效果

2. 视口调整

创建好布局图,并完成页面设置后,就可以对布局图上图形对象的位置和大小进行调整及布置。

布局图中存在三个边界,最外边是图纸边界,虚线线框是打印边界,图形对象四周的

线框是视口边界,如图 9-7 所示。在打印时,虚线不会被打印出来,但视口边界被作为图形对象打印。可以利用夹点拉伸来调整视口的位置,如图 9-8 所示。单击视口边界,四个角上出现夹点,用鼠标拖动某个夹点到指定位置,视口大小即发生变化。

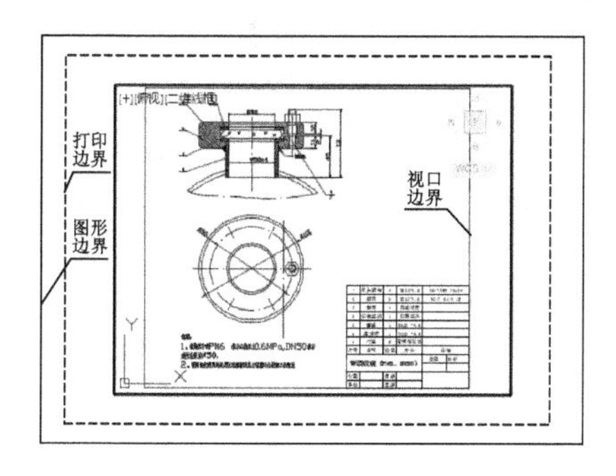

图 9-7 布局图的组成

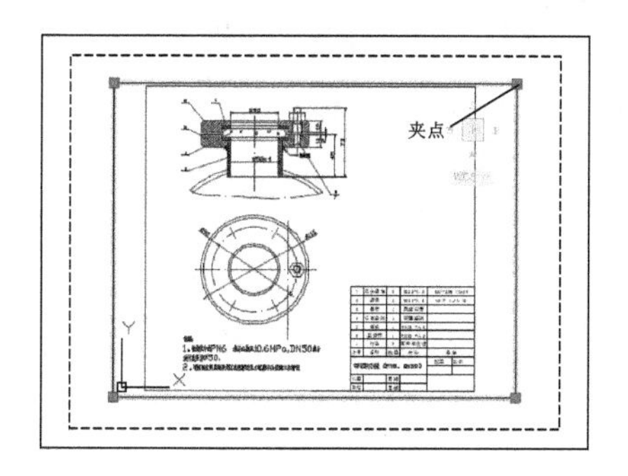

图 9-8 调整视口边界

3. 比例尺设置

在模型空间绘制对象时,通常使用实际的尺寸,也就是说,用户决定使用何种单位(in、mm 或 m),并按 1∶1 的比例绘制图形。例如,如果测量单位为“mm”,那么图形中的一个单位代表“1 mm”。打印图形时,可以指定精确比例,也可以根据图纸尺寸调整图形,按图纸尺寸缩放图形。

在审阅草图时,通常不需要精确的比例。可以使用“布满图纸”选项,按照能够布满图纸的最大可能尺寸打印视图。AutoCAD 将自动使图形的高度和宽度与图纸的高度和宽度相适应。

在模型空间中,始终是按照 1∶1 的实际尺寸绘制图形,在要出图时,才按照比例尺将模型缩放到布局图上,然后打印出图。

如果要确定布局图上的比例大小,可以切换到布局窗口模型状态下,在“视口”工具栏右侧文本框中显示的数值,就是图纸空间相对于模型空间的比例尺,如图 9-9 所示。

在布局窗口模型状态下,使用缩放工具将图形缩放到合适大小,并将图形平移到视口中间,这时显示的比例尺不是一个整数,需在下拉列表框中选择接近该值的整数比例尺数值。例如,在图 9-9 中,工具栏显示的比例尺是 0.483 409,在该文本框中输入 0.5,就是按 1∶2 的比例出图,按“回车”键确认即可,图形的大小会根据该数值自动调整,如图 9-10 所示。

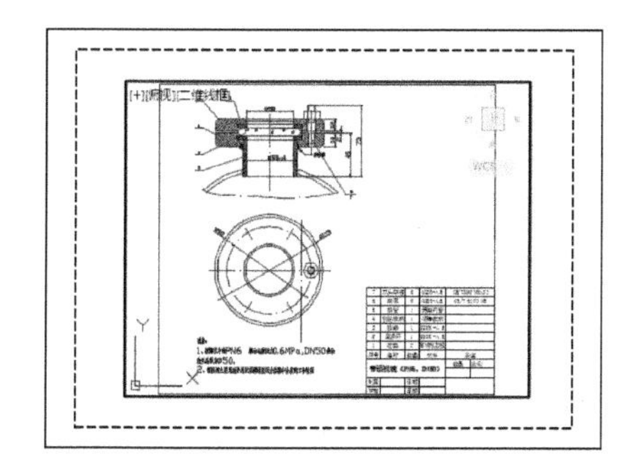

图 9-9 确定视口中图形的比例

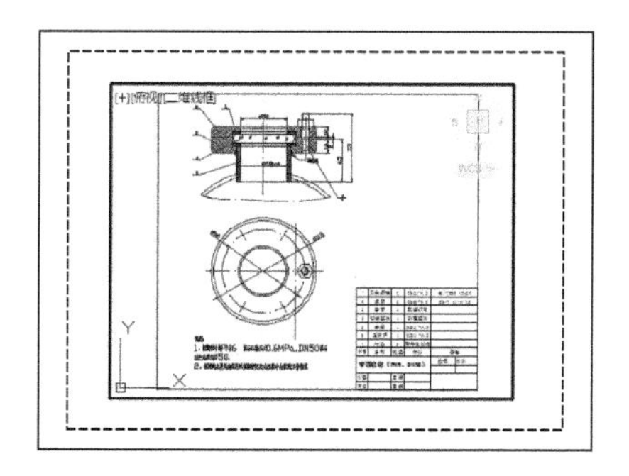

图 9-10 调整比例后视口的图形

图 9-11 “打印”功能面板

4. 图纸尺寸设置

在工作空间中，选择功能区面板的“打印”选项卡，再在“打印”功能面板(见图 9-11)中单击“管理绘图仪”按钮，可打开“绘图仪管理器”窗口，如图 9-12 所示。双击要更改配置的文件，打开“绘图仪配置编辑器”对话框，如图 9-13 所示。

选择“设备和文档设置”选项卡中的“用户定义图纸尺寸与校准”下的“自定义图纸尺寸”，此时出现如图 9-14 所示的“自定义图纸尺寸”选项区。

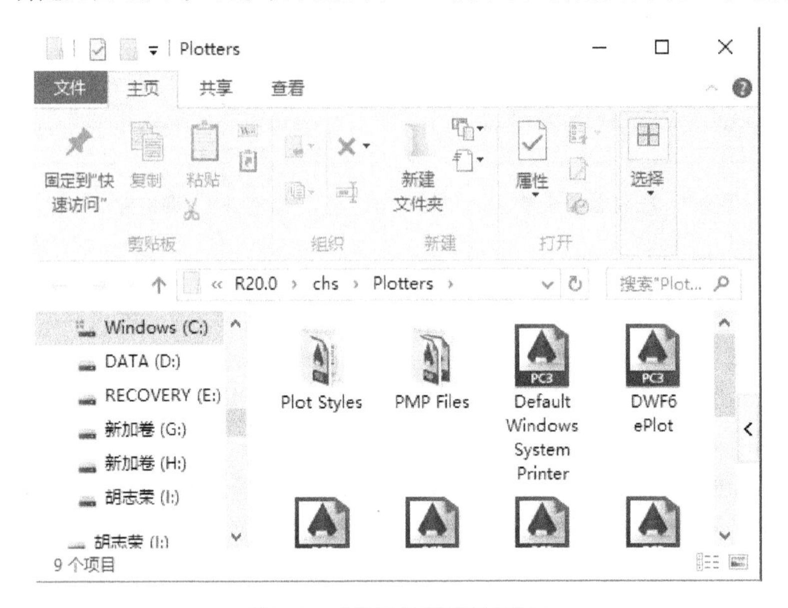

图 9-12 “绘图仪管理器”窗口

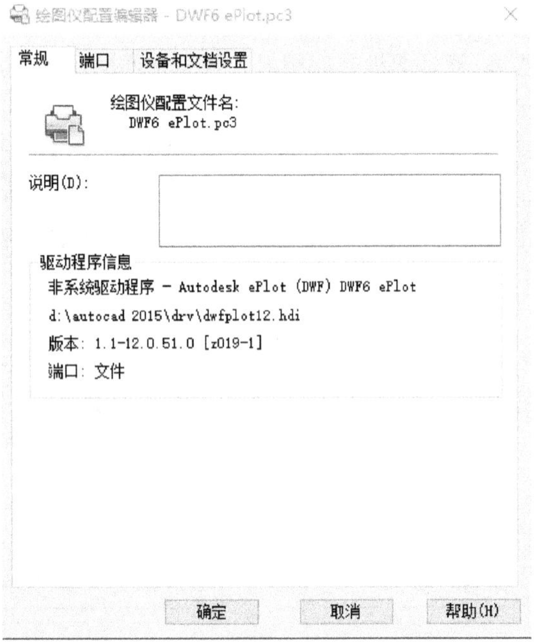

图 9-13 “绘图仪配置编辑器”对话框

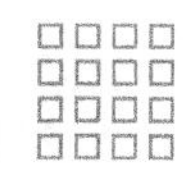

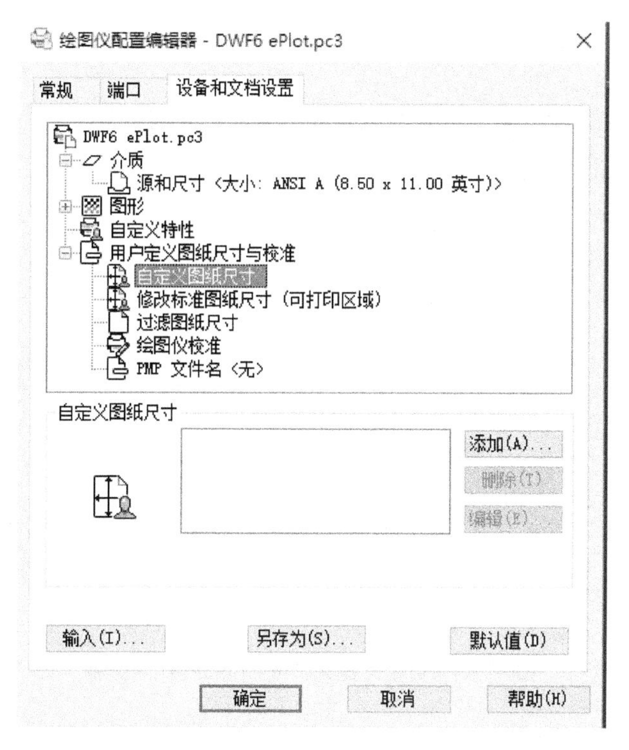

图 9-14 "自定义图纸尺寸"选项区

在"自定义图纸尺寸"选项区中单击"添加"按钮，打开"自定义图纸尺寸-开始"对话框，如图 9-15 所示，在此对话框中选中"创建新图纸"单选按钮，单击下一步"按钮，打开"自定义图纸尺寸一介质边界"对话框，如图 9-16 所示。

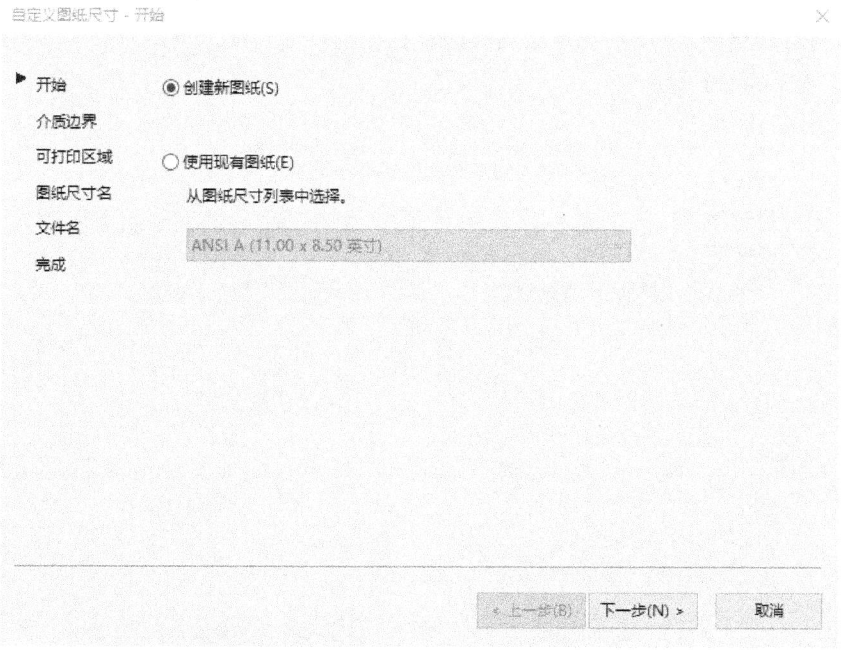

图 9-15 "自定义图纸尺寸-开始"对话框

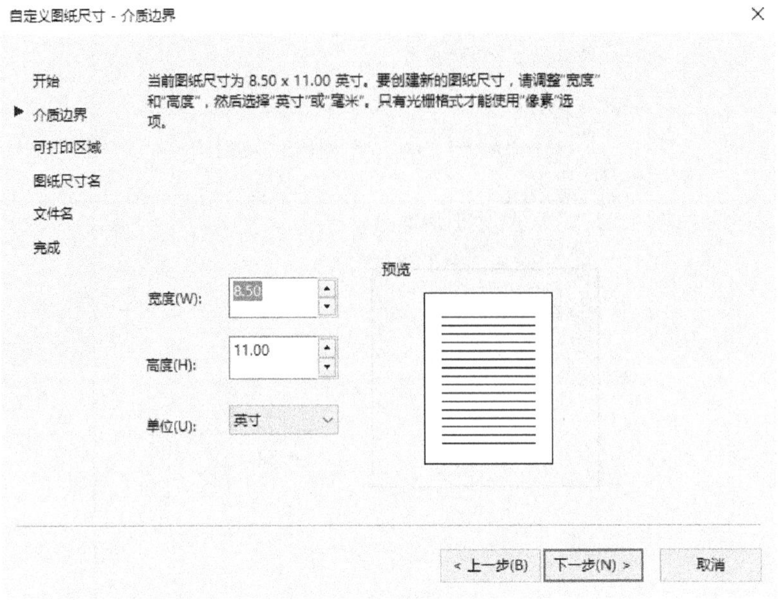

自定义图纸尺寸 - 介质边界

开始
介质边界
可打印区域
图纸尺寸名
文件名
完成

当前图纸尺寸为 8.50 x 11.00 英寸。要创建新的图纸尺寸，请调整"宽度"和"高度"，然后选择"英寸"或"毫米"。只有光栅格式才能使用"像素"选项。

宽度(W): 8.50
高度(H): 11.00
单位(U): 英寸
预览

< 上一步(B)　下一步(N) >　取消

图 9-16 "自定义图纸尺寸-介质边界"对话框

在"自定义图纸尺寸-介质边界"对话框中，可根据需要设置图纸的宽度、高度和单位，单击"下一步"按钮，可打开"自定义图纸尺寸-图纸尺寸名"对话框，如图 9-17 所示。在文本框中可输入图纸尺寸的新名称，单击"下一步"按钮，可打开"自定义图纸尺寸-完成"对话框，如图 9-18 所示。单击"完成"按钮，可在"绘图仪配置编辑器"对话框中选择并应用新定义的图纸尺寸。如果将 PAPERUPDATE 系统变量设置为"0"，并且当选定的绘图仪不支持布局中现有的图纸尺寸时，将出现提示；如果将 PAPERUPDATE 系统变量设置为"1"，图纸尺寸将自动更新，以反映选定绘图仪的默认图纸尺寸。

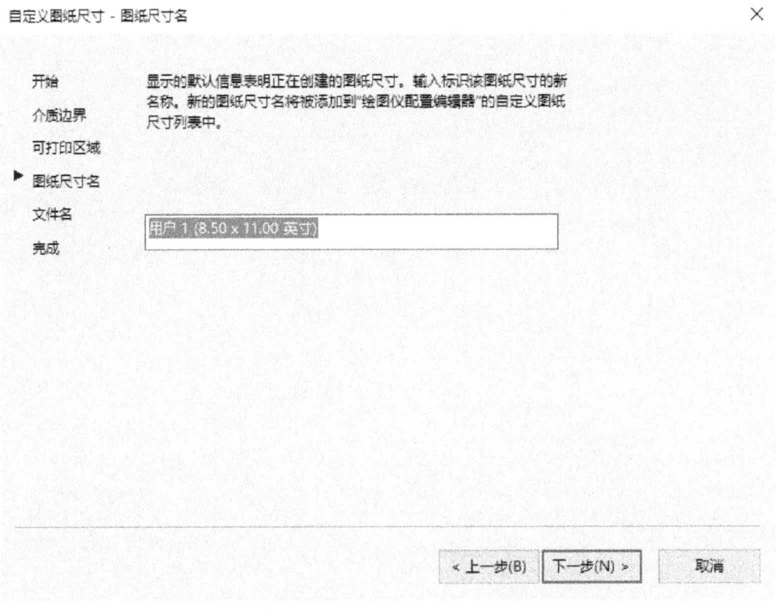

自定义图纸尺寸 - 图纸尺寸名

开始
介质边界
可打印区域
图纸尺寸名
文件名
完成

显示的默认信息表明正在创建的图纸尺寸。输入标识该图纸尺寸的新名称。新的图纸尺寸名将被添加到"绘图仪配置编辑器"的自定义图纸尺寸列表中。

用户 1 (8.50 x 11.00 英寸)

< 上一步(B)　下一步(N) >　取消

图 9-17 "自定义图纸尺寸-图纸尺寸名"对话框

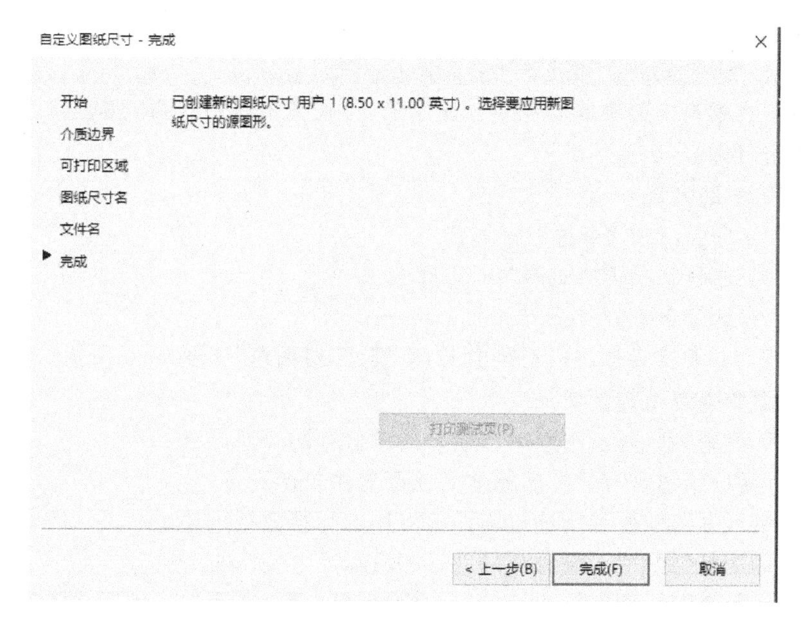

图 9-18　“自定义图纸尺寸-完成”对话框

5. 打印预览

在进行打印之前，要预览一下打印的图形，以便检查设置是否完全正确，图形布置是否合理。调用命令的方法如下。

方法 1　菜单命令：单击“文件”→“打印预览”。

方法 2　工具栏：单击“标准”→“打印预览”。

方法 3　键盘命令：输入“preview”。

执行命令后将显示预览窗口，如图 9-19 所示，按“回车”键即可结束预览。

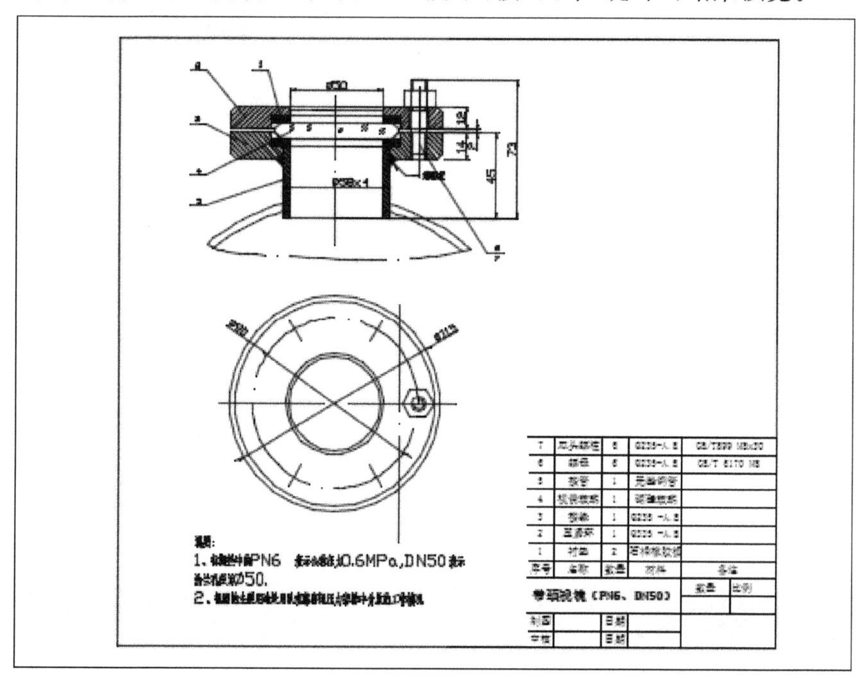

图 9-19　打印预览窗口

知识点3　在模型空间打印图样

有的图形在模型空间中能够完整创建图形，并对图形进行注释，那么就可以直接在模型空间中进行打印。

1. 调用命令的方法

方法1　工具栏：单击“标准”→“打印”。

方法2　菜单命令：单击“文件”→“打印”。

方法3　键盘命令：输入“plot”。

在模型空间执行命令后，系统弹出“打印-模型”对话框，如图9-20所示。

2. 对话框中各选项的含义

(1)“页面设置”框：列出图形中已命名或已保存的页面设置。

(2)“打印机/绘图仪”框：打印时使用已配置的打印设备。

(3)“图纸尺寸”框：显示所选打印设备可用的标准图纸尺寸。

(4)“打印区域”框：用于设置布局的打印区域。

(5)“打印偏移”框：指定打印区域相对于可打印区域左下角或图纸边界的偏移。

(6)“打印比例”框：用于设置打印比例。

图9-20　“打印-模型”对话框

任务2　在图纸空间打印图样

本任务以输出图9-21所示的零件图为例，介绍在“图纸空间打印图样”的操作。操作步骤如下。

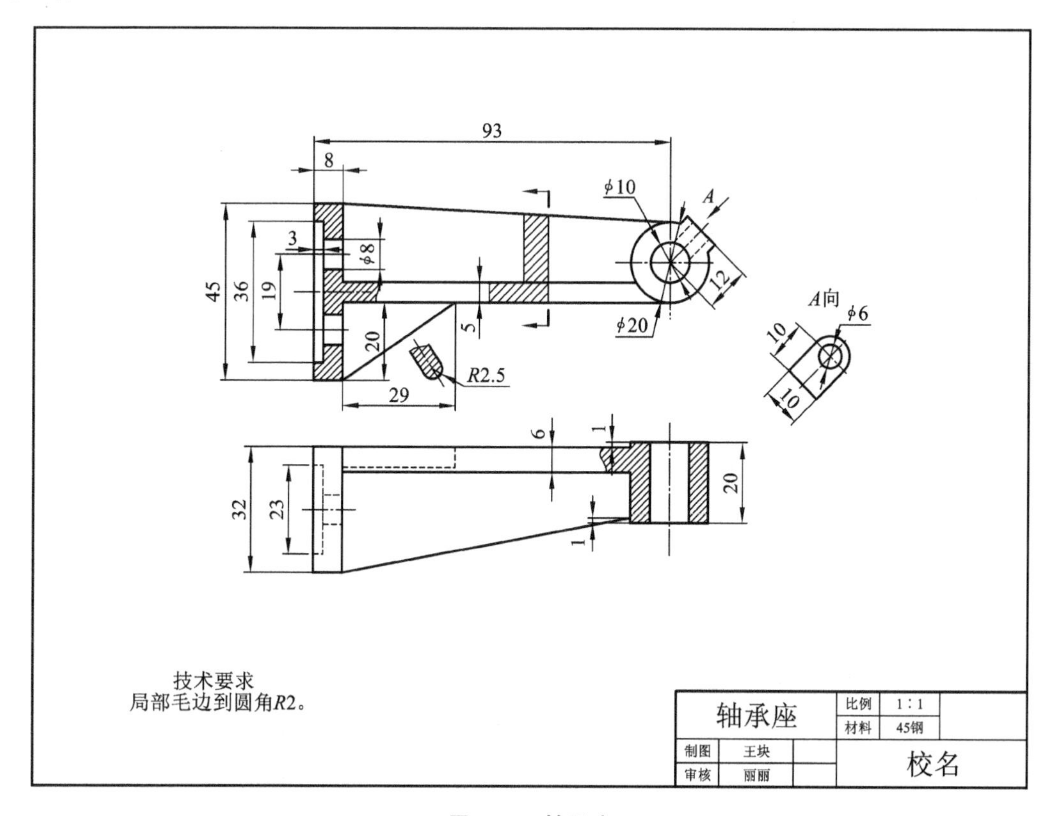

图 9-21 轴承座

步骤 1 新建“视口”图层，并将其置为当前层。

步骤 2 创建一个布局。

单击绘图区域下方的“布局 1”或“布局 2”，弹出一个视口，虚线框内为图形打印的有效区域，打印时虚线框不会被打印。

单击“文件”→“页面设置管理器”或右击“布局 1”，选择“页面设置管理器”，弹出如图 9-3 所示“页面设置管理器”对话框。单击“修改”，打开图 9-5 所示“打印-模型”对话框，在该对话框中选择打印机及图纸。将虚线框边距设为“0”，以增大有效打印区域，设置方法与本项目任务 1 中介绍的相同。

步骤 3 新建一个视口。

调用“删除”命令，单击视口边框，删除已有的视口。单击“视图”→“视口”→“单个视口”或单击“视口”→“单个视口”，选择“布满”方式，新建一个视口。

步骤 4 打印图纸，操作过程如下。

① 关闭“视口”图层，并将其设为不打印状态。

② 单击“标准”→“打印”，弹出“打印”对话框，根据需要设置各参数。

③ 单击“预览”，在显示屏上对图样预览，如符合要求，则开始打印；否则返回重新设置。

知识点 在图纸空间打印图样

图纸空间可完全模拟图样界面，用于在绘图之前或之后安排图形的输出布局。通常情况下，在图样输出之前都需要在图纸空间中对图样进行适当处理，这样可以在一张图样上输出图形的多个视图。

1. 调用命令的方法

方法 1　工具栏：单击“标准”→“打印”。

方法 2　菜单命令：单击“文件”→“打印”。

方法 3　键盘命令：输入“plot”。

在图纸空间执行命令后，系统弹出“打印-布局 1”对话框，如图 9-22 所示。

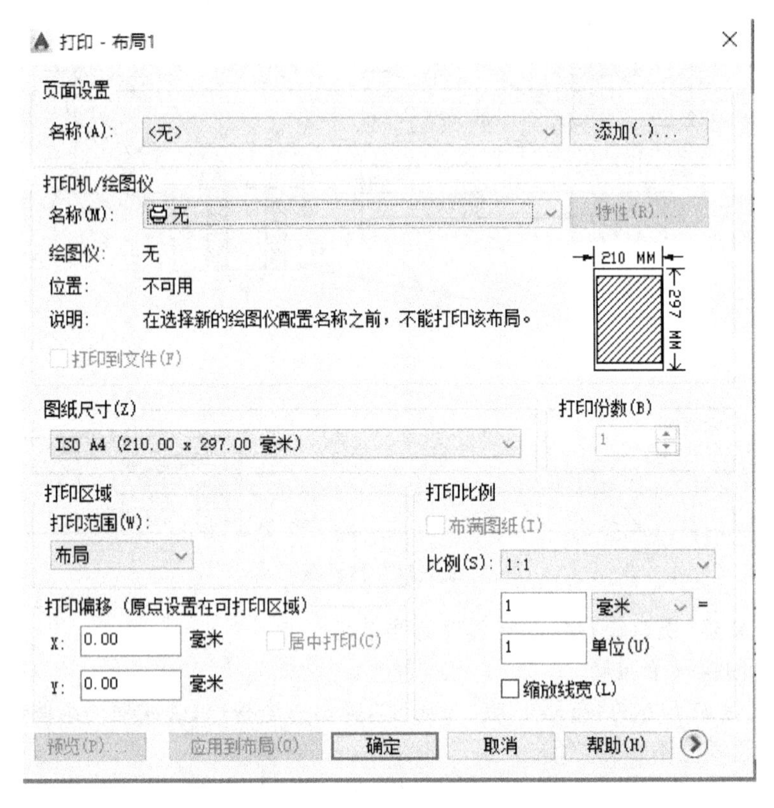

图 9-22　“打印-布局 1”对话框

2. 对话框中各选项的含义

(1) “页面设置”框：列出图形中已命名或已保存的页面设置。

(2) “打印机/绘图仪”框：打印时使用已配置的打印设备。

(3) “图纸尺寸”框：显示所选打印设备可用的标准图纸尺寸。

(4) “打印区域”框：用于设置布局的打印区域。

(5) “打印偏移”框：指定打印区域相对于可打印区域左下角或图纸边界的偏移。

(6) “打印比例”框：用于设置打印比例。

任务 3　图纸集管理

知识点 1　创建图纸集

如果用户经常需要在不同的打印设备上打印不同尺寸的图纸，则可以使用“图纸集管

理器”，为常用的打印系统配置不同的打印机设置，然后通过快捷菜单调出这些设置，如图 9-23 所示。

可以使用“创建图纸集”向导来创建图纸集。创建时，既可以基于现有的图形从头开始创建图纸集，也可以使用图纸集样例作为样板进行创建。

创建图纸集有两种途径：从图纸集样例创建图纸集和从现有的图形创建图纸集。创建图纸集的步骤如下。

步骤 1 单击“菜单浏览器”→“文件”→“新建图纸集”，打开“创建图纸集-开始”对话框，选择“样例图纸集”单选按钮，单击“下一步”按钮，如图 9-24 所示。

步骤 2 在“创建图纸集-图纸集样例”对话框的图纸集列表中选择一个图纸集样例，单击“下一步”按钮，如图 9-25 所示。在“创建图纸集-图纸集详细信息”对话框中，显示了当前所创建图纸集的名称、相关说明和存储路径信息，如图 9-26 所示，可根据需要更改名称及存储路径，单击“下一步”按钮。

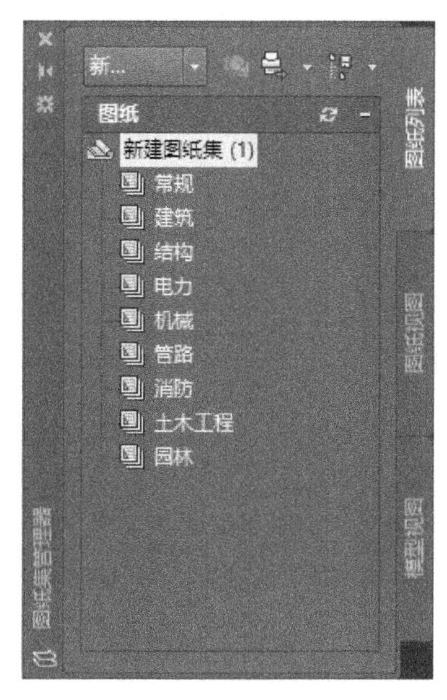

图 9-23 “图纸集管理器”

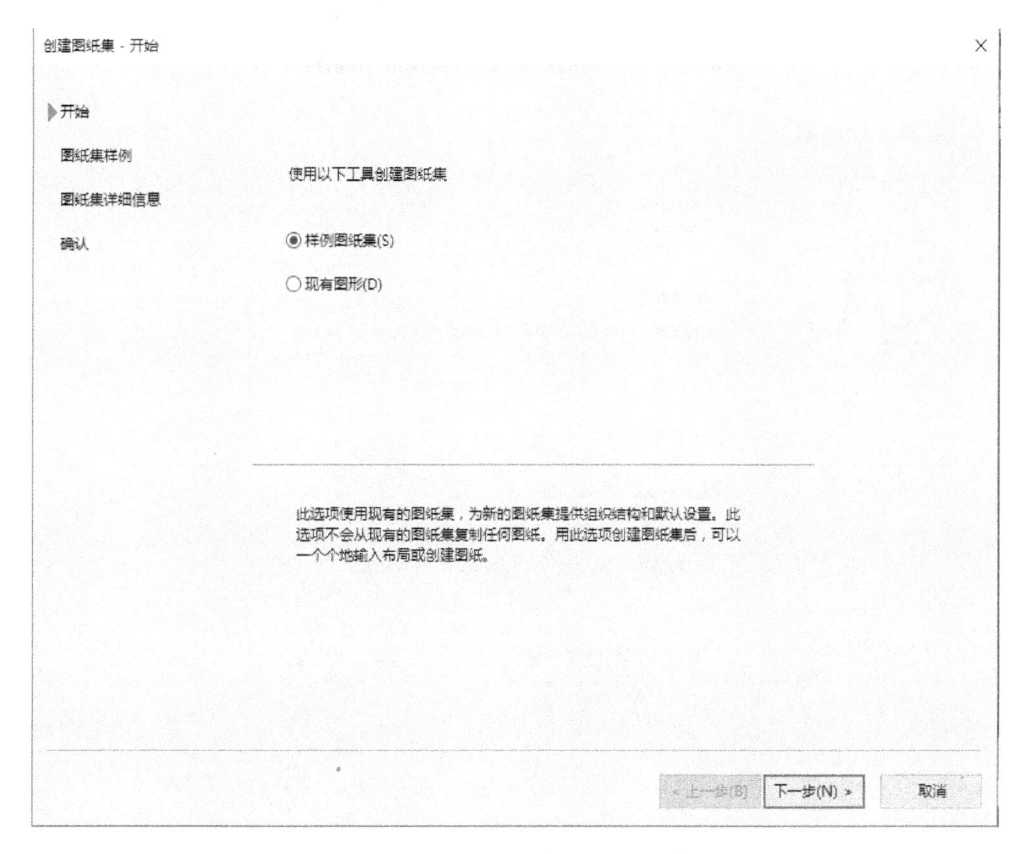

图 9-24 “创建图纸集-开始”对话框

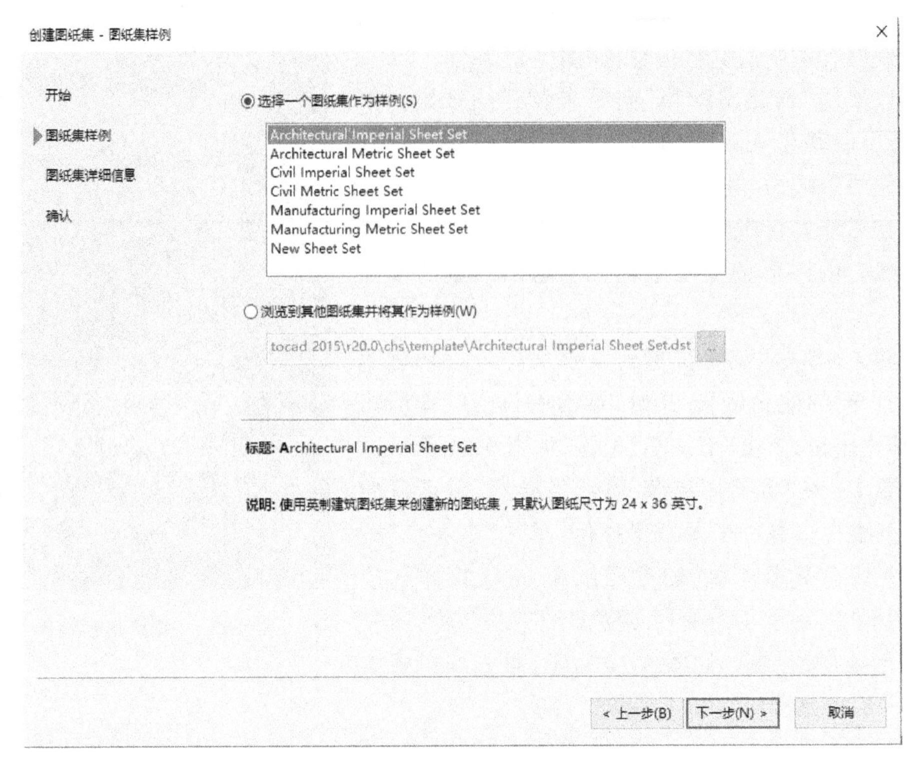

图 9-25 “创建图纸集-图纸集样例”对话框

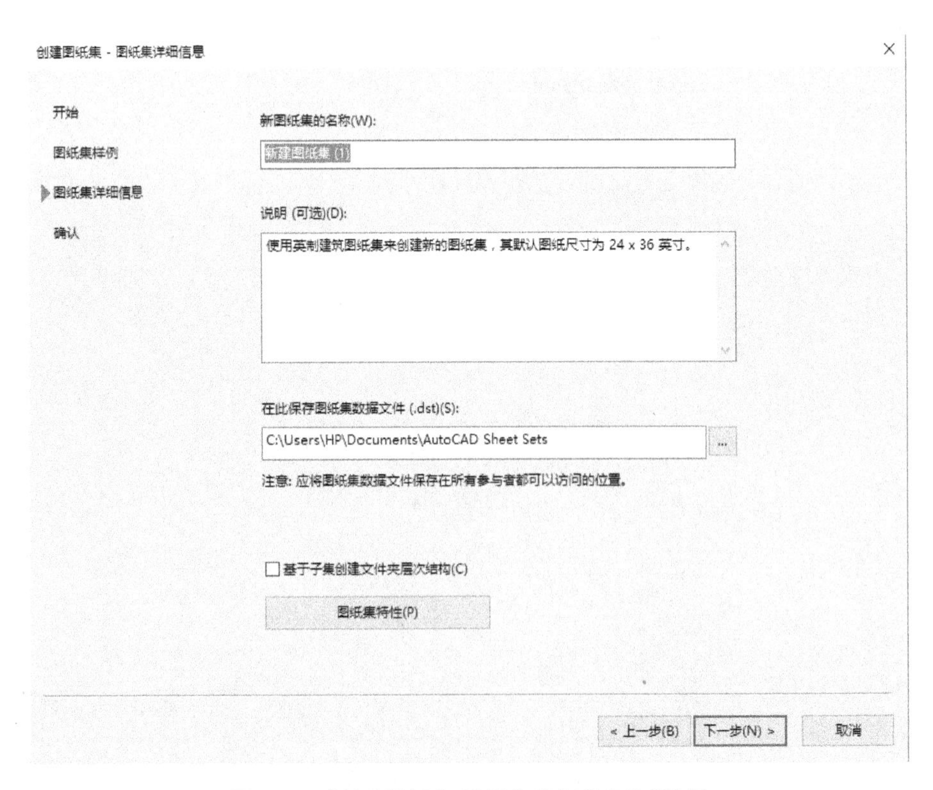

图 9-26 “创建图纸集-图纸集详细信息”对话框

步骤 3　在“创建图纸集-确认”对话框中列出了新建图纸集的所有相关信息，如图 9-27 所示，单击“完成”按钮，完成图纸集的创建。

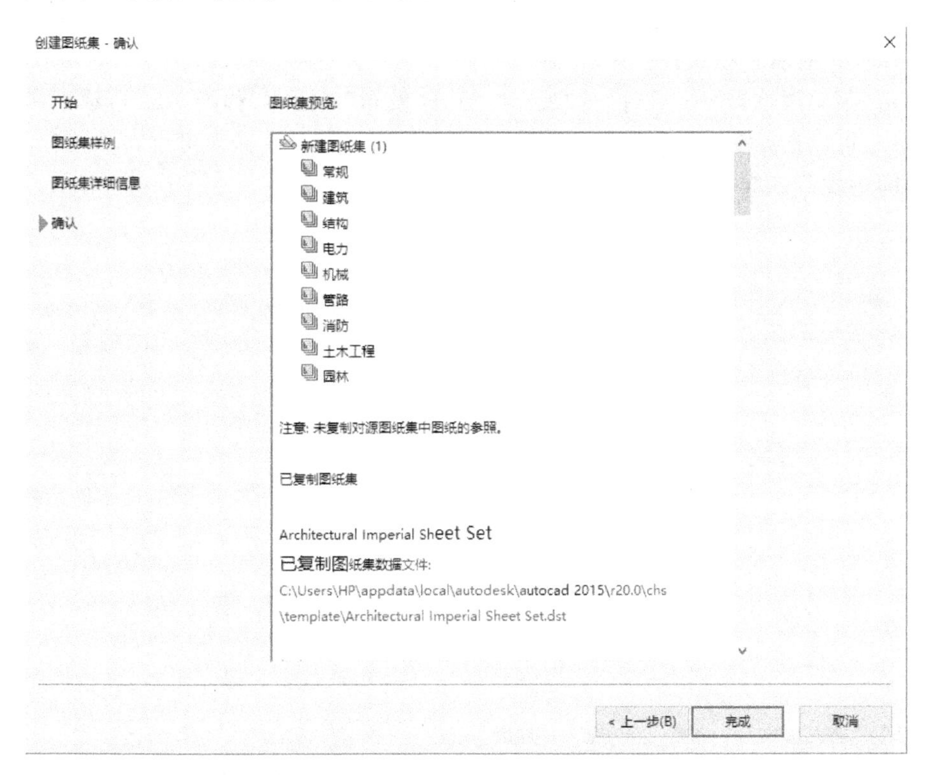

图 9-27　“创建图纸集-确认”对话框

知识点 2　发布图纸集

通过“图纸集管理器”可以轻松地发布整个图纸集、图纸集子集或单张图纸。在“图纸集管理器”中发布图纸集比使用“发布”对话框发布图纸集更快捷。从“图纸集管理器”中发布时，既可以发布电子图纸集（发布至“DWF”或“DWFx”文件），也可以发布图纸集（发布至与每张图纸相关联的页面设置中指定的绘图仪）。

在 AutoCAD 工作空间中发布图纸集时，单击“菜单浏览器”→“工具”→“选项板”→“图纸集管理器”，打开“图纸集管理器”选项板，如图 9-28 所示。在该选项板的“图纸”选项卡下选择图纸集、子集或图纸，再在“图纸集管理器”选项板的右上角单击“发布”按钮，弹出快捷菜单，选择所需的发布方式进行发布即可。

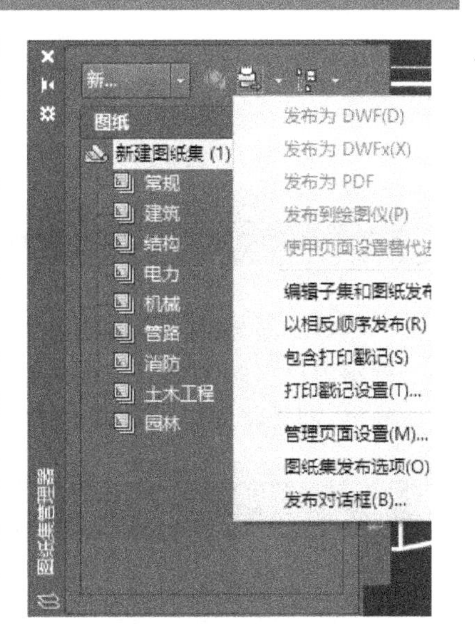

图 9-28　“图纸集管理器”选项板

知识点3　三维DWF

使用三维DWF用户可以创建和发布三维模型的DWF文件，并且可以使用Autodesk DWF Viewer查看这些文件。

单击“菜单浏览器”→“文件”→“发布”，打开“发布”对话框，如图9-29所示。在“发布”对话框中，可以选择多个操作对象，选择完毕后，单击“发布”按钮即可发布。注意：只能在模型空间中发布三维DWF文件。

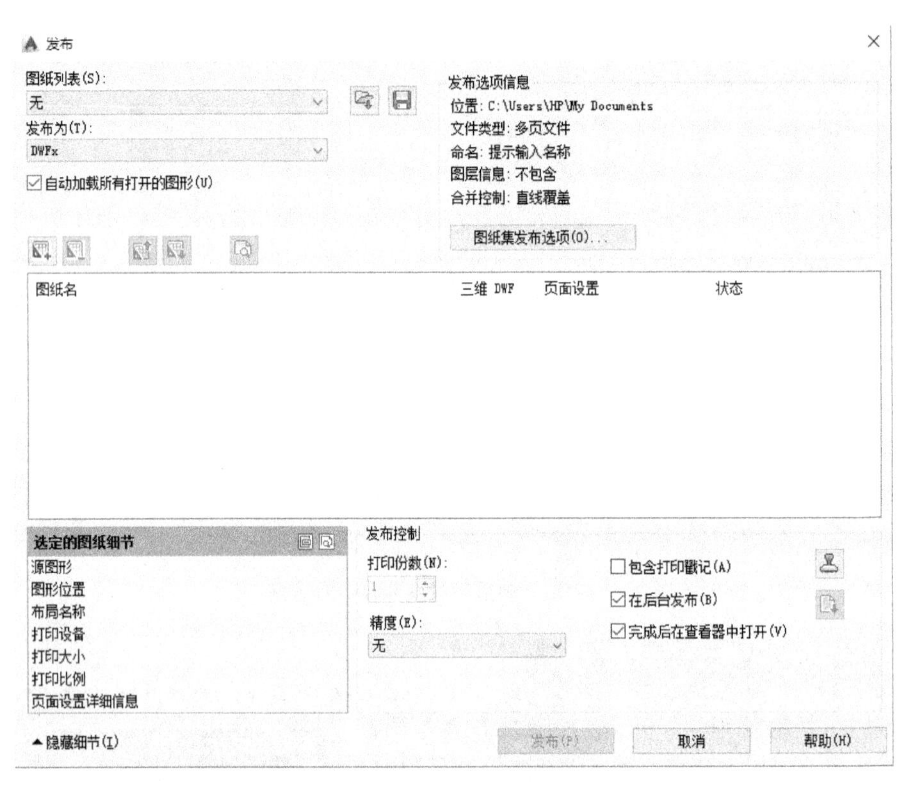

图9-29　“发布”对话框

项目总结

本项目主要讲述图形的输出设置，用户可在图形绘制完成之后对其进行输出，特别是将三维图形以二维三视图的形式输出，以方便查阅。图形输出格式的设置需针对具体要求来确定，即是将图形打印成为纸质文档、电子文档还是发布到互联网上。

思考与上机操作

在AutoCAD中，图纸空间与模型空间有哪些主要区别？它们之间如何切换？